U0162293

KEKONG WEISHENGWU ZHONGQUN HUNHE
TIXI DE YINGYONG YU CHUANGXIN

可控微生物种群混合体系的应用与创新

◎ 魏涛　张志平　杨旭　著

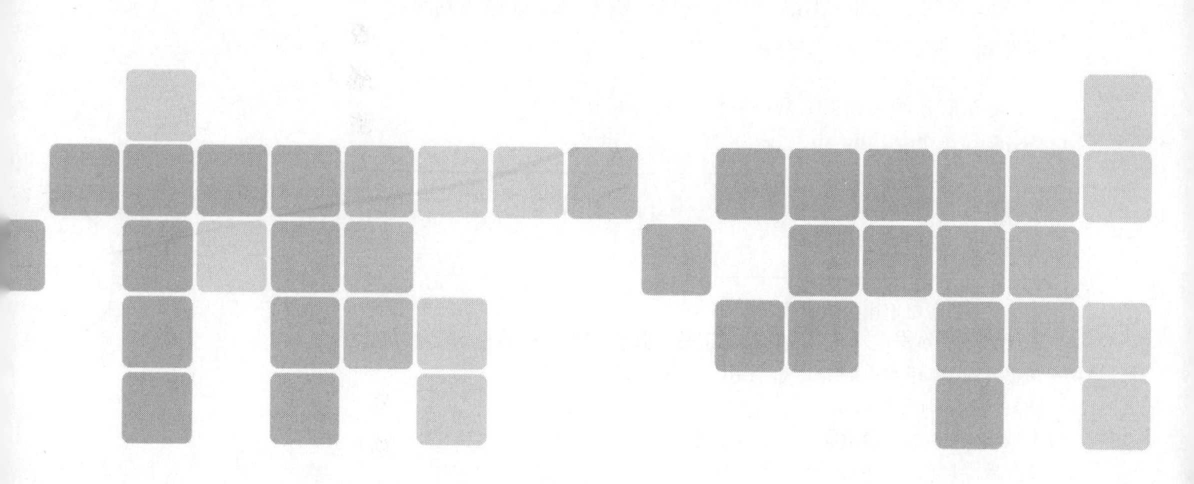

中国纺织出版社有限公司

图书在版编目(CIP)数据

可控微生物种群混合体系的应用与创新 / 魏涛，张志平，杨旭著. --北京：中国纺织出版社有限公司，2022.1

ISBN 978-7-5180-9216-1

Ⅰ. ①可… Ⅱ. ①魏… ②张… ③杨… Ⅲ. ①微生物—发酵—研究 Ⅳ. ①TQ92

中国版本图书馆 CIP 数据核字(2022)第 007983 号

责任编辑:郑丹妮　国　帅　　　　责任校对:王蕙莹

责任印制:王艳丽

中国纺织出版社有限公司出版发行

地址:北京市朝阳区百子湾东里 A407 号楼　邮政编码:100124

销售电话:010—67004422　传真:010—87155801

http://www.c-textilep.com

中国纺织出版社天猫旗舰店

官方微博 http://weibo.com/2119887771

三河市宏盛印务有限公司印刷　各地新华书店经销

2022 年 1 月第 1 版第 1 次印刷

开本:710×1000　1/16　印张:14.75

字数:235 千字　定价:98.00 元

凡购本书,如有缺页、倒页、脱页,由本社图书营销中心调换

前　言

随着合成生物学新方法和新技术的迅速发展,人工合成代谢网络规模和复杂程度的不断增加,显现出单一菌株难以兼容复杂功能的弊端,而利用多菌株构建混菌体系可对复杂代谢网络功能进行分工协作,进而实现利用人工合成体系来研究复杂程度较高的代谢网络功能。因此,构建人工可控微生物菌群混合培养体系具有显著优势。首先,混菌体系可实现不同菌株功能分工,适合同时或序列完成多项复杂代谢工作;其次,混菌体系细胞间作用关系动态平衡,对环境波动具有更强适应性和稳定性;最后,不同来源、不同功能的原件和模块可在不同菌株中构建,可减轻对单菌底盘的代谢负荷,便于功能分区和避免交叉影响。近年来,微生物混菌培养体系受到越来越多研究者的关注,逐渐成为合成生物学研究的前沿之一。

本课题组针对可控微生物混菌体系构建的技术难题,进行了系列基础理论和应用技术研究,取得了部分研究成果。本书是对课题组部分研究成果的归纳总结,由郑州轻工业大学魏涛教授统稿,内容方面由郑州轻工业大学魏涛、张志平、杨旭三人共同完成,内容上注重可控微生物混合体系的构建技术创新和应用实例介绍,并在撰写过程中参考了近些年国内外发表的大量相关文献,丰富了本书内涵。本书共分为 5 章。第 1 章"混菌发酵与微生物生态学"介绍了可控微生物菌群构建技术与微生物生态学的关系,主要从理论层面讨论可控混菌体系构建策略和技术创新;第 2 章~第 5 章,分别从食品酿造、能源开发、饲料加工和生物基化学品合成应用研究方面展开,论述了可控微生物混菌体系在上述行业领域的应用与创新。其中,第 1 章和第 5 章由张志平撰写,第 2 章由魏涛撰写,第 3 章和第 4 章由杨旭撰写,魏涛负责全书修订与审读。

由于本书系多人撰写,在统稿时笔者力求按照行业方向内容不重复,但限于笔者书写水平,缺陷或错误在所难免,敬请广大读者批评指正。

编者

2022 年 1 月

目　录

第1章　混菌发酵与微生物生态学

混菌发酵(mixed fermentation),又称混合培养或混合发酵,是一种在深入研究微生物纯培养基础上的人为优化的双菌或多菌混合培养方式,属于微生物生态(microbial ecology)工程范畴,例如维生素C的二步发酵法等。混菌培养的类型很多,如联合混菌培养(双菌同时培养)、序列混菌培养(甲乙两菌先后培养)、共固定化细胞混合培养(甲乙两菌混在一起制成固定化细胞)和混合固定化细胞混合培养(甲乙两菌先分别制成固定化细胞,然后两者进行混合培养)等。基于微生物生态学开发利用可控的微生物混菌发酵技术,离不开现代微生物生态学相关技术的开发与应用。

微生物生态学是基于微生物群体(microbial community)的科学。微生物生态学的研究在于探究微生物群体之间及微生物群体与环境之间的关系。微生物生态学的研究对象强调把微生物作为一个群体,这些存在物质交换、能量流动和信息交流的群体有机地组成了微生物基本研究单元,如微生物种群、群落和一系列有机集合体等。这些研究单元共同生活在一个连续的环境中并互相影响,对它们的研究在于寻求这些集合体构建的方法和途径,不同物种间功能的交互影响及群落构建随时空的变化情况。微生物生态学的研究首先要以规范研究对象为出发点,明确地定义各项具体研究工作中微生物研究单元(群体)的含义。

生物多样性的分布格局和维持机制是生态学研究的核心问题,体现了生态系统应对环境条件变化的能力,同时反映出其自身与生态系统过程、功能、恢复力和可持续性之间的联系。微生物群落多样性极高,参与自然界生物地球化学转化,对生态系统有着不可忽视的影响,但因其个体微小且在研究单个细胞和生物活性分析方法方面存在局限性,其研究进展远远不及动植物。微生物生态学研究通过分析营养源和能量流的功能途径,了解微生物类群和周围环境的相互作用关系,以及微生物群落本身的复杂性;通过了解生物多样性、功能冗余和系统稳定性间的关系,探索微生物在生态系统中的地位和作用。随着微生物生态学家逐步掌握了微生物群落分布和多样性特征,微生物所执行的功能备受关注,深入理解其动态变化对精确预测生物圈如何调节和应对未来环境条件变化尤为重要。即使从基础层面考虑，了解微生物群落特征仍有利于加深对生态系统功能的理解。

随着群落生态学研究的深入，人们更为关注影响生物多样性分布格局的理论机制，及与功能代谢相关的理论和模型。目前我们所熟知的一些理论和模型，多源自动植物观测研究，而如何将其与微生物联系起来尚处于探索阶段，这种探索和尝试在理论层面上拓展了研究思路，同时为理论研究的普适性和特殊性的辩证关系提供了一些依据。群落多样性的主要理论和假说包括距离—衰减关系、种—面积关系和群落中性理论与生态位理论等，与功能相联系的理论和方法主要有代谢异速理论、功能多样性计算方法等。

微生物生态学是生态学中形成较晚的分支，仍处在理论框架的初期构建阶段。目前，多数研究尚停留在以描述为主的层面，未能将微生物多样性与生态系统过程和功能之间建立理论联系，同时处于对宏观生态学基础理论的借鉴引入和适时发展的时期，缺乏在微观生态学理论框架体系下的深入思考。考虑到微生物驱动的生物地球化学循环是生物圈的中心功能，了解微生物群落组成及其变化与环境和空间变量的关系，以及对陆地生态系统功能和管理的调控作用，对微生物生态学理论框架的构建尤为必要。

1.1 混菌发酵和微生物生态学的发展历程

与微生物学或微生物生物学不同，微生物生态学是基于微生物群体（如种群、群落和一定单元内微生物的集合体）的科学，注重探究微生物群体之间及微生物群体与环境的关系。由于微生物个体难于纯培养和分离，微生物生态学研究的重点并非对个体或个体与环境关系的研究（虽然也包括这方面的工作），而在于研究微生物群落构建、组成演变、多样性及其与环境的关系，以群落为单元执行的生态功能与生态系统过程，如核心的生物地球化学循环过程，且研究方法和思路与研究个体功能有所不同。微生物生态学不同于分离培养、镜检、分析生理生化指标和探讨相关生理代谢途径的研究，而是基于群体，利用群体 DNA/RNA 等标志物（biomarker），以高通量和大样本作为研究特征，研究范围从基因尺度到全球尺度，在生态学理论和模型的指导和反复拟合下由统计分析得出具有普遍意义结论的研究（图 1-1）。

微生物生态学是生态学的一个重要分支，是研究微生物群落与环境相互关系的科学。在该学科的发展过程中，一些科学家的早期工作起到了重要作用。

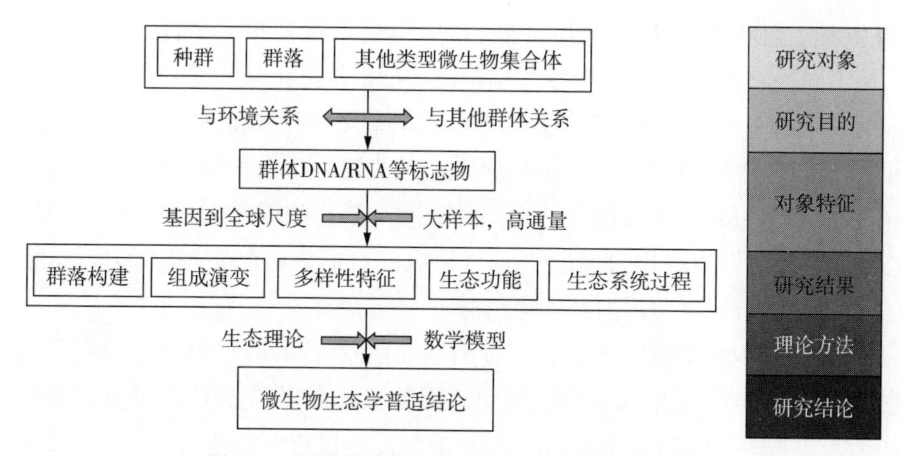

图1-1 微生物生态学基本理论框架和技术途径示意图

1889年，拜耶林克(Beijerinck M W)设立发光细菌属；1892年，维诺格拉斯基(Winogradsky S)设立亚硝酸单胞菌属及亚硝酸杆菌属，他们的许多开创性微生物学研究中较早地涉及了微生物生态学的概念。克鲁维尔(Kluyver A J)于1924年发表了《微生物代谢的统整与分歧》，他发现了微生物间的各种代谢过程都存在相互关系。20世纪后半叶微生物生态学得以迅速发展，重要的里程碑是1972年在瑞典乌普萨拉举行的有关微生物生态学现代方法的国际会议，此后国际知名学术期刊(例如：*Nature Reviews Microbiology*，*The ISME Journal*，*Molecular Ecology*，*Applied and Environmental Microbiology*，*Environmental Microbiology*，*FEMS Microbiology Ecology*，*Microbial Ecology* 等)不断创刊出版，这期间也见证了许多重要科研成果的诞生。1976年，Woese和Fox通过研究小亚基核糖体(SSU rRNA)序列差异确立了三域学说，并定名古菌域(archaea)。随着研究的深入，传统的技术在非可培养微生物研究方面存在一定局限性，分子生物学研究技术被借鉴到微生物生态学研究中，在物种遗传多样性、分子适应性、变异分子机制及其进化意义等基础理论方面取得了突破。

人类一直与微生物群落一起生活，人体肠道微生物细胞的数量甚至超过了其他细胞总量，但我们对自身和环境中微生物群落的组成和功能知之甚少，至今未培养的微生物仍占自然界中微生物的90%以上。为此美国48位科学家联合在《科学》周刊上提出开展"联合微生物组计划(Unified Microbiome Initiative，简称UMI)"的建议，开展对人体、植物、动物、土壤和海洋等几乎所有微生物组的研究，并希望美国能将其与"精准医疗"和"脑科学"两大科学计划予以同样的重视。与此同时，来自德国、美国和中国的3位科学家在《自然》周刊上呼吁，在

UMI基础上启动“国际微生物组计划(IMI)”,建议所有相关学科的专家一起合作,使不同国家和研究领域能够共享标准,从而实现资源的整合。微生物组学(microbiome)是研究土壤、湖泊、肠道等生态环境下微生物菌落与陆生、水生动植物的生长以及微生物与人类疾病和健康之间关系的新兴学科,研究主旨是揭示微生物多样性与人和生态稳定性之间的关系。微生物组学可以应用于工业、农业、水产和医药等领域,工业微生物组学研究的对象是在食品、轻工、环境、能源、化工等工业领域得到应用的微生物菌群。

人类对微生物资源的利用经历过天然混菌发酵和纯种发酵两个阶段,已有几千年历史的传统食品,如奶酪、酸菜、酿酒、大酱等的发酵生产是多种微生物(如细菌和真菌)共同作用的结果。为了避免发酵过程中染菌以及产物中带有病原微生物,混菌发酵逐渐被纯种发酵所替代。微生物纯培养技术使研究者摆脱了多种微生物共存的复杂局面,能够不受干扰地对单一菌株进行研究,从而使人们对微生物的形态结构、生理生化和遗传特性有了更为深入的认识,是微生物学发展的一个巨大进步,也是生物化学工程和现代生物技术的里程碑。目前,多数生物技术产品,如氨基酸、有机酸、抗生素和酶等都是利用纯培养的微生物细胞生产的。但是自然环境中90%以上的微生物不能利用现有的生物技术来培养,而且利用纯种培养技术生产生物基能源和化学品存在基质成本高、产物分离困难、有机酸或醇类等副产物对细胞的生长有毒害作用等难题。

面对微生物纯种培养技术的缺陷,人们重新对微生物发酵方式进行了思考。近年来,在纯种培养技术基础上发展起来的共培养(co-culture)或混合培养生物技术(mixed culture biotechnology,MCB),是将两种或以上的微生物(绝大多数是两种微生物)在无菌条件下进行混合培养,利用特定的不同微生物的生长和代谢特点进行发酵的生物技术。共培养发酵的典型应用是生产维生素C前体2-酮-L-古龙酸(2-keto-L-gulonic acid,2-KLG),这种混合菌系最为常用的是普通生酮基古龙酸菌(俗称小菌)和巨大芽孢杆菌(俗称大菌),其中小菌胞内分泌的L-山梨糖脱氢酶和L-山梨酮脱氢酶经过两步反应可以将L-山梨糖转化成2-KLG,大菌可以作为小菌的伴生菌,缩短小菌生长的延迟期,促进小菌的生长和产酸。为了进一步克服单菌的局限性,并能够适应复杂的基质和粗放的环境,利用微生物菌群(microbial consortium)进行发酵生产日益成为新的研究热点。该技术是天然混菌发酵的工业化应用,基于生态选择的原则将能够利用复杂基质、产物范围特殊的菌群保留在反应器或发酵罐中持续使用,因此有助于降低基质成本和产物分离的成本,并且培养过程通常无须灭菌操作。微生物菌群中通常含有一些未知的或未培养的微生物,其作用机制尚不清楚。微生物菌群在环境修复、能源生产中表现出极强的优越性,如活性污泥处理废水、生产沼气等。

生物炼制(biorefinery)是利用可再生的生物质资源为原料,经过物理、化学、生物及其集成方法加工成化学品的过程,所涉及的技术也称工业生物技术。我国新近公布的《中国制造2025》规划中明确提出,构建“高效、清洁、低碳、循环”的绿色制造体系。生物炼制的宗旨是将廉价原料“吃干榨净”,将发酵产物充分利用。廉价原料具有多样性,如木质纤维素、粗甘油、糖蜜、农产品加工废弃物等,以及组成具有复杂性,如玉米秸秆等木质纤维素水解液中含有五碳糖、六碳糖、酸、醛、酚、盐等十几种组分,因此传统的单菌单底物发酵模式难以应对,出现原料利用不充分(多数菌偏爱六碳糖),原料中的酸、醛、酚、盐抑制细胞生长,产物难以分离等难题。农产品生产或加工过程的废弃物或低值原料的高效利用是生物炼制的重要任务,发酵过程中产生的副产物的分离提取或生物转化是生物炼制亟待解决的另一个问题。基于廉价原料难以利用、底物转化率低、副产物多、发酵和分离成本高等产业化难题,微生物菌群发酵技术有望胜任廉价原料的工业化生产,受到人们越来越多的关注。

1.2　混菌发酵过程中微生物生态学的研究内容

1.2.1　微生物群落组成、多样性和分布特征

微生物群落组成和多样性一直是微生物生态学和环境科学研究的重点。首先,微生物群落组成决定了生态功能的特征和强弱。其次,微生物群落多样性—稳定性是研究生态系统动态变化和功能关系的重要途径。最后,微生物群落组成变化是标记环境变化的重要方面。由此可见,对微生物群落的组成和多样性进行解析并研究其动态变化,可以了解群落结构、调节群落功能和发现新的重要功能微生物类群,使生态环境变化研究从微观角度得以体现。不同于动植物呈明显的地带性和区域分布特征,微生物群落的分布被认为是呈全球性的随机分布。事实上,不同的生境类型间,微生物群落组成存在着明显的差异性,了解并掌握微生物的分布特征实非易事。因此有学者提出,如果可以明确微生物的组成和分布规律,将对生态学和生物地理学完善和发展以及对微生物资源保护和利用均有重要意义。

对于影响微生物群落组成、多样性和分布特征的过程和因素主要可以概括

为以下四方面:第一,微生物的扩散和定殖。扩散过程是控制微生物时空分布和宏观生态型的关键过程之一。第二,物种形成和灭绝速率。物种数量是物种形成速率和进化时间共同作用的结果,较高的微生物多样性可以产生高物种分化并降低物种灭绝速率。第三,环境复杂性对微生物分布的影响。由于生物和非生物因素的影响,多数微生物所处生境存在明显的空间异质性,研究表明,生境异质性与微生物多样性间存在显著正相关关系,但目前这种关系在自然界中很难明确证实。第四,个体大小与空间尺度的关系。有学者认为一定环境中较大型微生物应具有更高的多样性,因为个体微小的它们可以更精细地分割所处环境。换言之,小个体对环境异质性敏感,相对增加了给定环境中不同生境的数量以及对环境的利用方式。

1.2.2 微生物多样性与生态系统及其稳定性关系

生物多样性与生态系统功能及其稳定性之间的关系是当今生态学领域的研究热点。生物多样性的变化会导致生态系统功能受到影响,有研究表明生态系统应对环境扰动的能力随生物多样性的减少而减弱。关于生物多样性与稳定性维持机制研究较多的有四类假说:冗余种假说(species redundancy hypothesis)、铆钉假说(rivet hypothesis)、多样性—稳定性假说(diversity-stability hypothesis)、不确定假说(idiosyncratic hypothesis)。随着生态学学科的发展和完善,探索微生物多样性与生态系统功能和稳定性的关系被提上日程,现有的理论成果为微生物生态学研究提供了思路和理论支撑。微生物群落是生态系统的基础和核心组成部分,与生态系统功能息息相关。微生物主要驱动了氮元素的生物地球化学循环,除固氮作用、硝化作用、反硝化作用和氨化作用外,近年来,还发现厌氧氨氧化也是微生物参与氮循环的一个重要过程。微生物群落在生态系统中起着催化生物地球化学反应的作用,借助微生物代谢网络的物质能量流分析可以便捷地预测性解释生态系统各种问题。对于海洋生态系统研究,微生物食物网才是南极海水中碳素和能量流动的主要途径。在研究微生物群落与生态系统功能关系的基础上,了解并掌握微生物群落稳定性,对预测群落应对干扰和维持生态系统功能非常重要。稳定性取决于抵抗力和恢复力,抵抗力,即对干扰的低灵敏度;恢复力,即干扰后恢复的速率。抵抗力和恢复力与群落组成(多样性、相对或绝对多度)和功能(如生物地球化学过程速率)相关。基于微生物拥有庞大的生物量和普遍存在的扩散现象,以及具有高生长潜势、低灭绝速率和水平基因转移发生率较高等特征,微生物群落被认为具有高度的功能冗余性,在应对扰动时微生物群落会产生较强的抵抗力和恢复力。功能冗余对微生物群落稳定性起着至关重要的作用，当恢复到干扰前的环境条件，即便在群落结构发生改变的情况下，生态系统过程速率仍无显著改变（图 1-2）。此外，从分子机制的角度观察微生物在长期进化过程中，发现微生物可以通过细胞之间遗传物质水平转移（转化、接合、转导）获得新基因，进而拥有适应新环境和对新选择压力做出快速反应的能力。研究表明当单一的水平基因转移发生后会导致微生物生态位发生改变，甚至以新的生活史策略应对外界干扰。了解生物多样性与生态系统功能及稳定性间的关系，有利于探索微生物在生态系统中地位和作用。当全球气候变化备受关注之时，探明微生物群落对生态系统功能的作用机制是解决目前问题的途径之一。

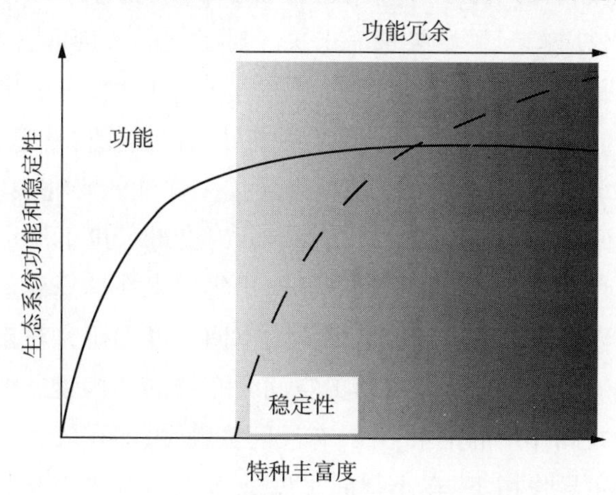

图 1-2　功能冗余与生态系统稳定性的概念模型

1.3　现代微生物生态学研究理论

1.3.1　微生物生态学中的尺度效应

各种生态学问题产生和形成基于不同的空间尺度、时间尺度和生态学组织尺度层面，没有任何一种生态学现象可以孤立地在单一尺度上研究，而是一定空间尺度、时间尺度和结构尺度上的不同特征系统综合的结果。恰恰是尺度的多义性导致了生态学家对其认识的不同以及在各自研究中定义的差异。有人将尺度定义为被研究物体或现象在时间或空间上的量度；又有人提出尺度是指一个物体或过程的时间、空间幅度；我国学者将尺度定义为观察或研究的物体或过程的空间分辨率和时间单位。这些概念从不同角度分别强调了尺度的动态变化特征、范围属性以及可分解性。随着研究的深入,人们认识到没有任何单一尺度可以适用于所有生态学问题,而一系列研究结论的差异在很大程度上取决于研究尺度的不同。

目前,关于尺度效应的研究集中于时间和空间尺度,微生物由于其自身具有个体小、数量大、代际时间短等特征,在研究过程中对其是否具有尺度效应和尺度范围的考察更需谨慎。比如时间方面可以考虑从两个角度出发,其一,直观的时间轴变化,如宇宙时间、地质时间、历史时间等;其二,间接的遗传和进化改变,考察突变、水平基因转移、分子钟等问题。由于微生物代际时间短,关于是否存在这些时间尺度效应的问题始终悬而未决。对于空间尺度而言,其尺度范围划分相对简单,有研究者将其分为大尺度、中尺度和小尺度,通过比较一系列关于微生物地理分布的研究发现,得出空间尺度是导致微生物群落差异的主要诱因。对小尺度土壤 *Burkholderiaambifaria* 菌种内遗传多样性的研究表明,其基因组相似性同时受到空间距离和环境异质性的影响。对全球尺度下淡水湖泊中硅藻分布格局的研究发现,距离分隔、扩散和迁移历史等因素在硅藻群落空间分布格局形成过程中起重要作用。这些研究从不同的空间尺度和研究对象的角度分析了微生物群落构建的过程。微生物群落的空间分布格局和构建过程是历史偶然性和当代环境因子共同作用的结果,并具有尺度依赖性,即在较大空间尺度下的历史及进化过程的主导作用下,在小空间尺度下当代环境因子也不断地对微生物空间分布格局进行细部改造。

1.3.2 微生物生态学的基层理论与数学模型

(1)距离—衰减关系

距离—衰减关系关注群落在不同空间尺度下的周转,即样点间群落组成相似性随地理距离的变化情况(β-多样性变化)。距离—衰减关系可用于分析环境异质性和扩散历史对生物多样性的影响,但对于微生物群落却知之甚少。研究发现区域尺度上(样品间距离范围在 5~80 m),*Pseudomonas* 遗传相似性与空间距离呈负相关,但在较大空间尺度(如大陆间)并不存在相关性。小尺度范围内(2.5 cm~11 m)微生物存在显著的距离—衰减关系。同样,在 1~1000 km 范围内硅藻和纤毛虫群落相似性随距离增加而显著减小。以上研究围绕群落组成变化与空间距离间的关系,但均忽视了扩散限制对环境异质性的重要性,既有倾向于环境异质性是微生物距离—衰减关系的主要影响因素,有学者对此持不同观点。因此,理论探索仍需以针对不同影响因素的大量科学研究作为支撑并不断深入拓展。

(2)种—面积关系

种—面积关系,描述物种数量随取样面积增加而变化的规律,是群落生态学中研究最多的物种分布格局之一。种—面积关系的定量描述由 Arrhenius 提出,即物种数量(S)与取样面积(A)呈幂函数关系:

$$S=c\times A^{z}$$

其中,c 和 z 为常数,常被用来表述 α 和 β 多样性。对所有生境没有绝对统一的物种—面积关系,经验数据表明在连续生境内关于动植物的 z 值变化范围为 0.1~0.3,岛屿生境变化范围为 $0.25<z<0.35$。认为微生物呈全球性随机分布的学者指出,微生物的种—面积曲线相对平缓,z 值低于大型生物,然而一些新研究表明对于微生物种—面积关系也存在类似于大型生物的较大的 z 值。类群—面积关系(taxa-area relationship,TAR)研究中最富挑战性的问题在于估测一定面积里类群丰富度,这主要是由无法完全取样所造成的。对于微生物而言,由于缺乏详尽的分布图,依赖观测计数得到的类群丰富度会导致 z 值偏离真实值。此外,在比较研究微生物与大型生物间生物多样性格局异同方面,不同的类群分辨率定义标准会影响到 z 值大小。有人研究表明以不同序列相似性标准划分类群时,序列相似性由 95%变至 99%会使 z 值由 0.019 对应增至 0.040,这说明生物多样性格局的差异受序列相似性界定类群的标准影响,由于目前尚不统一分类群定义标准进而使得微生物的 z 值往往低于植物或动物物种研究。同样的,取样方法和取样标准的差异也是造成 TAR 方法研究微生物与大型生物间生物多样性格局异同的原因之一。

(3)群落构建的生态位理论和中性理论

生态学中关于群落构建的研究主要集中在大型生物,而对微生物关注较少。长期以来,人们认为微生物是呈随机分布的,但环境决定其存在,换言之,微生物学家认为微生物的生物地理学分布不受扩散限制的影响。然而近年来的研究成果不断质疑上述对微生物分布的描述,即使是构建距离—衰减关系和物种面积曲线,仍表明了微生物物种并非呈随机分布,并且微生物类群的分布特征与所处生境的空间异质性呈相关关系,说明物种分化受到环境筛选作用的影响。关于微生物生物地理学的研究证明,由于各种复合效应的存在,即使微生物有较高扩散率也没有完全胜过局域过程的影响,生态位理论和历史偶然性在决定微生物物种丰富度和群落构建方面均起到了重要作用。关于废水处理中氨氧化细菌群落的研究表明种群动态符合中性群落的假设,偶然和随机的种群迁入在群落构建中起到重要作用,但随着环境因子影响的引入,观测值与预测值间的拟合效果有所提高,说明生态位和中性过程会影响微生物多样性和群落构建。关于细菌群落的微宇宙实验证实,在形成初期,物种分选和中性过程都起到了重要作用,但物种分选作用相对较弱。沿土壤 pH 梯度从植物上分离得到丛枝菌根真菌的研究表明,丛枝菌根真菌群落构建受生态位和中性理论共同作用影响,物种多度分布符合 ZSM 模型并且存在扩散限制的现象,但同时土壤 pH 对丛枝菌根真菌群落组成具有显著影响,而宿主植物对其影响微乎其微,因此认为生态位分化是影响丛枝菌根真菌群落组成和多样性的主要机制,但仍不能忽视群落构建中的随机的中性过程。群落构建可能是随机的生态漂变和生态位分化共同作用的过程,更多的研究开始关注整合生态位和中性理论探究随机作用和确定性作用的相对贡献。如今,越来越多的生态学家认为影响群落构建的生态位与中性理论的因素最终应是二者的融合。研究者以不同方式试图将中性理论的合理部分整合到生态位的框架中,以期推动群落构建的机制研究。

(4)生态代谢理论

生态代谢理论源自 Kleiber′s-3/4 法则,该理论认为生物代谢速率是制约多数生态格局形成的基础生物速率。生态代谢理论是通过比较不同类群和生境条件下,生物体代谢过程与个体大小、温度等的关系,以期透过复杂的生命现象发现统一的生态学规律。该理论指出较高的温度会加快物种的代谢速率,进而提高地区的物种形成速率,而较高的物种形成速率会使物种多样性维持较高的水平,可以作为物种多样性大尺度格局的解释性机制,从而更利于认识物种多样性的形成和维持机制以及与生态系统功能间的关系。随着物种灭绝速率加快,生物多样性与生态系统功能成为生态学领域重大的科学问题,而且对于微生物群落组成和多样性对生态系统功能和过程的解释机制尚待明确。随着分子生物学技术手段的发展,促进了微生物群落结构和多样性的研究,在物种定义方面和生态系统功能研究上也有了新的突破。例如,在研究河南封丘、湖南桃源和澳大利亚 Menangle 等土壤生态系统中细菌多样性与多重功能性关系时,细菌 OTU 数的平均周转率介于 2/3~1,与生物代谢异速指数研究结果具有较好的一致性。生态代谢理论揭示了自然特征的规律所在,涉及个体水平的生产力、增长率、死亡率等生活史特征,物种水平的种群密度、种群增长和种间相互作用,以及生态系统的物质循环、能量流动和资源配给等。该理论结果有助于解释生态学各个层面的问题,包括个体的空间分布状况、物种繁殖策略、群落的演替和稳态以及生态系统功能等。在大型生物研究的基础上,对微生物的研究给该理论带来了新的挑战并拓展了其应用范围,进而推进了在生物界的普适性应用,使得宏观生态学理论应用于微观生态学领域更具研究价值。

(5)Rapoport 法则与中域效应

物种地理分布格局是宏观生态学和生物地理学的核心问题之一。1975 年,Rapoport 发现在低纬度地区美洲哺乳动物亚种的地理分布比高纬度地区小,人们将这种现象称为 Rapoport 法则。例如,海洋细菌多样性存在纬度梯度变化,其丰富度随纬度增加而减小,低纬度地区物种丰富度较大,而越趋于两极物种丰富度会越低,并且细菌类群分布区在热带较窄,而高纬度地区较宽。有研究者在研究全球尺度上细菌分布格局时,同样证实了 Rapoport 法则的存在,细菌类群分布区会随纬度增加而变宽。然而,对于海底纤毛虫研究结果显示高纬度地区物种分布区变窄,与 Rapoport 法则相反,这可能与样品及数据不充分有关。尽管这些研究从微生物的角度支持或反对了 Rapoport 法则,但值得注意的是产生这种现象的机制和过程与大型生物是否一致尚需进一步探索,并且这些影响在微生物与大型生物间的重要性的异同也是后续研究所需关注的内容。

中域效应可作为 Rapoport 假说的解释机制,但中域效应的存在也增加了 Rapoport 法则验证的困难。中域效应假说源于 1994 年 Colwell 和 Hurtt 发现了地理区域边界(如山顶、海陆边界)对物种分布边界的限制作用和对物种丰富度分布格局的影响,他们认为由于地理区域边界限制了物种的分布,不同物种分布区在地理区域中心重叠多,而在地理区域边缘重叠少,从而形成物种丰富度从地理区域边缘向中心逐渐增加的格局,称为中域效应(mid-domain effect,MDE)。有人在研究美国草原土壤细菌多样性时发现,中纬度地区土壤细菌类群和功能多样性低于研究区域内最北部和最南部地区的生物多样性,这一结果不同于多数动植物群落多样性所遵从的中域效应,因此他们认为该假说的普遍性有待商榷。该研究结果主要受到了疣微菌门相对多度的影响,产生这种空间格局的环境影响主要来自碳素的急剧变化,几何边界限制的作用并不显著,这可能也与微生物群落组成和分布区的特殊性有关。类似的结果也出现在秘鲁东部山地森林土壤细菌多样性格局研究中,海拔梯度上的多样性格局仍无法由中域效应所解释,这可能与较强的空间异质性有关,不同采样区域内细菌多样性变化强于沿海拔梯度上多样性变化的程度。国内有学者的研究结果同样证实上述现象,发现微生物在海拔梯度上的多样性分布不同于大型软体动物所呈现出的中域效应,这也说明影响微生物和动植物多样性格局的制约机制有所不同,不能简单地用中域效应来解释 Rapoport 假说。但是,在一定的空间尺度上,仍可采用该理论来比较、分析微生物与动植物多样性的分布规律。

除上述一系列理论假说外,反馈机制、地理成因假说、种库假说、负密度制约假说等也在未来研究微生物生态学方面存在潜在的指导性意义。微生物生态学的发展离不开生态学理论和假设的推进,这些相对成熟且完善的理论假说为微生物生态学提供了清晰的研究思路、研究方向以及坚实的理论基础。通过一系列针对微生物群落的研究发现,以上的理论假说在应用于微生物领域时,与动植物研究出现了异同点,这些差异正是未来研究需要关注的重点,比较分析普遍性和特殊性,有利于理论研究的进一步发展。

针对上述微生物生态学理论框架,接下来简单介绍有关微生物生态学研究的传统方法,并结合现代微生物生态学研究热点领域和进展,对最新分子生物学在现代微生物生态学应用情况做下总结。

1.4 微生物生态学的传统研究方法

传统的微生物生态学方法是基于微生物培养技术形成的,为微生物分类、生理、遗传等微生物学各个领域的发展奠定了基础。但是,迄今为止,自然界中绝大多数微生物不能被现有的传统微生物培养技术分离出来。目前的研究结果表明,海洋中可培养微生物仅占其中总微生物数量的 0.001%~0.1%,在淡水中约为 0.25%,在土壤中约为 0.3%。

自然界中存在许多制约因素影响微生物的分离培养。a. 现有培养条件不能再现原生态环境条件,例如深海高压环境、高温火山口等极端环境。此外,人工培养环境通常限定在营养基质简单、通气、温度、pH 等条件,许多微生物失去了在原来环境中自由生长的必要条件,因此无法进行分离培养。b. 人工培养环境忽视或破坏了原生环境中的微生物生态系统。自然环境中微生物种群间存在拮抗、寄生、协同、互养共栖、共代谢等复杂的种间关系。环境中共代谢对于建立两个种群间的偏利共生关系起着很重要的作用。此外,微生物群落中存在群体感应(quorum sensing),微生物可以通过信息交流判断群体密度大小和生长环境中出现的变化,启动相应的基因做出统一协调的应答。但是在进行常规分离培养时,微生物从天然环境转至人为设置的培养环境,原生环境的重要生态关系被破坏,菌群中生物信息交流体系发生了根本性变化,群体效应通常会被忽视。实践表明,一些最初能在人工培养基中以混合培养的方式生存的种类,在分别转接到同样的培养基中,因为缺乏独立生长的能力而不能存活。c. 过高的人工培养基浓度或氧化环境的能力。传统的微生物培养为了达到微生物生长率和产物产量最大化的目的,通常采用营养丰富的培养基,导致分离到的微生物大多为生长迅速且偏爱丰富营养的微生物。然而,自然界中大多数为低营养甚至寡营养生活方式的微生物。当微生物从自然环境转移至营养丰富的人工培养基中,低营养甚至寡营养生活方式的微生物会因为高浓度营养物基质的抑制而停止生长。在人工培养环境的好氧条件下,快速生长的微生物产生过氧化物、自由基和超氧化物,使其他的微生物受到毒害抑制。从根本上讲,由于客观条件的限制,目前不可能人为全面地还原其真实的生长环境。此外人们对微生物生长环境的复杂性、微生物生长条件及其规律性的了解有所限制,也是造成微生物不可培养或难培养的原因。

针对上述缺陷,科研工作者在传统微生物培养方法的基础上,研发出一系列改善微生物培养的新方法。改良的微生物培养方法大致分为两类:第一类是对传统培养基组成和培养方式进行改良,包括添加微生物相互作用的信号分子,供应新型的电子供体和受体,降低营养基质浓度,改善微生物培养条件,促进低营养及寡营养微生物种类的分离培养等;第二类是设计原生境的高通量微生物培养技术和装置,例如应用于海洋和陆生环境的扩散盒技术、土壤基质膜技术以及高通量微生物分离芯片等。

1.4.1　稀释培养法

培养微生物的方法很多,一般来说,对所采集的样品应进行适当的稀释,以便每一个平板上只能生长有一定数目的微生物菌落,其优点是可以计算样品中的活微生物数目,并可以辨认真菌、放线菌和细菌。但其缺点较多,比如计算误差较大,不利于成群地粘连在一起的细胞计数;对于只形成微菌落的微生物不便于肉眼观察;培养基成分不能满足所有微生物生长等。尽管如此,稀释培养法还是被广泛用于微生物生态学研究中,特别适合用于研究细菌生态学。自然环境中的微生物大多处于低营养或寡营养的状态。环境中占主体的寡营养微生物在人工培养时,受到少数优势生长微生物的竞争而不能正常生长。针对这种缺陷,研究者提出把环境微生物稀释至痕量,则寡营养微生物可以不受到少数优势微生物竞争作用的干扰,被培养的可能性会大幅提高。目前,稀释培养法已经广泛应用于海洋微生物生态学、淡水湖泊微生物生态学、土壤微生物生态学以及动物肠胃微生物生态学等多个研究领域,为发现微生物新物种提供了良好的技术支撑。

为提高分离效率，在稀释培养法的基础上提出了高通量培养技术：将样品浓度稀释至合适浓度后，采用48孔细胞培养板结合流式细胞仪检测分离培养微生物。利用高通量培养技术可以分离培养14%的海洋微生物，远高于传统分离培养技术中微生物的数量，并发现了多种未培养的海洋微生物。此后高通量测序技术通过与分子生物学中的荧光原位杂交技术结合，不仅提高了微生物的可培养性，还可在短时间内监测大量的培养物，大大提高了工作效率。

1.4.2 模拟自然环境的培养技术

模拟自然环境的培养技术包括扩增盒培养技术（diffusion growth chamber）和细胞微囊包埋技术（microencapsulation）两种。扩增盒培养技术是利用培养仪器——扩增盒将环境微生物在原位条件下进行富集生长，最终得到纯培养的微生物的方法。以海洋微生物原位富集为例，扩增盒由一个环状的不锈钢垫圈和两侧胶连的孔径为0.03 μm滤膜组成，滤膜只允许培养环境中的化学物质流通而细胞不能通过；扩增盒内加入稀释底泥与琼脂的混合物，封闭后置于天然海洋底物上，并不断注入新鲜海水循环流动；培养一周后获得40%的接种微生物，并能够分离得到新的微生物物种。此后，这种方法应用于研究土壤和水体、污泥环境中的难培养微生物。扩增盒技术初次培养获得的微小菌落多数为混合培养，通常需要再次分离才能获得纯培养菌落。该方法可以模拟自然环境，不同细胞间经过互喂形成独立的菌落。

细胞微囊包埋技术是一种将单细胞包埋培养与流式细胞仪检测结合为一体的高通量分离培养技术。双包埋培养技术将微生物包装在琼脂球内，外面再用一层多羰基高分子膜包裹，将这种双层包裹的小球放置于珊瑚表面黏液进行培养，获得新的微生物。此后，这一技术进一步发展，设计了一种高通量的微生物分离芯片，每个扩散孔只含有一个微生物细胞。采用这种芯片装置，分离到大量的海水和土壤微生物，其中有30%左右的新物种。细胞微囊包埋法在接近于天然生长的环境中有效提高了微生物的可培养性。但是该方法建立的时间较短，还存在一些如包埋基质机械强度低、渗透性差、微生物热敏感等技术难题，并且成本高，需要进一步改进。

1.4.3 改良微生物培养基组成和培养条件

微生物多样性表现出生理代谢的多样性及复杂性。不同的微生物生长代谢类型不同,对反应的底物要求也存在差异。因此根据微生物的某些特性,在传统培养方法的基础上,有选择性地添加微生物生长所必需的营养成分,从而使原先无法培养的变成为可培养的。目前已经报道的改良方法包括以下几种:a. 改良条件包括非传统的碳源、电子供体或电子受体:采用这种方式改善难培养微生物要对目的微生物的生理特性具备一定的了解。b. 根据微生物自身特性的培养方法:一些微生物具有独特的代谢途径,可以将其以纯培养的方式分离出来。c. 添加信号分子或类似物调节促进微生物生长:自然环境中微生物群体之间需要有信息传递维系调节生长代谢,因此进行人工培养时可以向培养系统中添加有益于细胞间沟通的信号分子,有利于改善微生物的培养状态。d. 添加细菌进行仿生原生境共培养:根据自然环境中细菌依靠共生关系维系生长的原理,设计双层培养基。首先在平板上倒培养基,涂布已知细菌菌液;接着再倒一层培养基,涂布环境样品稀释液,可以提高分离微生物量。此方法能够模拟原生态菌群生长关系,有益于促进同类甚至不同类细菌的生长代谢。e. 添加具有解毒功效的化合物或酶抑制剂:环境中某些优势微生物种类在生长过程中会产生过氧化物及其他有毒物质,为了减少这种毒性作用,可以在培养基中添加具有解毒功效的化合物或酶制剂。

1.4.4 生理生化法

生理生化法目前主要采用两种方法:同位素示踪法和代谢活力测定法。如果已知一个微生物群体的大小,可以通过测定^3H标记的胸腺嘧啶组入微生物群体 DNA 中速率,便可以估计微生物的代时。对于代谢活力测定法,主要是分析某些特殊酶类的酶活力,此方法是假设所有待测的细胞都含有这些特殊的酶类,并且所有细胞以同样的能力使用这些酶。另外,通过测定自然样品中的 ATP 含量也可反映微生物代谢活力的大小和生物量的多少;测定叶绿素的含量和其他光合色素的含量可以用来估计藻类和其他光合生物的生物量和代谢活力;最广泛使用的测定代谢活力的方法是估计整个微生物群体的呼吸作用和藻类的光合作用,测定对象是 O_2 和 CO_2 量的变化。

Biolog 微孔板法(Biolog GN)是一种多底物的 96 孔 ELISA 反应平板,最初是由 Biolog 公司为鉴定纯种微生物而设计的。1991 年,Garland 首次将 Biolog 微孔板应用于土壤微生物群落的研究。现在 Biolog 微孔板已被广泛应用于描述各种环境包括土壤、淡水、沉积物、活性污泥和海水的微生物群落生理状况。Biolog 微孔板除对照孔只装有四氮叠茂,其余 95 孔作为反应孔还装有不同的单一碳底物。在进行 ELISA 反应时,各孔中的微生物利用碳底物经过呼吸作用产生电子传递,引起四氮叠茂发生还原反应变为紫色。微生物对不同碳底物的利用情况可用发生反应孔的分布及颜色变化与时间关系来表示,即群落水平的生理图谱(CLPP)来表示。对孔中颜色变化的光吸收值的测量,可获得较系统的信息。

1.4.5 数学模型法

研究微生物生态学过程中惯用的方法是以感官观察为基础,经过一些实验将搜集的资料加以分析和解释,并进一步归纳、假设和推理。在此过程中,结果大多数都是描述性的,数据基本是孤立的。将数学研究应用于微生物生态学研究中,可以用统计数据和建立生态模型来定量描述微生物生态学问题。具体做法为:首先在实验室建立人工的、经过简化的环境,然后分解成许多小的、较为简单的亚系统。这些亚系统之间的互相作用、亚系统之内各种因素的作用则用数学方式描述,可以很大程度压缩真实过程的时间、人力和物力,并在短时间内调查生态演变过程的规律,预测生态演变过程的发展趋势,为人类提供最优利用方案。

1.5 微生物生态学的分子生物学方法

分子生物学和微生物生态学的有效结合,弥补了传统微生物生态学的不足,使人们可以避免纯培养过程而直接探讨自然界微生物种群结构与环境的关系,在微生物多样性、微生物种群动力学、重要基因定位、表达调控等方面的研究取得了进展,极大地推动了微生物分子生态学的发展。许多分子生物学方法和理论逐渐被应用于微生物生态学研究中,为研究难培养微生物和不可培养微生物提供了可靠的技术手段。微生物生态学研究中常用的分子生物学方法主要有 rRNA 序列同源性分析法、PCR 扩增技术、核酸探针技术、稳定性同位素核酸探针技术等。分子生物学技术的引入,使传统微生物生态学的研究领域由自然界中可培养微生物种群扩展至包括可培养、不可培养、难培养微生物在内的所有微生物;由微生物细胞水平的生态学扩展至各种生态学现象的分子机制研究水平;提出了微生物分子进化和分子适应等全新概念;使微生物生态学理论研究更接近于自然本质。

1.5.1 基于核糖体 RNA 基因的微生物生态学研究方法

在微生物分子生物学领域,采用核糖体 RNA 基因(ribosomal RNA gene,

rRNA 基因)作为标志物,进行微生物鉴定以及系统分类学研究。rRNA 是目前应用最广泛的分子标记,其在功能上高度保守,存在于除病毒以外的所有生物体中。其序列上的不同位置具有不同的变异速率,可通过可变区域序列的对比,进行微生物系统进化分析或是对特定环境微生物进行群落结构分析。

rRNA 基因同源性分析方法是综合应用多项分子生物学技术对细菌中 rRNA 基因进行分析,从而揭示微生物多样性,这是分子微生物生态学中最重要的方法,取得的成果也最多。由于 rRNA 在所有的微生物中功能和进化上是同源的,而同源物种之间 rRNA 结构是相当保守的,因此,为了确定一个分离物为一个分类单元,或证明属于一个新的分类单元,rRNA 基因序列分析便成为最可靠的方法。

rRNA 序列分析技术与其他分子生物技术以及传统的纯种培养相结合,具备分析微生物多样性及发现新物种的能力,而且提供了一种摆脱传统纯培养法鉴定环境微生物的途径,并已被广泛应用于共生细菌、古生菌、趋磁细菌、海洋微型浮游生物以及土壤细菌等微生物类群的研究,并发现了众多未知的新序列。rRNA 方法还应用到土壤细菌的检测、基因工程菌的安全性检查、环境中微生物间的基因转移等诸多方面。其缺点是在实际应用中,存在需构建基因文库、全序列测定周期长、工作量大、费用高等问题。

(1) rRNA 基因的特点

1) 原核生物的 rRNA 基因

原核生物的 rRNA 包括 5S rRNA、16S rRNA 和 23S rRNA。5S rRNA 基因序列较短(120 bp 左右),包含的遗传信息不具有代表性;23S rRNA 基因长度约 2900 bp,序列过长,对其分析存在一定难度;16S rRNA 基因长度约 1500 bp,在分子生物学应用中最为广泛。

原核生物的 16S rRNA 基因分子大小适中、种类少、含量大(占细菌 RNA 总量的 80%),在生物进化过程中的变化非常缓慢,在结构与功能上具有高度保守性等优点,因此用来标记生物的进化距离和亲缘关系。对 16S rRNA 基因的序列分析,确定了 9 个可变区的位置和长度,不同的可变区适合不同的菌群的鉴定分析(图 1-3)。其中 V3 区可以分开大多数细菌,V2、V6、V5、V7、V9 由于序列变异程度等原因不适合群落分析和细菌鉴定。

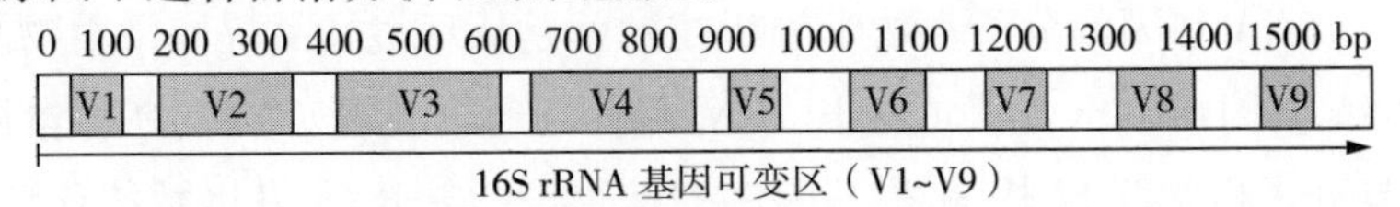

图 1-3　原核生物 16S rRNA 基因可变区 V1 ~ V9 的位置分布

16S rRNA 基因作为原核生物分子生物学研究中的重要标记基因,具有以下优点:a. 多拷贝,可提高检测的灵敏性:细菌中一般含有 5~10 个 16S rRNA 基因的拷贝,易获得,提高检测敏感性。b. 序列信息量大:16S rRNA 基因由保守区和可变区组成,保守区存在于所有细菌中,序列结构差别不显著;可变区在不同细菌存在不同程度的差异,具有种属特异性。可变区和保守区交错排列,因此可以根据保守区设计细菌通用引物扩增可变区,根据可变区研究细菌种间差异。c. 序列长度适中:基因长度约为 1500 bp,包含 50 个左右的功能域,遗传信息具有代表性。

2)真核微生物的 rRNA 基因

真核微生物存在更复杂的 rRNA 基因,包括 5S rRNA 基因、5. 8S rRNA 基因、18S rRNA 基因和 28S rRNA 基因,其中 18S rRNA 基因、5. 8S rRNA 基因和 28S rRNA 基因组成一个转录单元。与原核微生物相比,真核微生物进化时间较短,因此相近物种间的 rRNA 基因序列内部缺少相应的变化。真菌 rRNA 基因序列中不同区域的进化速率存在显著差异。真菌 18S rRNA 基因和 28S rRNA 基因进化速率较慢,保守性高,因此一般作为属水平以上的生物群体间的系统分析。但是 28S rRNA 基因的 D1/D2 区是目前酵母菌分类鉴定中常用的分子标识之一,这些序列在酵母菌种内和种间具有足够的差异性。

与编码 rRNA 的基因簇相比,非编码的转录间隔区(internal transcribed space, ITS)由于进化速度迅速且具多态性,因此真菌种间差异性更加明显。真菌全长 ITS 序列包含其两端的 18S rRNA 基因和 28S rRNA 基因的部分序列和中间的 ITS1 区,5. 8S rRNA 基因 ITS2 区的完整序列,拥有相对丰富的微生物信息。同时,由于 ITS 序列两端的 18S rRNA 基因和 28S rRNA 基因序列高度保守,便于进行引物设计(图 1-4)。基于 rRNA 基因—ITS 长度多态性和序列多态性分析,进而从核酸序列获得足够的遗传信息研究真核微生物亲缘关系与分类情况,已经广泛应用于真菌的属种间及种内组群水平的系统学研究。

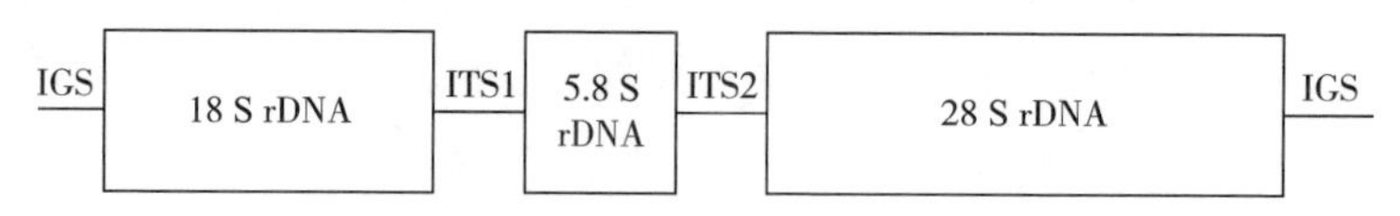

图 1-4 真核微生物核糖体 rDNA 重复单位结构

(2)rRNA 基因序列分析技术的基本原理

基于 rRNA 基因的分子生物学分析技术就是从环境样品提取微生物总核酸,获得 rRNA 基因可变区片段或全长 rRNA 基因,通过克隆、酶切、高通量测序、探针杂交等分子生物学技术,获得基因序列信息,并与 rRNA 基因数据库序列信息进行比较,确定其在系统发育地位,对微生物进行分类分析。

1)环境样品微生物总核酸提取

不同环境样品中,提取微生物核酸的难易程度不同,因此提取方法存在一些差异。为了满足后续的分子生物学操作,提取的微生物核酸需要满足以下要求:微生物基因组提取过程中尽量避免断裂,保持完整;微生物核酸纯度高,需去除小分子和有机质等污染;尽量破碎微生物细胞,提高核酸回收率,有利于后续分子生物学操作。

2)研究 rRNA 基因的分子生物学方法

研究 16S rRNA 基因的常用分子生物学方法有多种,主要有变性梯度凝胶电泳法、末端限制性长度多态性、DNA/RNA 印记杂交(Southern blot/ Northern blot)、基因芯片技术(gene chip)和高通量测序技术等。

3)rRNA 基因序列分析方法

通过对获得的 rRNA 基因进行序列分析以及同源性比较,可以绘制系统发育树,计算不同属、种微生物的遗传进化距离,判断菌种间的遗传关系。采用的系统发育分析方法包括距离矩阵法(distance matrix methods)、聚类分析法(cluster analysis)等。目前使用的序列对比软件有 Mega、MicroSeq、Phylip、Mothur 等,这些软件使用的计算方法不同,因此结果可能会存在差异。检索 rRNA 基因数据的网站有 NCBI、RDP 和 EMBL 等。

1.5.2 基于 PCR 技术的基因图谱技术

在分子生物学技术发展的初期,主要是通过直接分析某些低分子质量 rRNA 基因的电泳图谱,研究微生物群落结构多样性。但是,低分子质量 rRNA 基因相对较小,携带的遗传信息较少,因而揭示微生物多样性的能力有限。因此,技术主要针对携带信息量较多的 16S rRNA 基因或 18S rRNA 基因进行扩增,甚至针对某些微生物种类特有的功能基因进行 PCR 扩增,进而进行基因图谱分析,来研究微生物群落结构的多样性。PCR 技术主要特点是短时间内在实验室条件下人为地控制并特异性扩增目的基因或 DNA 片段,使研究的目的基因及其环境样品中的微量微生物基因得到无限的扩增,为这些基因和微量微生物种群的研究提供基础。使用 PCR 技术可将靶序列放大几个数量级,再用探针杂交探测,对被扩增序列做定性或定量研究分析微生物群体结构。

目前,广泛应用于微生物生态学中的基因指纹图谱技术主要包括克隆文库法(clone library)、变性梯度凝胶电泳法(DGGE)、限制性片段长度多态性分析

(terminal restriction fragment length polymorphisms, T-RFLP)、单链构象多态性(signal stranded conformation polymorphism, SSCP)、随机扩增多态性DNA(randomly amplified polymorphic DNA, RAPD)、高通量测序技术等。

(1)克隆文库法

克隆文库法使得分析不可培养微生物成为可能,是微生物生态学常用的研究方法之一。构建文库的基本过程包括以下几步:以环境样品中的总DNA或cDNA为模板,通过特异引物扩增目的基因;将PCR扩增产物插入合适的克隆载体,转入载体细胞,建立克隆文库;挑选培养基上的单克隆使用载体引物或PCR引物,对序列进行测序。克隆文库法可以针对不可培养微生物进行分析鉴定,提高了对微生物群落结构的认识。

(2)变性梯度凝胶电泳(DGGE)

DGGE技术广泛应用于土壤、水体、食品及动物肠道等环境微生物群体的研究,用于探究微生物群落的复杂性以及交互行为特征。该技术具有快速、可靠、可重复、易操作等特点。基于rRNA基因的DGGE技术能够直接显示环境中的优势微生物,可以同时对多个样品进行分析,研究微生物群落的时空变化。基于功能基因的DGGE技术能够用来鉴别密切相关但是生态上不同的微生物种群。

1)DGGE的基本原理

在含有浓度递增的变性剂(尿素和甲酰胺混合物)的聚丙烯凝胶电泳中,可以将长度相同、碱基序列不同的双链DNA分离,使凝胶图谱出现多态性。采用带有GC夹子(G和C碱基集中的序列)的引物PCR扩增目的基因,PCR产物在变性剂浓度从正极至负极递增的电泳胶上泳动,双链DNA间的氢键由于变性剂浓度的递增而发生断裂,解链成单链DNA。然而由于引物GC堆积部分氢键难以断裂,DNA分子仍旧保持双链结构,形成3方延伸形状。这种形态的DNA分子迁移率极大降低,具有同样碱基序列的DNA集中在一处形成条带。序列不同的DNA由于氢键数量和排列的不同,在不同浓度的变性剂下解链,因此在凝胶的不同位置形成条带,从而将长度相同但是序列不同的DNA片段分离。

DGGE技术克服了传统微生物培养技术的缺陷,可用于研究不可培养微生物以及难培养微生物,产生的微生物指纹图谱可以直观反映微生物群落结构多样性,并且可以检测DNA序列单碱基的变化,经常用于分析不同环境样品之间的微生物多样性差异。然而,DGGE技术也存在着一定的缺陷:DGGE技术只能检测500 bp以下的DNA序列,过长的条带会降低检测灵敏度;DGGE指纹图谱仅能够初步反映微生物群落多样性信息,不能进行微生物分类以及微生物群落结构组成分析,需要结合测序等其他分子生物学手段进行研究。

2)DGGE 的基本操作过程

DGGE 有垂直电泳和水平电泳两种电泳方式。垂直电泳变性剂浓度梯度与电泳方向垂直,适合分析单个样品的解链性质;水平电泳变性剂浓度梯度自上而下呈线性增加,多用于检测多个样品的 DNA 多态性,可以检测出单个碱基的基因突变。DGGE 技术有两个主要特点:a. 引物末端需要添加 40~50 bp 的 GC 发夹,解链过程中有利于检测解链区单个碱基的变化。b. 目标序列片段大小 100~500 bp,过长的片段会导致检测灵敏度降低。

DGGE 的基本操作过程如图 1-5 所示。a. 制备 DGGE 凝胶:聚丙烯酰胺浓度一般为 6%~12%,变性剂梯度根据目标基因序列进行调整,一般在 15%~60%范围内。DGGE 制胶是非常关键的步骤,制胶过程中应避免产生气泡,并根据实际情况选择胶的梯度范围。b. 电泳:电泳时间一般为 3~5 h。加样之前,将温度预设至 66℃,待达到预设温度之后关闭电源,立即进样。加样后打开电源,设置合适的跑胶时间。c. 染色:染色剂一般使用毒性较小、染色效率较高的 SYBR Green 等,染色效率比溴化乙啶(EB)高出 100 倍。将染色后的胶放入紫外凝胶成像仪中,用 302 nm 的紫外线进行凝胶成像,观察 DGGE 指纹图谱。d. 条带回收:对于 DGGE 指纹图谱中的特征性条带,若要确定其代表的微生物种类,需要将条带从凝胶上切下并回收,结合克隆、测序等其他的分子生物学技术进行研究。

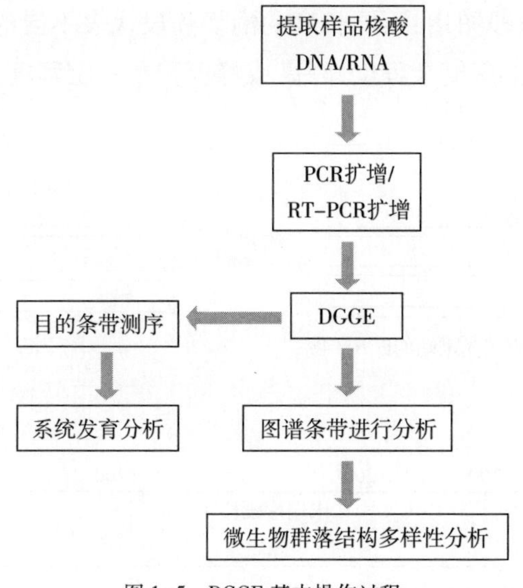

图 1-5　DGGE 基本操作过程

(3)限制性片段长度多态性分析(T-RFLP)

1997年,T-RFLP技术首次应用于微生物群落结构分析,研究不同环境微生物群落多样性。该技术是根据16S rRNA的保守区设计通用引物,其中一个引物的5'末端用荧光标记。提取待分析样品的总DNA,以它为模板进行PCR扩增,所得到的PCR产物一端就带有这种荧光标记。将PCR产物用合适的限制性内切酶水解,由于在不同细菌的扩增片段内存在核苷酸序列的差异,酶切位点就会存在差异,酶切后就会产生许多不同长度的限制性片段。水解产物用自动测序仪进行检测,只有末端带荧光标记的片段能被检测到,而其他没有带荧光标记的片段则检测不到。这些末端标记的片段就可以反映微生物群落组成情况,因为不同长度的末端限制性片段必然代表不同的细菌,也就是说一种末端限制性片段至少代表一种细菌。

目前,T-RFLP技术主要应用于研究微生物群落组成和结构、微生物系统发育及其菌种鉴定等,是一种应用比较广泛的微生物生态学研究方法。该方法可降低图谱的复杂性,使结果易于分析,且重复性好,结合克隆、测序,不仅可对已知菌进行鉴定,还有助于发现新的未知菌,对于分析复杂群落结构具有广阔的应用前景。

1)T-RFLP技术的基本原理

标记PCR引物的5'末端,使扩增产物带有荧光标记;采用识别特异性序列的限制性内切酶分解PCR产物,结合末端带有标记的特异性酶切片段的序列分析,获得荧光标记片段图谱;不同长度的酶切片段代表不同的微生物类型,图谱中波峰的多少表明群落复杂程度,峰高或峰面积在一定程度上代表该类型微生物的丰度(图1-6)。

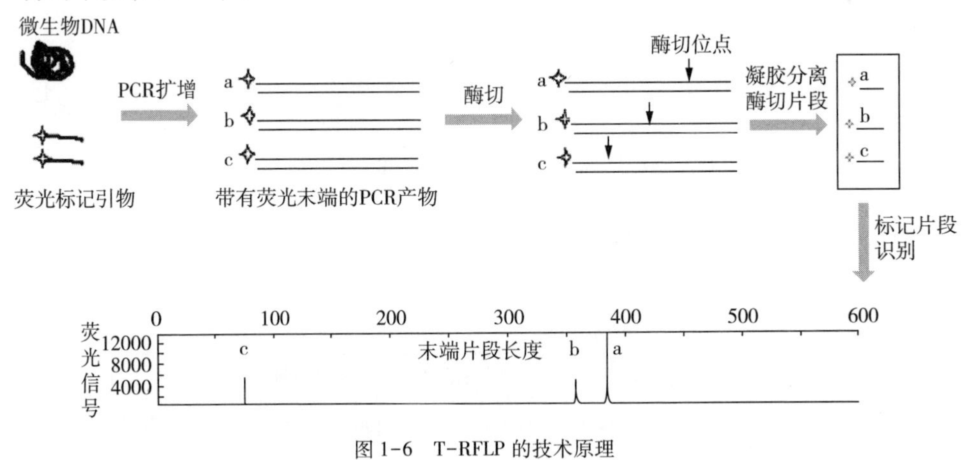

图1-6 T-RFLP的技术原理

T-RFLP 技术用于微生物群落分析具有以下优点：a. 能够迅速产生大量精确且可以重复的数据，研究微生物群落结构；并且可以同时分析大量样本，适合多个样品之间的比较。b. 可以使用软件对数据进行处理，进行标准化的统计分析。c. 将末端限制性片段（terminal-restriction fragments，TRFs）长度信息与已有数据库进行比对，可以得出微生物分类信息。但是，T-RFLP 技术存在一些缺陷：a. 无法产生像 DGGE 图谱一样直观的 DNA 图谱，不能直接观察微生物群落动态变化。b. 酶切得到的是 TRFs 的长度信息，片段较短，在数据库中匹配不够精确，无法对其进行准确鉴定。c. TRF 数据库，尤其是功能基因库不够完善，酶切产物可能找不到匹配对象。

2）T-RFLP 技术的基本操作过程

①引物的选择：理想情况下，引物应该特定于相应的目标微生物群，同时需要足够通用，便于扩增相关的微生物种群。可以通过一些基于数据库的工具比较不同引物的特异性和敏感性，例如微生物群落分析网站（http://mica.ibest.uidaho.edu）中的引物优化工具和核糖体数据库（http://rdp.cme.msu.edu）中的探针匹配工具。进行 PCR 扩增的引物 5'端需要引入荧光标记信号进行检测，因为不同的微生物可由一个特定的引物—酶组合产生相同的末端限制长度片段。如果只使用一个荧光标记引物进行检测，可能会低估微生物多样性，通常可以采取两个或两个以上标记引物解决这一问题。

②限制性内切酶的选择：通常情况下，识别四个碱基的限制性内切酶具有较高的识别频率，在 T-RFLP 技术中经常使用。不同细菌使用一个特定的引物—酶组合会产生相同的 TRFs，因此使用一个以上的限制性内切酶可以提高细菌种群的分辨率。限制性内切酶对不同序列的消化能力可以通过生物信息学工具进行评价，例如 T-RFLP 分析程序 TAP（http://rdp8.cme.msu.edu/html/TAP-trflp.html）、针对 16S rRNA 基因的 MiCA（http://mica.ibest.uidaho.edu）、针对功能基因的 ARB 实现工具 TRF-CUT（http://www.mpi-marburg.mpg.de/downloads）。

③T-RFLP 图谱数据分析：样品中荧光标记 TRFs 的长度与丰度差别通过毛细管或聚丙烯酰胺电泳区分，一般来说，毛细管电泳比聚丙烯酰胺凝胶电泳精确且重现性更好，能够把片段长度误差控制在 1 bp 之内。带有荧光标记的条带通过收集软件自动转化成为数字化的峰值图谱。TRFs 的实际大小利用 GeneScan 和 GeneMapper 等软件通过插值算法估计，丰度通过荧光强度确定并表征为峰高或峰面积。指纹图谱的比较结果反映的是微生物群落之间的相似关系，一般采用 UPGMA 聚类方法比较不同群落形成的图谱相似性及距离。当采用不同的限

制性内切酶进行酶切时，形成不同的峰值图谱，相应得到几套不同的 TRFs 长度和波峰数据。对于同一微生物群落采用的引物—酶组合越多，分析的准确性越高。

(4)单链构象多态性(SSCP)

1989 年，日本学者 Orita 发明了 SSCP 方法。利用单链构象多态性，根据不同构象 DNA 单链在非变性聚丙烯凝胶电泳时迁移率的差异，研究 DNA 分子上的基因突变；之后，Orita 将 SSCP 技术与 PCR 结合，增加了分析的灵敏性；1992 年，日本学者 Hashino 进一步改进了此种方法，利用敏感的银染色法对电泳凝胶进行染色，增强了安全性；1996 年，SSCP 技术开始应用于微生物群落结构组成分析。目前，SSCP 技术在微生物生态学研究中有一定的应用。

1)SSCP 技术的基本原理

DNA 单链构象具有多态性，由于碱基序列不同而影响其空间构象，它的正常序列与变异序列的单链构象不同，因此在电泳上的迁移率也不同，从而可以在非变性聚丙烯酰胺凝胶电泳中来分析 DNA 单链的基因突变。SSCP 技术被应用于微生物鉴定、微生物区系、微生物多样性等研究领域。

SSCP 技术应用于微生物生态学研究具有以下优势：a. 使用的仪器简单，操作方便，有利于普及。b. 与 DGGE、T-RFLP 等 DNA 指纹图谱技术相比，对引物没有特殊的要求，不需要进行带 GC 发卡的引物设计或者荧光标记等处理。c. SSCP 图谱易于分析，可通过特异性探针与 SSCP 图谱进行杂交，显示目标微生物的群落演替规律。SSCP 技术在微生物群落分析过程中还存在一些不足：a. 电泳过程中同源或异源互补序列局部退火，会导致一条序列在图谱上出现多条条带的现象发生。这些条带不稳定，对温度的变化敏感，导致结果重复性差。b. 环境微生物群落结构复杂，代表不同分类单元的条带分离不彻底，导致一条带中包含多个操作分类单元，无法检测到影响三维构象的部分碱基序列替换，有一定的灵敏性限制。c. 适于分析的片段长度较短(<300 bp)，不能精确提供序列的系统发育信息。

2)SSCP 技术的操作过程

①引物的选择：核糖体 rRNA 是研究环境微生物群落结构的理想靶基因，通常利用保守区设计引物以便扩增可变区基因。不同可变区产生的 SSCP 图谱条带存在显著差异。例如，Schmalenberger 以纯培养微生物为研究对象，设计引物分别扩增 16S rRNA 基因的 V2-V3 区和 V6-V8 区，分别产生 2.2 条和 1.7 条条带。引物的选择原则是既能涵盖环境中全部微生物，又能够降低 SSCP 图谱的复

杂性,便于后期实验操作。

②去除反义链:环境微生物群落结构复杂,并且同源或异源链之间存在相互作用,产生大量非特异性条带。因此,为降低 SSCP 图谱的复杂性,去除双链 DNA 中的一条链,产生单链 SSCP 图谱,减少 SSCP 图谱上一半条带,可以给后续分析提供方便。目前,去除反义链的方法包括如下两种:a. 反义链引物 5' 端磷酸化,PCR 扩增后,利用 λ-核酸外切酶水解(lambda exonuclease)被标记的反义链。b. 反义链引物 5'-端用生物素标记,PCR 扩增后,利用卵蛋白(avidin)或链霉亲和素(streptavidin)与生物素特异性结合,钩取带有生物素标记的反义链。

③获取 SSCP 图谱:为提高 SSCP 灵敏度以及长片段分离能力,凝胶中一般使用 49∶1 的丙烯酰胺:双丙烯酰胺,5%~10%甘油;PCR 样品的上样量根据微生物群落结构的复杂程度决定,越复杂则样本量要求越高;为提高灵敏性,一般使用银染法进行凝胶染色,可以检测搭配 1 pg 的双链 DNA。

④分析 SSCP 图谱:SSCP 图谱无法反映微生物的分类信息,因此需要将感兴趣的目标条带从凝胶中切除,纯化目标条带;以回收产物为模板,经过相同的引物进行 PCR 扩增,所得产物再次进行 SSCP 验证后,进行克隆、测序以及其他系统发育分析。

(5)随机扩增多态性 DNA

1990 年,美国科学家 Williams 领导的研究小组和 Welsh 领导的研究小组几乎同时发展了一项新的分子生物标记技术,称为随机扩增多态性 DNA(RAPD),对于遗传多样性检测、DNA 图谱构建等具有重要意义,在微生物领域研究多用于基因分型。

RAPD 是用那些对某一特定基因的非特异性的引物来扩增某些片段,用于探测含有混合微生物种群的各种生物反应器中的微生物多样性。用 RAPD 分析所得到的基因组指纹图谱在比较一段时间内微生物种群的变化,以及比较小试规模和中试规模的反应器方面用处较大,但还不足以完全用来评估样品微生物群落的生物多样性。

1)RAPD 技术的基本原理

RAPD 技术是以 PCR 技术为基础,以任意序列的寡核苷酸为引物(一般为 10 个碱基)扩增目的基因组。模板 DNA 经高温(92~94℃)变性解链后,在较低温度下(一般低于 40℃)退火,单链多个位点能够与引物互补形成双链结构。若两个与引物互补的位点间在可扩增范围(400~2000 bp),而且分别位于互补的两条单链上,并且与引物 3'-端相对,则可以通过 PCR 得到扩增产物。RAPD 所使用的一系列随机引物序列各不相同,但对于任意特定的引物都有 DNA 序列的特定结合位点,如果这些区域内基因组 DNA 发生插入、缺失或碱基突变,则导致产生的 PCR 产物发生相应的变化(PCR 产物增加、减少或分子质量改变)。一个引物检测到的 DNA 多态性较少,但是足够多的引物则可以检测到几乎整个基因组。

与传统 PCR 技术以及 DNA 指纹图谱技术相比,RAPD 技术具有以下优势:a. 无须基因信息。这是 RAPD 技术最显著的优点。该技术无须得到目的基因的任何序列信息,使用任意序列的引物扩增整个基因组,提高了效率。b. 应用范围广。引物没有种属特异性,可以在不同种属间进行比较。c. 灵敏度高。可以检测序列中单个碱基的变化。d. 检出率高。退火温度较低,能够使引物与模板稳定结合,同时允许适当的非特异性结合,使引物与基因组 DNA 结合的随机性增加,提高了 RAPD 的检出率。e. 简便、快速。样本量要求较低,无须其他 DNA 指纹图谱的大量准备性工作,可利用一套随机引物得到大量的分子标记,可借助计算机进行分析,易于程序化和标准化。RAPD 也存在一定的缺陷性:由于引物短、复性温度低等原因,会导致特异性降低、反应体系对许多因素变化敏感等。这些原因导致 RAPD 的重复性和可靠性较差。

2)RAPD 技术的基本操作过程

RAPD 技术的基本操作过程一般包括环境微生物基因组 DNA 提取、随机引物合成、PCR 扩增、随机引物筛选、电泳检测和数据分析等。

①引物合成:引物长度一般为 10 bp 左右。引物序列随机性是设计引物的基本方法,同时设计引物应该遵循以下原则:引物 G+C 含量要高于 60%,强信号条带明显增加,利于 RAPD 形成;引物 3' 端的最后 4 个核苷酸碱基中 G+C 含量高对于 RAPD 扩增有利。

②PCR 扩增:RAPD 反应所需的模板量要求低,一次扩增仅需 20~100 ng DNA 样品。模板是决定 RAPD 产物的主要因素,如果模板浓度过低,分子碰撞概率低,产物不稳定;模板浓度过高,增加非专一性扩增产物。RAPD 扩增一般使用一个引物,根据引物序列调整反应条件。变性和延伸温度变化不明显,一般分别为 94℃ 和 72℃。退火温度对引物影响较大,一般在 35~37℃。退火温度过低,引物和模板的特异性结合降低,出现条带可能会增多;退火温度高则会导致引物和模板特异性结合增加,DNA 图谱中条带减少。

③凝胶电泳:扩增产物通过琼脂糖凝胶电泳分离,凝胶浓度一般为 1.5%,电泳电压在 50~100 V,电泳时间 2 h 左右,紫外光下观察 DNA 图谱,选择具有多态

性的引物。

④数据分析:图谱分析涉及相关系数、共同带率、平均等位基因频率等的计算。

除了上述方法外,随着各种技术的不断进步与完善,基于PCR技术的基因图谱技术也涌现出大量新技术,比如PCR-DGGE技术、定量PCR、反转录PCR、竞争性PCR等。这些技术的应用克服了微生物生态学分离培养的难题,但得到的信息仍然十分零碎使不确定性较高,且不同技术在工作量、信息完整性和实验成本上均有较大的差别,有待于针对上述技术加强与其他技术联合应用,开发精确性更高、实验成本较低的新技术。

(6)高通量测序技术

目前,基因测序技术发展迅速,已经从第一代Sanger测序技术发展到第三代单分子测序技术。Sanger测序法在测序量和微量化方面具有一定的局限性,第二代高通量测序技术与第三代单分子测序技术的出现,为大规模测序应用提供了技术支持,是DNA测序技术革命性的创新,可以同时对上百万条DNA分子进行测序,具有速度快、准确率高、成本低等特点。目前,第二代高通量测序技术是基因测序中最常用的技术,新兴的第三代测序技术有许多优势,但是仍然存在许多不完善的地方。

1)第一代测序技术

第一代测序技术的原理基于Sanger的双脱氧末端终止法和Giber的化学降解法。

①Sanger测序的基本原理:其原理基于末端终止法。双脱氧核糖核苷酸进行延伸反应,生成相互独立的若干带放射性标记的寡核苷酸;每组核苷酸具有共同的起点,但是末端随机终止于特定的寡核苷酸残基,形成一系列以特定核苷酸为末端、长度不相同的寡核苷酸混合物;寡核苷酸的长度由特定碱基在待测DNA的位置决定;通过高分辨率的变性聚丙烯酰胺凝胶电泳,通过放射自显影技术直接读出待测DNA的核苷酸顺序。

②化学降解法基本原理:基于在化学试剂的作用下,DNA链在一个或两个碱基处发生专一性断裂的基本原理。首先对待测DNA末端进行放射性标记,通过4组相互独立的化学反应分别得到部分降解产物,每组反应特异性地针对某一种或某一类碱基进行切割,反应后得到4组带有不同长度放射性标记的DNA片段;每组中的每个片段都带有放射性标记的共同起点,但是长度不同;各组反应物通过聚丙烯酰胺凝胶电泳进行分离,通过放射自显影技术检测末端标记的分子,读取待测DNA片段的核苷酸序列。

第一代测序技术读长可达 1000 bp,准确率高达 99.99%,具有很高的可靠性。但是,这些测序技术依赖于电泳分离技术,分析速度和并行化程度较低,耗时长,成本高。

2)第二代测序技术

随着后基因组时代的到来,第一代测序技术无法满足基因测序的要求,诞生了第二代测序技术即高通量测序技术(high-throughput sequencing),其特点是边合成边测序(sequencing by synthesis)。高通量测序技术运行数据量大,可以同时检测数百万个 DNA 分子。测序平台主要包括 Roche 公司的 454 焦磷酸测序、Illumina 公司的 Solexa 聚合酶合成测序以及 ABI 公司的 SOLID 连接酶测序。高通量测序技术利用 4 种颜色的荧光标记不同的 dNTP,在 DNA 聚合酶的作用下合成互补链,每增加一种 dNTP 会释放出不同的荧光信号,通过计算机处理荧光信号,获得待测 DNA 序列的信息(图 1-7)。

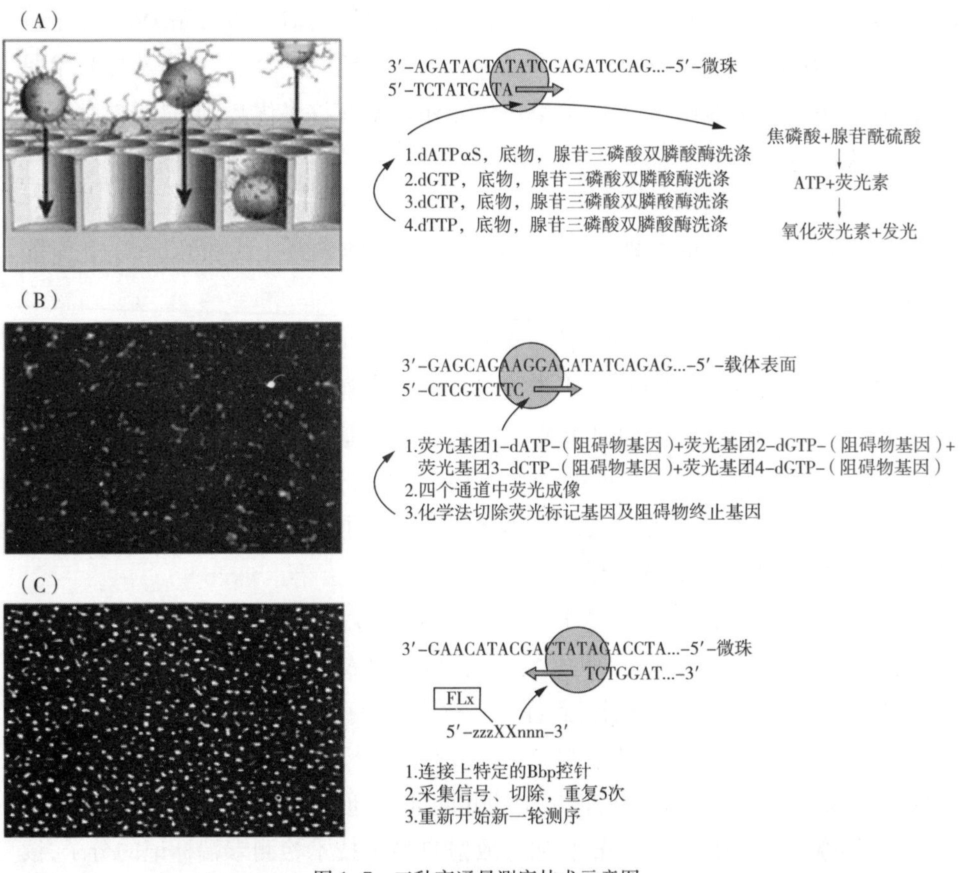

图 1-7 三种高通量测序技术示意图
(A)454 高通量测序技术;(B)Solexa 聚合酶合成测序技术;(C)Solid 连接酶测序技术

①454焦磷酸测序的基本原理:在测序过程中,设计带有标签的引物进行PCR扩增,每个样品扩增产物对应一个标签,一次可以完成上百个样品的测序,并根据标签抽取样品序列,进行数据分析。DNA单链PCR扩增时引物杂交,杂交后产物与ATP硫酸化酶、DNA聚合酶、荧光素酶及5'-磷酸硫腺苷(腺苷酰硫酸)进行反应,dNTP依次加入引物上。加入的dNTP与模板配对会释放相同数量的焦磷酸基团,ATP硫酸化酶催化焦磷酸基团生成ATP,ATP驱动荧光素酶催化荧光素向氧化荧光素转化,发出与ATP含量呈线性关系的可见光信号。ATP与未反应的dNTP被及时降解,再生反应进入下一个dNTP循环,根据所得信号峰值图获得DNA序列信号。这项技术读取序列长度最长(400 bp),但是数据通量低;遇到多聚核苷酸序列时,碱基数量与荧光信号强度不成线性关系,因此不适合检测具有重复序列的DNA片段。

②Solexa聚合酶合成测序技术:其核心是通过桥式PCR产生可逆性末端终结和DNA簇,基于边合成边测序的原理,每个核苷酸的3'末端带有能够封闭dNTP的3'端黏性基团,恢复3'端基团的黏性后接着合成下一个dNTP,直到测序完成。每个循环只插入一个碱基,这是Solexa技术与454测序技术的差异之一。该技术获得数据通量高,高度自动化,适合小片段DNA的测序,但是读长较短,从头测序具有困难。

③Solid连接酶测序:与前两种测序技术相比,Solid连接酶测序具有双碱基校正的特点。测序反应通常进行5轮,编码区通过碱基编码矩阵定义4种荧光信号和16种碱基对的对应关系。每轮反应含有多个连接反应,由5种含有磷酸基团且位置上只相差一个碱基的连接引物作为介导。由已知起始位点的碱基且每次反应后都会产生相应的颜色信号,根据双碱基校正原则和颜色信号即可推断碱基序列。此技术每个碱基读取两次,准确性高,适合检测参考碱基序列;但是测序长度最短(约50 bp),读取长度受反应次数的限制。

上述几种测序方法中,454焦磷酸测序所得到的序列可达400 bp,为三种测序技术中读长最长者,但是费用高,重复序列出错率高。与454测序技术相比,Solexa测序读长短,导致后续的拼接工作比较复杂。Solid测序技术的序列通量高,准确度最高,但是测序片段读长短、费用高。

3)第三代测序技术

第三代测序技术即单分子测序技术,最大特点是不依赖于PCR扩增,避免DNA在扩增过程中出现错误。大致过程为:将待测DNA随机打碎成约200 bp的片段,在3'末端加上50 bp带有荧光标记的poly A尾巴;退火形成单链,在芯片上与 Oligo dT 探针结合,利用 Poly A 上的荧光标记进行精确定位;依次加入 4 种荧光染料标记的单核苷酸,在 DNA 聚合酶的作用下与模板互补配对并延伸一个碱基,采集荧光信号;剪切去除荧光基团,清洗后进行后续试验。单分子测序技术不再局限于边合成边测序,而是把 ssDNA 的末端利用外切酶切割成单碱基进行后续实验及检测,这一技术读长更长并且后续拼接工作简单。但是,其测序的错误率较高,结果不够精确,需要进一步改进。

①Pacific BioScience SMRT 技术:该技术基于边合成边测序的原理。其大致过程为:每种脱氧核苷酸由不同颜色的染料标记,被荧光标记的核苷酸与模板链结合在聚合酶活力位点上,激发出不同荧光,荧光脉冲结束后被标记的磷酸基团被切割释放,聚合酶转移至下一个位点,下一个脱氧核苷酸连接到位点上进行荧光脉冲,进入下一测序过程。

②Helico BioScience TRIM 技术:该技术是基于全内反射显微镜的测序技术,也是基于边合成边测序的原理进行的。该技术基本操作过程为:将待测序列随机打断成小分子片段,用末端转移酶在小片段的 3’末端添加 poly A,在 poly A 末端实施阻断及荧光标记,将小片段与带有 poly T 的平板杂交,加入聚合酶和被荧光标记的脱氧核苷酸进行 DNA 合成,每循环一次加入一种 dNTP,之后洗脱去除未合成的 DNA 聚合酶和 dNTP,之后检测模板位点上的荧光信号,将核苷酸上的染料裂解释放,加入下一种 dNTP 和聚合酶,进行下一轮循环。

1.5.3 核酸分子杂交技术

核酸分子杂交技术可快速、灵敏地探测出环境微生物中特殊的核酸序列,并且用光密度测定法可直接比较核酸杂交所得到的阳性条带或斑点就能得出定量的结构,从而反映出线管微生物的存在及功能。该技术的基本原理是人工合成能与某类群微生物特征基因序列互补的寡聚 DNA 或 RNA 探针,并以荧光或放射性标记该探针,然后利用该探针与微生物基因杂交,通过荧光显微镜技术或放射自显影技术对微生物的群落结构进行分析和研究。该技术主要包括以下几种:Sourthern 印迹杂交、Northern 印迹杂交、原位杂交(ISH)、荧光原位杂交(FISH)和芯片杂交。

核酸探针杂交法需要首先对 rRNA(基因)序列比对,并对这些序列的特异性进行鉴定,然后进行互补核酸探针的合成和标记,最后对探针的特异性和测定敏感性进行评价和优化。目前已经进行测序的核酸序列数目有限,这样对某些生态系统中存在的微生物和核酸序列就不能进行全面的了解,必须对各种生物的

16S rRNA 和 23SrRNA 进行测序和研究，才能设计足够的探针来检测高度可变的目标样品中的所有微生物。

寡聚核苷酸探针由人工合成，一般为 30 bp 左右，具有很高的灵敏度，可用于检测环境微生物的单一基因和点突变。目前应用较多的寡聚核苷酸探针是根据细菌 rRNA 基因的多拷贝且高度保守的 DNA 片段设计的。这种技术在微生物生态学研究时具有重要的用途：a. 可用于检测环境中的微生物、指标生物及某些特定基因型的存在与否。b. 用于检测某一特定环境中的微生物种群、数量、分布及其变化，从而预测该环境中的微生物种群变化趋势。c. 用于检测某些微生物的特定基因型在环境中的动态。

(1) Sourthern 印迹杂交

1) 基本原理

自 1975 年英国科学家 Sourthern EM 创立以来，Sourthern 印迹杂交（Sourthern blot）技术已经成为分子生物学的一种常用的 DNA 检测技术。此方法具有快速、灵敏、准确等优点。Sourthern 技术的基本原理是：具有一定同源性的两条核酸单链在一定的条件下，可按碱基互补配对的原则形成双链，此杂交过程是高度特异的。基本操作过程是将待测核酸结合到尼龙膜、硝酸纤维素等固相支持物上，然后与存在于液相中已标记的核酸探针进行杂交，探针分子的显示位置及其量的多少，反映出待测核酸的分子质量与大小。

2) 基本操作过程

Sourthern 印迹使用的标记包括同位素标记和非同位素标记两种。放射性同位素标记的探针灵敏度高，但是存在半衰期的限制，对人体和环境会造成放射性危害。因此，目前使用较多的是非放射性同位素标记，可避免放射性危害，其中地高辛标记探针最常用。其技术要点包括以下几个方面：

①探针的制备：探针的标记方法包括缺口平移法、末端标记法、随机引物法、PCR 法等。Sourthern 杂交探针的制备一般使用随机引物法，如果探针两端的序列已知，可以用 PCR 法制备探针，比用 Klenow 酶随机标记探针效率高。地高辛标记探针最好使用 PCR 法。PCR 法制备的探针可能会出现非特异性条带，需要对 PCR 产物进行优化以保证标记探针的特异性。制备要选择合适的探针浓度，浓度过低则杂交信号较弱，过高则会产生非特异背景。

②DNA 样品的转移及固定：将 DNA 片段从凝胶转移至固相支持物的方法有 5 种，包括向上毛细管转移法、向下毛细管转移法、同时向两张膜转移、电转移和真空转移等。经典的凝胶转移方式是由 Sourthern 提出的向上转移法，操作简便，

但是转移过程中,由于凝胶受压、脱水而变薄,凝胶孔径变小,转移效率会下降。向下转移法可以克服上述缺点,转移效率有所提高。将 DNA 固定在膜上的方法主要有 3 种,如真空烘烤、微波炉固定和紫外交联。紫外交联法快速、方便,但是紫外交联时要避免膜被过量照射。照射的目的是使 DNA 的小部分胸腺嘧啶残基与膜表面带正电荷的氨基基团形成交联,而过量的照射将导致大部分胸腺嘧啶共价结合,继而降低了胸腺嘧啶残基与氨基基团的交联。

③杂交反应:根据所选择的预杂交实验结果确定温度。在满足温度的条件下,杂交的成败取决于杂交时间,时间过短杂交不充分,时间过长则可能导致非特异性结合增多。

④去除背景污染:利用地高辛标记探针进行杂交时,容易产生高背景。降低背景常用的措施包括以下两种:适当延长梯度洗膜的时间和提高洗膜温度;控制地高辛抗体的浓度。足够量的地高辛抗体可以获得较好的杂交信号,但过量的地高辛抗体会在膜上产生抗体非特异性结合的斑点。

⑤杂交膜的选择与保存:杂交膜包括尼龙膜、硝酸纤维素膜和 PVDF 膜。尼龙膜是一种较为理想的核酸固相支持物,其结合能力、温度适应性、韧性比硝酸纤维素膜强,是最常用的杂交膜。

(2) Northern 印迹杂交

Northern 印迹杂交(Northern blot)可用于研究特定类别的 RNA 分子的表达模式(丰度和大小),是一种将 RNA 从琼脂糖凝胶转印到硝酸纤维素膜上的方法。因 RNA 印迹技术与 DNA 杂交相对应,因此被称为 Northern 杂交。Northern 杂交的原理和方法与 Sourthern 杂交相似,但是操作对象不同。Northern 印迹杂交的 RNA 吸印与 Sourthern 印迹杂交的 DNA 吸印方法相似。Northern 印迹杂交利用甲基氢氧化银、乙二醛或甲醛使 RNA 变性。RNA 变性后有利于在转印过程中与硝酸纤维素膜结合。Northern 印迹杂交可在高盐过程中进行转印,烘烤前用低盐溶液进行洗脱,染色后在紫外光下成像。Northern 杂交实验应注意以下问题:a. 保证 RNA 完整性。RNase 极其稳定,操作过程易降解 RNA,因此需抑制 RNase 活性。b. 印记过程中要降低背景,可以重复进行探针剥离与重探,提高工作效率。c. 根据 GC 含量及同源性计算杂交温度,杂交温度一般在 58~60℃。同源性高的杂交温度较高;适当延长杂交后的洗膜时间及阻断剂处理时间,可以降低背景污染。

(3) 荧光原位杂交技术

原位杂交(in situ hybridization,ISH)技术发明于 20 世纪 60 年代,通过在环

境样品上直接原位杂交,可以测定不可培养微生物形态特征及丰度,并原位分析群落结构组成。ISH 技术的发展经历了放射性标记探针和荧光标记探针两个阶段。1988 年,ISH 技术被首次引入细菌学研究,利用放射性标记的 rRNA 寡核苷酸探针检测细菌。1989 年,采用荧光标记的 16S rRNA 序列上特异的寡核苷酸探针来探测独立的微生物细胞,不同的探针使用不同的荧光染料,可以同时鉴定不同类型的微生物细胞,这项技术被命名为荧光原位杂交(fluorescent in situ hybridization, FISH)。FISH 技术不需要进行核酸提取及 PCR 扩增,无需破坏细胞结构,可以展示原位条件下微环境中完整细胞的信息,精确性高,广泛应用于微生物生态学研究领域。

1)基本原理

FISH 技术通过双链 DNA 变性后和带有互补序列的同源单链(探针)退火配对形成双链结构,通过特定分子的标记探针与染色体原位杂交和荧光显色,可直接显示特定细胞核或染色体上 DNA 序列间相互位置的关系。其中双链 DNA 变性成为单链结构,带有荧光标记的探针与固定在玻片或纤维膜上的核苷酸序列进行杂交,探测其中所有的同源核苷酸序列,并通过共聚焦激光扫描显微镜或荧光显微镜进行观察。

FISH 技术无须核酸提取和 PCR 扩增等步骤,可以通过荧光标记的探针特异地与互补核苷酸序列在完整的细胞内结合。与放射性探针相比,荧光探针更安全,分辨率更好,无须额外检测步骤。该技术可以利用不同波长的荧光染料标记探针,一次可以检测多个目标序列。

FISH 技术也存在着一些不足:a. FISH 检测的假阳性。FISH 检测技术的精确性是由寡核苷酸探针的特异性决定的,设计的探针序列检测需要与最常规、最新版本的序列数据库进行校对,确保探针序列的特异性。但是,对某些不可培养微生物来说,没有现成的探针数据库,只能利用点杂交的方法分析探针的特异性,而非特异性探针会导致假阳性现象。此外,某些微生物本身具有荧光性,会掩盖特异的荧光信号,干扰 FISH 检测。b. FISH 检测的假阴性。微生物目标基因丰度过低或者微生物细胞壁渗透性差导致探针无法进入细胞与核酸进行杂交等,导致荧光探针的杂交信号较弱,导致假阴性。针对假阴性,可采用优化渗透性、使用高强度荧光染料和多重探针标记等增强杂交信号。

2)基本操作过程

FISH 技术包括探针设计、固定标本与预处理样品、探针特异性杂交样品、漂洗去除未结合的探针、检测杂交信号等操作。其关键环节为探针标记、荧光染料、FISH 的靶序列和杂交。

①探针与标记:FISH 探针长度一般为 15~30 bp,具备特异性强、灵敏度高、组织穿透力强等特点。常用的探针根据序列特点可以分为 3 类。染色体特异重复序列探针杂交的目标序列常大于 1 Mb,不含散在重复序列,与目标位点紧密结合,杂交信号强,易于检测,可用于监测细胞间期非整倍染色体。全染色体或染色体区域特异性探针由一条染色体或其上某一区域特异高的核酸片段组成,用于中期染色体重组和间期核型分析。特异位置探针由一个或几个克隆序列组成,主要用于基因克隆、DNA 序列定位和检测靶 DNA 序列拷贝数及其结构变化。

探针的标记方法一般包括直接荧光标记和间接荧光标记两种。直接荧光标记法是通过化学合成的方法将荧光染料分子以氨基连接于寡核苷酸的 5’端或者用末端转移酶将荧光标记的核苷酸连接于寡核苷酸的 3’端。直接荧光标记可以通过下述方法增强信号强度:将异硫氰酸荧光素偶联于寡核苷酸;在寡核苷酸两端进行标记,3’端加 1 个荧光分子,5’端加 4 个荧光分子。间接标记法是将地高辛或生物素等与探针连接,利用偶联有荧光染料亲和素或抗体进行结合,可以通过酶促信号放大提高敏感性。

②荧光染料:不同的荧光具有不同的激发和散射波长,可以利用不同的荧光染料同时观察多种微生物(表 1-1)。采用不同的荧光素探针同时检测两种以上微生物时,为避免不同探针之间光谱重叠,荧光染料需要具备狭窄的散射峰。使用荧光染料的基本原则为最明亮的染料要用来检测丰度最低的对象。

表 1-1 微生物 FISH 技术常用的荧光染料

荧光染料	英文缩写	激发波长/nm	发射波长/nm	颜色
止血环酸	AMCA	351	450	蓝
异硫氰酸盐荧光素	FITC	492	528	绿
5(6)-羧基-*N*-羟琥珀酰亚胺荧光素	FluoX	488	520	绿
四亚基异硫氰酸盐若丹明	TRITC	557	576	红
德克萨斯红	Texas Red	578	600	红
花青 3	Cy3	500	570	橙/红
花青 5	Cy5	651	674	红外

③探针与同源序列杂交:FISH 技术在保持完整细胞形态的条件下,进行细胞内杂交与显色分析 DNA 或 RNA,主要包括以下几个步骤。a. 细胞固定与预处

理:常用的固定液包括低聚甲醛、戊二醛、多聚甲醛等。预处理一般采用蛋白酶K、HCl等进行预处理,目的是增加细胞组织的渗透性以及减少非特异性目标序列的结合。b.探针特异性杂交样品:这是FISH杂交技术的核心步骤,时间和温度根据探针及样品序列不同而不同,杂交温度一般在37~50℃,杂交时间30 min至若干小时不等。c.漂洗未杂交的探针:利用48℃水浴的清洗液及冰浴的超纯水进行清洗。d.封片观察:通常需要结合通用的寡核苷酸探针对微生物样品进行区域界定及不同分类级别的区分。例如,利用细菌通用探针进行杂交时,DAPI染色可作背景界定生物体细胞的区域,并结合其他特异性探针,选择不同颜色的荧光标记,同时进行荧光原位杂交,利用共聚焦激光扫描显微镜或荧光显微镜进行观察。

(4)基因芯片技术

随着分子生物学的迅速发展,大量细菌、真菌等微生物基因组测序得以完成,丰富的基因序列信息为微生物的研究提供了重要原始数据库,同时也为基因芯片技术(gene chip technique)的发展和成熟奠定了基础。基因芯片(gene chip)又叫作DNA芯片(DNA chip)、DNA阵列(DNA array),是在20世纪90年代中期发展起来的一种新兴的分子生物学技术,综合了生物学、化学、材料学、计算机学等多学科的优势。基因芯片技术可以一次性检验上万个微生物或基因,具有通量大、灵敏度高、特异性强等优点,在微生物学领域广泛应用。

1)基本原理

基因芯片实际上是一个硅晶体片或玻璃片的固相载体。将DNA探针固定在载体上,固定在载体上的核酸序列与样品核酸序列互补结合,通过核酸杂交的信号获得样品中相应核酸的信息。基因芯片将大量的DNA探针固定在固相基质上,与待测的标记DNA样品进行杂交,一次可以记录上千万的基因表现的形式。

基因芯片的工作原理与Southern、Northern印迹杂交等经典的核酸杂交方法一致,利用已知的核酸序列作为探针与互补的靶核苷酸序列杂交,并通过信号检测进行定性与定量分析。基因芯片在微小的基片(硅片、玻片、塑料片等)表面集成了大量分子识别探针,能同时分析成千上万种基因,进行大信息量的筛选与检测分析。

与传统的核酸杂交技术相比,基因芯片技术具有高通量、自动化、微型化等特点,其优势主要表现在:a.高通量和并行检测。传统的Sourthern印迹杂交是将待测样品固定在尼龙膜上,与标记DNA探针杂交,每次只能检测一个目标序列;

而基因芯片技术将大量的DNA探针固定在固相基片上,与待测DNA进行杂交,每次可以检测上万种基因。b.高度自动化。基因芯片阵列中某一特定位置的核苷酸序列是已知的,对微阵列每一位点的荧光强度进行检测,即可对样品遗传信息进行定性定量分析。基因芯片技术可以利用激光共聚焦扫描显微镜检测杂交信号,软件记录分析后直接得出检测结果。c.操作简单快速。传统方法检测时间一般需要4~7 d,而基因芯片技术整个检测过程仅需4 h左右。d.特异性强,灵敏度高。

与传统核酸杂交技术相比,基因芯片技术虽然具有很大的优势,但是在实际操作程中依然会存在一些问题:a.检测低拷贝基因时,DNA芯片的灵敏度较低,需要对样品进行PCR扩增提高检测灵敏度。b.芯片上的探针进行杂交时,自身会形成二级甚至三级结构,使靶序列难以被检测,降低灵敏性。c.基因芯片技术还有一些问题不清楚,有待深入研究,例如探针序列对杂交体稳定性的影响,探针最佳固定方式,探针与载体之间连接臂与探针分子之间的间距对杂交的影响等。

针对目前基因芯片的不足及研究趋势,未来基因芯片技术可能向以下几个方面发展:a.高自动化、标准化、简单化,成本降低。目前基因芯片技术的价格较昂贵,这是推广这项技术的主要障碍,但是随着实验技术的更新,基因芯片价格会大大降低。b.进一步提高探针阵列的集成度。目前基因芯片阵列的集成度可以达到1.0×10^5,而绝大多数生物体的基因数量低于1.0×10^5,因此一张芯片可以研究绝大多数生物体的基因表达情况。c.提高检测的灵敏度和特异性。通过检测系统的优化组合和采用高灵敏度的荧光标志进行改良,通过多重检测来提高特异性,减少假阳性。d.提高探针的稳定性。DNA探针和RNA探针都不稳定,容易降解,而肽核酸探针稳定性较强,可以用来取代普通的DNA/RNA探针。e.基因芯片技术与其他技术相结合。将基因芯片与蛋白质芯片等其他生物芯片综合使用,可以了解蛋白质与基因间相互作用;将基因芯片技术与生物信息学联合发展,利用生物信息学研制新的基因芯片检测系统和分析软件,构建基因芯片标准数据库,促进芯片数据的存储、分析和交流,以便更有效的利用和共享资源。芯片数据库包括DNA序列和芯片测试结果的基因数据库。这些将大大推动基因组学研究和生物信息学的发展。f.建立微缩芯片实验室。通过微细加工工艺制作的微滤器、微反应器、微电极等,对生物样品从制备、生化反应到检测和分析的整个过程实现全集成,实验过程自动化,缩短了检测和分析时间,节省了实验材料,降低了人为的主观因素,大大提高了实验材料的利用率。

2)操作过程

主要技术流程包括芯片的设计与制备、靶基因标记、芯片杂交与杂交信号检测。基因芯片的分类方法很多:按照载体上所点探针的长度划分为cDNA芯片和寡核苷酸芯片;根据芯片功能划分为基因表达谱芯片和DNA测序芯片;根据载体可分为液相芯片和固相芯片。虽然基因芯片的种类很多,但是主要操作过程基本一致。

①芯片的设计与制备。基因芯片的设计是指芯片上核酸探针序列的选择以及排布。根据探针的应用目的决定设计方法。探针序列一般来源于已知基因的cDNA或EST文库,探针序列要与目的基因进行特异性结合,保证探针序列的特异性。

芯片的制备方法主要包括两种类型。按照点样模式,基因芯片划分为点样芯片(spotted DNA arrays)和原位合成芯片(oligonucleotide arrays)两种。制备点样芯片,首先制备探针库,根据基因芯片的分析目标从相关的基因数据库中选取特异的序列进行PCR扩增或直接人工合成寡核苷酸序列,然后将不同的探针分配在玻璃、尼龙等固相基质表面的不同位点,并通过物理化学等方法进行固定。通常在同一芯片上相同的DNA探针会点两个以上的重复进行对照,每张芯片上最多有两万个点。固定在载体上的探针叫作检测探针,一般为完整基因序列或表达序列标签,长度一般为300~800 bp。原位合成芯片是在玻璃、尼龙等固相基质表面直接合成寡核苷酸探针阵列,通过原位合成的方法进行制备,寡核苷酸链长度一般为50~70 bp。

②样品的制备与标记。待分析样品的制备是基因芯片技术的一个重要环节。靶基因与芯片探针结合杂交之前需要进行分离、扩增和标记。标记方法因样品来源、芯片类型和研究目的不同而有所差异,通常在待测样品的PCR扩增、逆转录或体外转录过程中实现对靶基因的标记。对于阵列密度较小的芯片可以使用同位素,所需仪器为实验室常规使用设备,易于展开工作。但是在信号检测时,一些杂交信号强的点阵列容易产生光晕,干扰周围信号分析。高密度芯片的分析一般采用荧光素标记靶基因,通过适当的内参设置以及对荧光信号强度的标化可对细胞内mRNA的表达进行定量检测。不同来源的靶基因用不同激发波长的荧光素标记,并把它们同时与基因芯片杂交,通过比较芯片上不同波长荧光的分布图获得不同样品间差异表达的基因图谱,这种方法叫作多色荧光标记技术。

③杂交反应。核酸样品和探针之间的杂交反应属于固相杂交,是芯片检测

的关键一步。杂交条件因靶分子类型不同而不同，探针浓度、长度，杂交的温度、时间、离子强度等因素是影响杂交反应的关键，可根据探针的类型、长度及芯片的应用选择来优化杂交反应条件。未杂交的探针通过漂洗的方式去除，避免背景干扰。

④信号检测与结果分析。用同位素标记的靶基因，可以用放射自显影技术进行信号检测；用荧光标记的靶基因，需要荧光扫描及分析系统，对相应探针阵列上的荧光强度进行分析比较，得到待测样品的相应信息。基因芯片获得的信息量大，对于基因芯片杂交数据的分析处理需要标准化的数据格式。

1.5.4 稳定性同位素核酸探针技术

稳定性同位素核酸探针技术（DNA/RNA stable isotope probing，DNA/RNA-SIP）是将复杂环境微生物物种组成与其生理功能耦合分析的有力工具。微生物的大小在微米尺度，因此，自然环境中微生物群落在微米尺度下生理过程的发生、发展，其新陈代谢产物在环境中累积与消减的动力学变化规律，形成了微生物生理生态过程，决定了不同尺度下生态系统物质和能量的良性循环。利用稳定性同位素示踪复杂环境中微生物核酸，实现了单一微生物生理过程研究向微生物群落生理生态研究的转变，能在更高更复杂的整体水平上定向发掘重要微生物资源，推动微生物生理生态学和生物技术的开发应用。

（1）基本原理

稳定性同位素核酸探针技术是采用稳定性同位素示踪复杂环境如土壤微生物核酸 DNA/RNA 的分子生态学技术。碳氮是生命的基本元素，可采用稳定性同位素如^{13}C标记底物培养环境样品。因为合成代谢是所有生命的基本特征之一，利用标记底物的环境微生物细胞不断分裂、生长、繁殖并合成^{13}C-DNA。提取环境样品微生物总 DNA，并通过超高速密度梯度离心将微生物^{13}C-DNA 与^{12}C-DNA 分离后，进一步采用分子生物学手段（特别是环境组学技术）分析^{13}C-DNA，将能揭示复杂环境样品中同化了标记底物的特定功能微生物，以及在群落水平揭示复杂环境微生物重要生理生态过程的分子机制。RNA-SIP 与 DNA-SIP 的基本原理一致。与 DNA-SIP 相比，RNA-SIP 的研究不依赖于细胞分裂，能够采用更低浓度的^{13}C-标记底物培养环境样品，研究结果更接近原位状况，灵敏度更高。

除磷以外，几乎所有具有生物学意义的元素均有两种稳定性同位素，甚至更多。一般而言，重同位素或轻同位素组成的化合物具有相同的物理化学和生物学特性。因此，微生物可利用稳定性重同位素生长繁殖，合成标记的生物大分子如^{13}C-DNA，利用分子生物学技术分析^{13}C-DNA，可在微生物群落水平，以^{13}C物质代谢过程为导向，发掘重要功能基因，揭示复杂环境中微生物重要生理代谢过程的分子机制（表1-2）。目前稳定性同位素示踪复杂环境中微生物核酸DNA/RNA技术得到了国际学术界的高度关注。近年来，该技术在我国也得到了高度的关注和快速发展。

表1-2　基于核酸元素组成的稳定性同位素示踪原理

脱氧核糖核苷酸	核苷酸元素组成					相对分子质量	分子质量增加/%	
	C	H	N	O	P	$^{12}C^{14}N$	^{13}C	^{15}N
A：腺嘌呤脱氧核苷酸	10	14	5	6	1	331.2	3.019	1.510
G：鸟嘌呤脱氧核苷酸	10	14	5	7	1	347.2	2.880	1.440
T：胸腺嘧啶脱氧核苷酸	10	15	2	8	1	322.2	3.104	0.621
C：胞嘧啶脱氧核苷酸	9	14	3	7	1	307.2	2.930	0.977

稳定性同位素自然丰度					
轻同位素	^{12}C	^{1}H	^{14}N	^{16}O	^{31}P
自然丰度/%	98.93	99.99	99.63	99.76	100
重同位素	^{13}C	^{2}H	^{15}N	^{18}O	
自然丰度/%	1.07	0.01	0.37	0.20	

GC含量不同的DNA浮力密度			
GC含量/%	浮力密度/$(g\cdot mL^{-1})$	浮力密度增加量/$(g\cdot mL^{-1})$	
	$^{12}C^{14}N$	^{13}C	^{15}N
30	1.6894	0.0509	0.019
50	1.7090	0.0510	0.020
70	1.7286	0.0510	0.020

（2）操作过程

DNA/RNA-SIP操作主要包括四个步骤（图1-8）：标记底物培养环境样品，环境微生物基因组核酸密度梯度离心，不同浮力密度区带核酸的^{13}C标记程度鉴定和^{13}C-核酸的下游分子分析。

1）标记底物培养环境样品

在环境样品培养体系中，标记底物和代谢产物通量的动态变化规律是表征微生物生理生态过程及其强度的关键参数，也是判定环境微生物核酸中^{13}C富集程度的重要参考。培养体系中外源标记底物越多，目标环境微生物核酸标记程

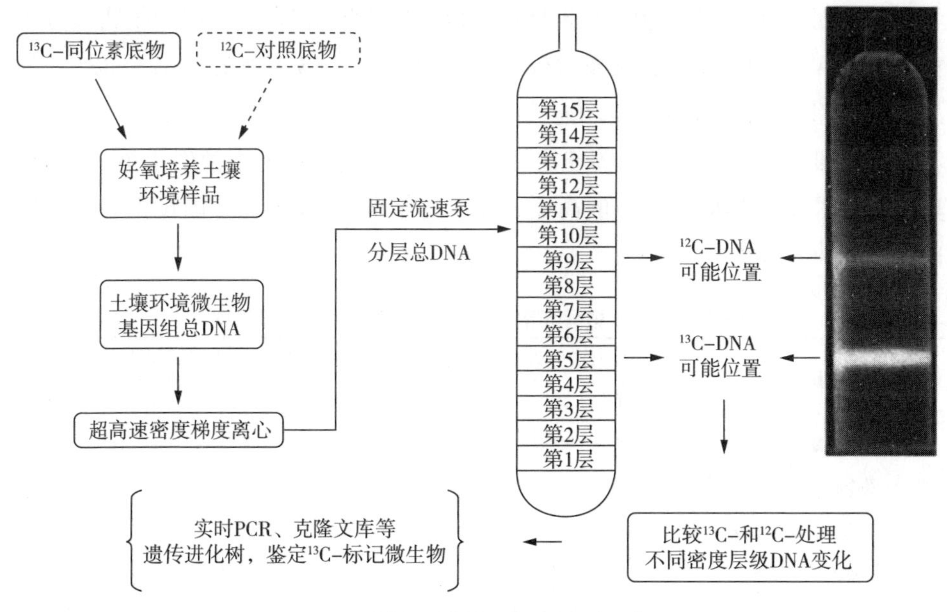

图 1-8　稳定性同位素核酸探针技术示意图

度就越深。然而,原位研究微生物在自然环境中新陈代谢途径要求尽可能保持样品的原始状态,尽可能降低外来干扰。因此,理想的培养实验是采用最少的标记底物培养环境样品,得到最小量的、但超速离心能有效分离^{13}C-核酸。

2)环境微生物基因组/转录组密度梯度离心

利用超高速密度梯度离心技术即可将环境微生物基因组总 DNA/转录组 RNA 中的^{13}C-DNA/^{13}C-RNA 与^{12}C-DNA/^{12}C-RNA 有效分离。超高速离心所使用的最佳核酸量取决于单位质量环境微生物总 DNA/RNA 中^{13}C-DNA/RNA 的比例和超高速离心后^{13}C-DNA/RNA 的最小检测限。

超高速离心结束后,采用常规的取代法,用针穿刺离心试管底部,然后在试管顶部扎入另外一个针头并通过软管与蠕动泵相连,将水溶液或矿物油以固定流速注入离心试管内,导致离心试管内形成固定的压力,使得试管内不同浮力密度区带的 DNA 以恒定的流速依次从试管底部流出并收集。

1.6　微生物生态学的组学方法最新进展概况

微生物生态学涵盖了微生物理论和方法的所有方面,以解释微生物在自然或人工环境中的重要作用。它包括生物地球化学循环、群落结构和功能、微生物相互作用和人类活动造成的环境污染的研究。自 20 世纪 80 年代末,基于未经培养的 16S rRNA 基因序列的微生物群落结构研究显示,自然界中未培养微生物的种类数量巨大。随后,基于细菌人工染色体克隆的环境基因组学研究揭示了微生物群落隐藏的代谢功能,比如基于视紫红质的光营养和厌氧甲烷氧化等机制的研究。

目前,微生物生态学实际上可以称为微生物组学的研究。微生物组包括"微生物组"(原核微生物或真核微生物),"活动区"(结构元素,如大分子和可移动遗传元素,如病毒、微生物代谢物和环境条件),和通过多组学方法进行评估。组学技术,包括但不限于(元)基因组学、(元)转录组学、(元)蛋白质组学、代谢组学、表观基因组学、单细胞基因组学和培养组学,这些技术由高通量测序技术和生物信息学提供动力,提供了关于原位微生物活动和微生物在调节宿主代谢中的关键作用的详细信息。然而,尽管人们已经积累了大量多组学数据来理解微生物的生态作用,但是,要完全弄清微生物群落影响生态系统功能的机制仍然是一项挑战。

因涉及微生物组学技术种类较多,且微生物种群分布较广,为了给从事微生物生态学研究者一个学习交流的平台,本节内容针对不同组学方法在微生物生态学研究中的最新进展进行概况性的描述,具体详细的研究内容可参考具体文献。

1.6.1　组学数据的分析

2020 年,*Journal of Microbiology* 出版了一期特刊,涵盖了用于学习大数据统计、计算和分析方法的各种网络协议,包括微生物组分析、核糖序列分析、代谢工程和药物发现。为了介绍该特刊中未涉及的最新成果,我们提供了 3 篇综述,这些综述可能会对如何解释从亚基因组、甲基组和酚类中获得的数据提供见解。

Gwak 等全面回顾了元基因组数据调查的计算方法,重点介绍了详细过程,包括元基因组读取的组装、元基因组组装基因组的生成、元基因组读取的分类和功能分析,以及从亚基因组预测代谢组学特征。该综述总结了详细的程序和软件,已实际应用于宏基因组的数据分析,同时也介绍了这些方法的局限性。

在各种组学方法中,因为最近开发了长读测序技术,如 Pacific Bioscience 的单分子实时测序和 Oxford Nanopore Technology 的纳米孔测序平台,甲基组分析可以以高通量的方式进行。DNA 甲基化的研究主要针对真核系统,然而,甲基化对原核系统也很重要。因此,Seong 等介绍了分析细菌甲基组的各种方法,以及甲基组在细菌生理学和防御机制中的作用。目前,大多数细菌甲基组分析集中于与宿主防御系统、细胞周期、基因表达和毒力相关的单菌株水平的细菌生理学。由于细菌表观遗传调控主要由 DNA 甲基化介导,分析通过长读测序技术获得的宏基因组测序数据中的甲基组模式,将揭示表观遗传调控在自然微生物种群中的作用和过程。

虽然许多基于组学的方法已经使用分子工具进行核酸和蛋白质分析,但基于表型的组学方法由于缺乏高通量的表型分析方法而落后。Hong 等全面概述了拉曼光谱法,并介绍了拉曼光谱法在微生物生态学领域应用的最新进展。由于拉曼光谱法技术能够无创标记和检测单细胞,通过胞内组成确定表型,进而获得基于细胞活动的分析结果,因此单细胞拉曼光谱分析将被广泛用作下一代表型分析工具,并应用于自然生态系统研究,以了解微生物的活动和功能。

1.6.2 微生物溯源与抗生素抗性

人类活动已将各种污染物引入生态系统,从而造成环境污染,对环境质量产生不利影响。因为微生物对环境变化的快速反应,它们已被广泛用作环境污染的指示物或清洁剂。作为评估环境污染和追踪粪便污染源的工具,微生物溯源工作在人类生活中变的越来越重要,并已从传统的依赖于微生物培养方法转变为基于各种组学技术的独立于培养的方法。Raza 等以微生物溯源为目的,论述了宏基因组学和其他最近开发的测序技术。因为宏基因组覆盖给定环境中的所有遗传物质,因此,基于宏基因组学的微生物溯源可以通过识别宿主特异性粪便标记,以及分析其与环境的关联,快速取代基于微生物群落的溯源方法。

除粪便污染外,抗生素和抗生素耐药基因(ARG)也被视为环境污染物。通过获得具有特定内在机制或水平转移的 ARGs 而出现的抗生素耐药细菌正在威胁我们的生命,并且逐渐引起全球公共卫生从业者的重点关注。由于 ARGs 广泛分布于微生物群落、病毒等微型生命体中,甚至在原始生态系统中也发现了 ARGs 的存在,导致自然环境被视为 ARG 的蓄水池,使得基于元组学的方法成为 ARG 研究的先决条件。Lee 等介绍了最新的生物信息学方法,用于分析来自全基因组和宏基因组数据的抗生素耐药性。该综述侧重于 ARG 研究中实施的详细工作流程、软件工具和数据资源,读者将能够从基因组和亚基因组中查询目前已获知的 ARG,进而量化基因,并深入了解 ARG 的进化和传播方式。

1.6.3 全息生物与微生物相互作用

共生有机体(宿主及其微生物群落)的概念已成为解释宿主与其相关微生物群落之间密切相互作用的主要生物学框架之一。共生微生物或与宿主相关的微生物通过与宿主在物质能量方面协同代谢而互相依存,进而影响宿主的生物学、生态学和进化方向。此概念中的微生物群落包括细菌、古细菌、真菌和藻类,以及有关微生物基因组、可移动遗传元素(包括病毒)和微生物代谢物的所有信息。鉴于大多数共生微生物在宿主之外不能作为无菌培养物保存,因此培养独立元组学技术成为一个从整体角度研究完整微生物生态的最佳选择方法。植物微生物组和动物肠道微生物组是理解生态和进化的全息生物学观点的良好模型系统,因为植物接受生活在其中或土壤中的微生物伙伴作为其植物体内的一部分,而动物可将肠道微生物组视为另一个消化器官。在此背景下,本节内容重点推荐2篇综述,介绍了植物微生物组和肠道微生物组研究的最新进展。Choi 等在综述中本着还原论的观点研究微生物群落,概述了从根际到叶际的植物微生物群落结构、与植物生理学相关的微生物群落功能,以及通过模拟植物微生物群落分析合成微生物群落的研究趋势。此外,Whon 等总结了最近采用多种元组学方法进行的肠道微生物组研究,讨论了这些组学方法的优缺点,并介绍了肠道微生物组研究的最新技术进展,包括适应性免疫受体序列测定、培养组学和计算机生物信息学的应用等。

另外,Kim 等全面回顾了氨氧化古细菌(AOA)在与生态位共享生物和周围环境相互作用中的作用。AOA 丰富且普遍存在,特别是在中、深海海洋和土壤环境中,并表现出化能自养硝化作用,因此,现在主要研究关注点集中在 AOA 多样性和在不同生态系统中活动方面,而 AOA 与其他同居细菌、病毒和高等生物之间的相互作用一直被忽视。Kim 等总结了 AOA 与各种生命形式之间的密切相互作用,如病毒、异养细菌、氨氧化细菌、亚硝酸盐氧化细菌、原生生物、植物和动物(海绵)。然而,代表性 AOA 培养技术的缺乏阻碍了对 AOA 深入和全面的研究,进而阻碍了阐明其在生物地球化学循环中的生态作用,以及在这一生态过程中的相互作用。因此,培养更多的 AOA 菌株并利用培养物积累实验证据对于阐明 AOA 在生态系统功能中的隐藏作用非常重要。

1.6.4 病毒生态学

病毒是最小的生物实体,可以感染地球上所有已知的生命形式,并且可在不同的环境中大量存在。由于病毒在没有宿主的情况下无法复制，病毒的生物学与它们的生态系统直接耦合。病毒生态学包括感染微生物（细菌、古细菌和原生生物）和感染高等真核生物（植物和动物）的病毒生态学。由于自然环境中的噬菌体和古细菌病毒数量是原核生物数量的10倍以上，微生物病毒生态学作为微生物生态学的一门学科被研究，以确定它们在碳和物质循环、黏附、基因转移和保留新的基因库中的生态作用。相比之下，感染高等真核生物的病毒生态学更加关注其致病机制，如宿主相互作用、宿主特异性和范围、传播周期类型以及传播媒介和载体。由于生态系统中的大多数细菌和古细菌尚未被培养，而且有可能感染动物（包括人类）的病毒尚未被发现或迅速进化，病毒组合（病毒组）被认为是新遗传物质或功能的储存库。

鉴于病毒作为生态系统设计者、遗传资源和病原的重要性，本节内容推荐3篇最新综述性文章供读者学习，分别介绍了基于多组学方法的水生噬菌体生态学、宿主和病毒衍生环状RNA（CircRNA）在感染期间的作用，以及从人类健康角度描述SARS-CoV-2的生态学方法。Moon等介绍了水生病毒组研究的最新趋势，特别关注培养组学和元病毒组学。文章描述了培养依赖性病毒研究和病毒亚基因组分析的详细程序，预测病毒组中宿主—噬菌体系统的方法，以及预测噬菌体—宿主相互作用的实验方法。Lou等介绍了CircRNA在转录组分析中的分类、产生和功能，在病毒感染过程中的作用，以及在病毒感染诊断中使用CircRNA作为生物标记物。Na等对导致2019年疫情的冠状病毒SARS-CoV-2进行了全面综述，提供了SARS-CoV-2的详细系统发育、突变和分子流行病学，并将其病理特征与其他动物冠状病毒进行了比较。由于与宿主和平共存的病毒找到了进入新宿主的途径，而且宿主数量众多，并导致了严重的疫情，说明了解病毒与其宿主相互作用的行为对于控制疫情至关重要。因此，Na等人（2021年）从潜在野生动物宿主和这种新兴病毒的人畜共患病来源的角度详细讨论了SARS-CoV-2的生态学。

总而言之，上述有关组学技术在微生物生态学中综述性或研究性文章强调了组学工具在揭示自然环境和生命系统中微生物的作用方面的威力。值得注意的是，上述最新研究进展仅涉及微生物生态学领域中绝大多数微生物组研究的冰山一角。微生物是生态系统的重要组成部分，直接或间接地参与所有的生态过程，在生态系统物质循环、能量转换以及人类环境与健康中起着重要作用。通过不断地探索，事实证明微生物世界并非无章可循。那么，微生物群落及其多样性如何随环境条件变化而表现出一定的分布特征，是什么机制驱动和维护着这些分布特征,是生物学和生态学亟待回答的问题。关于微生物群落分布特征和格局是否等同大型生物,如何解释其特征性的存在等问题需要理论支持。现有的生态学理论体系应用于动植物领域相对比较完备,仅在微生物领域的研究有所不足。新理论的提出固然可贵,但应在充分利用这些较为成熟的理论和方法研究未知的微生物领域的基础上,进而通过比较分析发现新的规律。分子生物学(特别是相关组学)技术的发展,使人们可以打破以往微生物学研究中需要对其进行分离培养的限制,直接从基因水平上考查其多样性,从而使对微生物空间分布格局及其成因的深入研究成为可能。

参考文献

[1]何培新. 高级微生物学[M]. 北京:中国轻工业出版社, 2017.

[2]曹鹏, 贺纪正. 微生物生态学理论框架[J]. 生态学报, 2015, 35(22):7263-7273.

[3]CHO J C. Omics-based microbiome analysis in microbial ecology:from sequences to information[J]. Journal of Microbiology, 2021, 59(3):229-232.

[4]GWAK H J, LEE S J, RHO M. Application of computational approaches to analyze metagenomic data[J]. Journal of Microbiology, 2021, 59:233-241.

[5]SEONG H J, HAN S W, SUL W J. Prokaryotic DNA methylation and its functional roles[J]. Journal of Microbiology, 2021, 59:242-248.

[6]HONG J K, KIM S B, LYOU E S, LEE TK. Microbial phenomics linking the phenotype to function:The potential of Raman spectroscopy[J]. Journal of Microbiology, 2021, 59:249-258.

[7]RAZA S, KIM J, SADOWSKY M J, et al. Microbial source tracking using metagenomics and other new technologies[J]. Journal of Microbiology, 2021, 59:259-269.

[8]LEE K, KIM D W, CHA C J. Overview of bioinformatic methods for analysis of antibiotic resistome from genome and metagenome data. Journal of Microbiology, 2021, 59:270-280.

[9]CHOI K, KHAN R, LEE S W. Dissection of plant microbiota and plant-microbiome interactions[J]. Journal of Microbiology, 2021, 59:281-291.

[10]WHON T W, SHIN N R, KIM J Y, et al. Omics in gut microbiome analysis

[J]. Journal of Microbiology, 2021, 59:292-297.

[11]KIM J G, GAZI K S, AWALA S I, et al. Ammonia-oxidizing archaea in biological interactions[J]. Journal of Microbiology, 2021, 59:298-310.

[12]MOON K, CHO J C. Metaviromics coupled with phage-host identification to open the viral 'black box'[J]. Journal of Microbiology, 2021, 59:311-323.

[13]LOU Z, ZHOU R, SU Y, et al. Minor and major circRNAs in virus and host genomes[J]. Journal of Microbiology, 2021, 59:324-331.

[14]NA W, MOON H, SONG D. A comprehensive review of SARS-CoV-2 genetic mutations and lessons from animal coro-navirus recombination in one health perspective[J]. Journal of Microbiology, 2021. 59:332-340.

第2章　混菌发酵技术在食品领域中的应用与创新

发酵技术的不断进步,有效地应对了传统发酵食品面临的挑战。多年来,众多科学研究和现代尖端设备的出现解决了这些挑战,并发展出了新的食品发酵方法,推动了新型食品的交付。基于对创新性、成本削减措施、利润的追求以及对工艺改进、更高产量和高质量产品的渴望,行业参考者之间的竞争进一步推动了食品发酵技术的进步。

在过去的几年里,开发食品领域新技术的责任和紧迫性不断增加。虽然传统的食品加工技术在饮食中仍然发挥着重要作用,但消费者对高质量、营养和安全产品的需求不断增加,促使行业寻求改进工艺。发酵是一种由来已久的食品加工技术,甚至在了解相关的潜在过程机理之前就已经进行实践。这一过程中涉及的技术和相关知识通常通过代代相传在当地传承。

最近,对发酵食品作为功能性食品的潜在来源的需求有所增加。为了满足消费者的需求,必须用先进的发酵技术来改进传统的发酵技术,以确保发酵食品具有持续更好的质量、感官属性和营养效益。因此,本章概述了新型食品的发酵技术的现状和未来的潜力。涉及的方面包括使用多菌种发酵剂发酵、新的发酵工艺以及有助于促进新型发酵食品开发的其他技术应用。

虽然大多数发酵过程仍然在很大程度上依赖于不受控制的发酵技术(自然发酵),但使用发酵剂培养物(酵母、细菌和真菌等)是可取的,以确保发酵一致性、保持卫生、提高质量和保证恒定的感官质量和成分。随着消费者对具有更有益的特性的产品需求的增加,发酵行业正在不断探索,选择、开发和使用这些发酵剂的新方法,以改进工艺。

发酵剂培养可分为单菌株(一个物种的一个菌株)、多个菌株(单个物种的多个菌株)和多个菌株的混合培养(来自不同物种的菌株)。虽然使用单菌种培养已经成为标准并用于许多食品,但使用多菌种和混合菌种已经显示出不同于单菌种使用的优势。据报道,与多微生物相比,单一菌种发酵食品的独特性等特点面临挑战,这可以归因于食品中有限的微生物区系。因此,考虑到发酵食品是通过不同微生物的竞争作用以及由此产生的不同代谢产物,技术的发展多集中使用多菌种培养。混合培养可以发挥不同代谢途径协同利用的潜力;具有提高多种生物转化、提高产量的优势,产品具有更好的感官特性;大量理想的代谢物、酶和抗菌剂以及丰富的生物多样性等优势。

混合培养提供了更好的复杂代谢活动,并提高了食物对环境的适应能力。在这种复杂的条件下,固有底物的降解、蛋白水解、聚合和代谢是通过接种菌株的联合代谢活动进行的。通过代谢物的交易、分子信号的交换、组合任务和菌种之间的分工,可以体验到更好的通用性和稳健性。然而,一种菌株的生长可能会被另一种微生物的生长活动促进或抑制,因此初级和次级代谢物的产生可能会增加或减少。尽管如此,这些培养物仍然在增加酸化和加速发酵过程以及改善功能性、营养质量和促进健康的成分方面发挥着潜在的作用。同样重要的还有胆固醇和生物胺的减少以及γ-氨基丁酸的产生,主要是通过菌系之间互惠、寄生、竞争和共生的不同互动模式发生。在发酵过程中使用共培养/混合发酵剂将在很大程度上确保微生物区系的多样性,这将为发酵食品提供广泛的有益成分。然而,关于多种菌株在食品系统中的作用机制仍需进行深入的研究。

2.1 发酵酒制品

2.1.1 概述

虽然世界各地都有酒精饮料消费,但大多数是地区性的。全球公认的酒精饮料是啤酒、葡萄酒和烈性酒,如白酒、威士忌、伏特加、杜松子酒和朗姆酒。啤酒是销量最大的酒精饮料,是仅次于水和茶的第三大消费饮料。目前,精酿啤酒厂和酿酒厂变得越来越受欢迎,并因其在生产过程中的创新而越来越被青睐。精酿啤酒厂会生产不同口味和酒精水平的季节性啤酒,例如冬天用焦糖麦芽酿造的烈性啤酒,夏天酿造柑橘味的清淡啤酒。蒸馏酒的销量在过去几年里也在上升,因为它们提供了新的香气和味道。由于手工酿酒厂是小批量经营,可以用不同的原材料和不同的发酵技术来试验不同的生产批次,因此越来越多的热带原产地水果原料用来生产具有非传统感官特征的葡萄酒,如芒果、菠萝蜜、荔枝等。

目前,一些转基因酵母菌株被开发出来以缩短发酵周期。与非转基因菌株相比,某些转基因菌株能产生令人满意的味道,某些菌株能利用啤酒中残留的糖分。转基因酿酒酵母 ML01 可抑制生物胺的产生,生物胺是葡萄酒发酵过程中产生的有毒物质。另一种重组酿酒酵母菌株可以减少葡萄酒发酵过程中产生的致癌物氨基甲酸乙酯。目前，人们采用分子生物学方法来研究酒精饮料中微生物的生长活动情况。目前正在通过快速分子分析方法如PCR、RAPD-PCR、PCR-TTGE、PCR-DGGE等，对特定的发酵剂培养物和不良酵母或细菌进行鉴定。虽然已经开发出具有高效酒精生产和耐受能力的转基因酵母，但消费者对转基因生物的偏好较低，难以广泛应用，因此，几乎没有知名的啤酒厂或酿酒厂使用转基因酵母作为发酵剂。

近20年来，随着现代分子生物学技术的发展，不同香型白酒大曲中的微生物（主要是细菌和真菌）种群结构及其组成得到有效解析，如所有香型白酒大曲中均鉴定出乳杆菌属（*Lactobacillus*）；浓香和酱香型白酒大曲中优势菌群为芽孢杆菌属（*Bacillus*）；在清香和浓香型白酒大曲中检测到扣囊复膜孢酵母（*Saccharomycopsisfibuligera*）和总状横梗霉（*Lichtheimiaramosa*）；酱香型白酒大曲中特殊微生物为疏棉状嗜热丝孢菌（*Thermomyceslanuginosus*）。由于白酒酿造主要原料高粱中含有的淀粉不能被大多数酵母菌和细菌直接利用，需要通过丝状真菌产生的α-淀粉酶和糖化酶水解为可发酵糖，所以真菌在大曲酿造过程中发挥了重要作用。如成熟茅台风味大曲中检测出多种真菌：曲霉属（*Aspergillus*）、毛霉属（*Mucor*）和根霉属（*Rhizopus*），总状毛霉（*Mucor racemosus*）和嗜热子囊菌（*Thermoascuscrustaceus*）。微生物区系对成品大曲香气的优劣有着直接的影响，高通量测序技术已被广泛用于分析发酵食品（如白酒、葡萄酒、醋和酱油等）微生物群落的组成。

2.1.2　白酒大曲细菌和真菌群落结构解析

基于高通量测序技术，本节研究了白酒大曲发酵过程中理化性质和微生物（细菌和真菌）结构的动态变化；确定大曲样品中细菌和真菌类群的相对丰度和多样性，对鉴定和判断大曲制曲过程相关的主要微生物和指导大曲生产具有重要的意义。

2.1.2.1　实验原料

大曲样品：河南漯河贾湖酒业集团有限责任公司曲房制作过程中的样品曲，取样点为入房（JH1）、第1次翻曲（JH2）、第2次翻曲（JH3）、第3次翻曲（JH4）、出房（JH5）5个点（取样过程见图2-1）。每次取样固定为同一点，每次取样3个曲块，将样品粉碎混合为一个区域的综合样（实验样品），共获取5个综合实验样品。实验样品迅速置于-20℃保藏备用。E. Z. N. ATM Mag-Bind Soil DNA Kit：OMEGA公司；Qubit 3.0 DNA检测试剂盒：Life公司；2×Taq Master Mix：Vazyme公司；MagicPure Size Selection DNA Beads：Transgen公司。

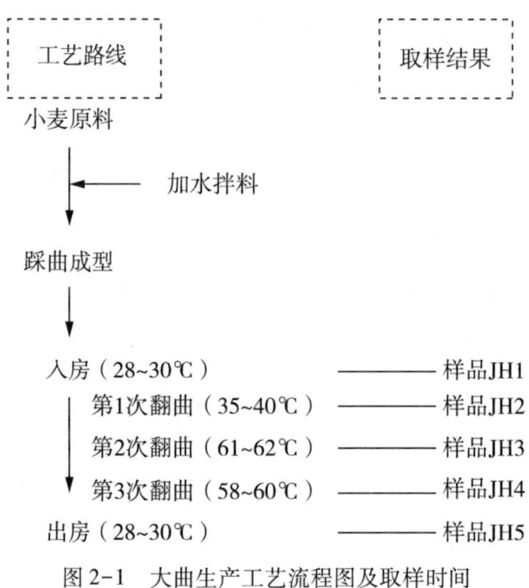

图2-1 大曲生产工艺流程图及取样时间

2.1.2.2 **实验方法**

(1)大曲水分和酸度测定

按照中华人民共和国轻工行业标准 QB/T 4257—2011《酿酒大曲通用分析方法》测定大曲水分和酸度。

(2)脱氧核糖核酸提取

称取 200 mg 样品，放入 2 mL 灭菌离心管中，加入 1 mL 体积分数 70%的乙醇，振荡混匀，10000 r/min 室温条件下离心 3 min，弃置上层液体。加入磷酸盐缓冲溶液(phosphate buffer saline，PBS)，振荡混匀，10000 r/min 室温条件下离心 3 min，弃置上层液体。倒置 2 mL 离心管于吸水纸上 1 min，直至没有液体流出。将样品管放入 55℃烘箱 10 min，使残留酒精完全挥发，保证后续实验操作。脱氧核糖核酸(deoxyribo nucleic acid，DNA)具体提取步骤参照 OMEGA 试剂盒 E. Z. N. ATM Mag-Bind Soil DNA Kit 的使用说明书。

(3)16S 核糖体核糖核酸和真菌种属基因测序及序列分析

16S 核糖体核糖核酸(ribosomal ribonucleic acid，rRNA)基因 PCR 扩增所用的引物为已经融合了 Miseq 测序平台的 V3-V4 通用引物：

341F 引物：CCCTACACGACGCTCTTCCGATCTG (barcode) CCTACGGGNGGCWGCAG

805R 引物：GACTGGAGTTCCTTGGCACCCGAGAATTCCA GACTACHVGGGTATCTAATCC

PCR 反应条件:95℃ 预变性 2 min;95℃变性 30 s;55℃退火 30 s;72℃ 延伸 30 s,25 次循环后,72℃延伸 5 min,10℃保持至停止。

真菌种属(internal transcribed spacer,ITS)PCR 扩增所用的引物为已经融合了 Miseq 测序平台的 ITS1-2 通用引物:

ITS1F 引物:CCCTACACGACGCTCTTCCGATCTN (barcode) CTTGGTCATTTAGAGGAAGTAA

ITS2R 引物:GTGACTGGAGTTCCTTGGCACCCGAGAATTCCA GCTGCGTTCTTCATCGATGC

PCR 反应条件:95℃预变性 2 min;95℃变性 30 s;55℃退火 30 s;72℃延伸 30 s,25 次循环后,72℃延伸 5 min,10℃保持至停止。

PCR 反应结束后,产物进行琼脂糖(2%)电泳检测。回收的 DNA 利用 Qubit 3.0 DNA 检测试剂盒精确定量,按照 1∶1 等量混合后测序。等量混合时,每个样品 DNA 量取 10 ng,最终上机测序浓度为 20 pmol。

(4)生物信息学分析

Illumina Miseq™得到的原始图像数据文件经 CASAVA 碱基识别分析转化为原始测序序列,序列中含有 barcode 序列,以及测序时加入的引物和接头序列。首先去除引物接头序列,再根据双末端(paired-end,PE)reads 之间的 overlap 关系,将成对的 reads 拼接成一条序列,然后按照 barcode 标签序列识别并区分样品得到各样本数据,最后对各样本数据的质量进行质控过滤,得到各样本的有效数据。采用软件 Usearch 将所有样本序列按照序列间的距离进行聚类,后根据序列之间的相似性将序列分成不同的操作分类单元(operational taxonomic units,OTUs)。通常在 97%的相似水平下的 OTU 进行生物信息统计分析。将获得的每个 OTU 的代表序列与在线数据库(ribosomal database project,RDP)进行比对,筛选出 OTU 序列的最佳比对结果,对结果进行过滤,默认满足相似度>90%且 coverage>90%的序列被用来后续分类,确定每个 OTU 的分类水平,即门、纲、目、科、属、种水平。

2.1.2.3　大曲水分和酸度变化

大曲在制备过程中,由于温度的变化,大曲水分含量逐渐降低,根据大曲质量检验标准的相关规定,大曲中的水分含量不能超过 13%。本研究大曲样品水分检测结果显示[图 2-2(A)],出房大曲(JH5)水分含量为 8.38%(取样时间为夏季,水分挥发较快)。大曲生产过程中由于水分低的关系生酸量低,常规酸度不会超过 1.0。酸度主要是由产酸微生物在大曲中进行有机酸代谢而形成,酸度大小可揭示大曲中产酸微生物的数量多寡,同时也归因于大曲中脂肪酶和蛋白酶活力强弱。由图 2-2(B)可知,大曲在入房时由于代谢旺盛,产酸最高,大曲JH1 中酸度达到 0.22 mmol/g。酸度的大小和微生物数量变化有很密切的关系,研究表明酸度大小与芽孢杆菌数量有正相关性,本研究结果也证实该结论。在发酵期间,不同时间点大曲样品芽孢杆菌属相对丰度分别为 2.90%、0.23%、0.10%、0.12%和 0.18%,酸度也随之变化。所以,大曲生产过程中严格控制酸度有助于调控和平衡大曲中的微生物组成与数量,产生的有机酸还将与醇类化合物反应产生浓郁的白酒风味化合物。

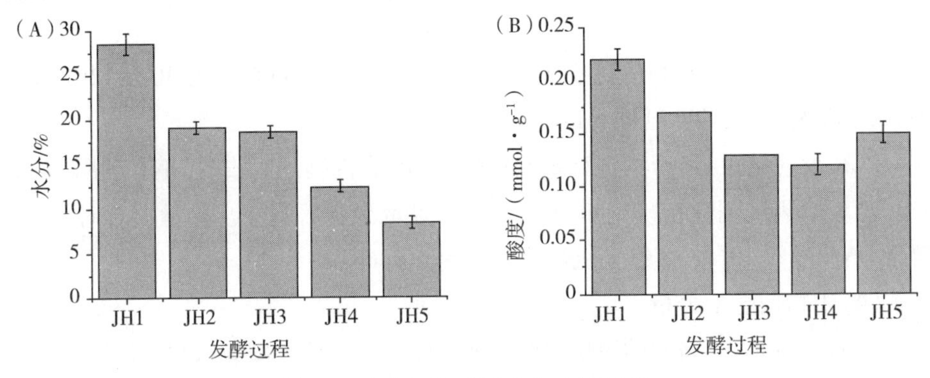

图 2-2 大曲生产过程中水分和酸度变化

2.1.2.4 大曲微生物 OTU 多样性

本研究划分细菌和真菌 OTU 分类信息样本文库覆盖率(coverage 指数)都超过 0.97,说明本次测序结果能代表样本的真实情况,完全能够反映该区域细菌和真菌群落的种类和结构。图 2-3 显示,从大曲样品入房到出房,细菌和真菌微生

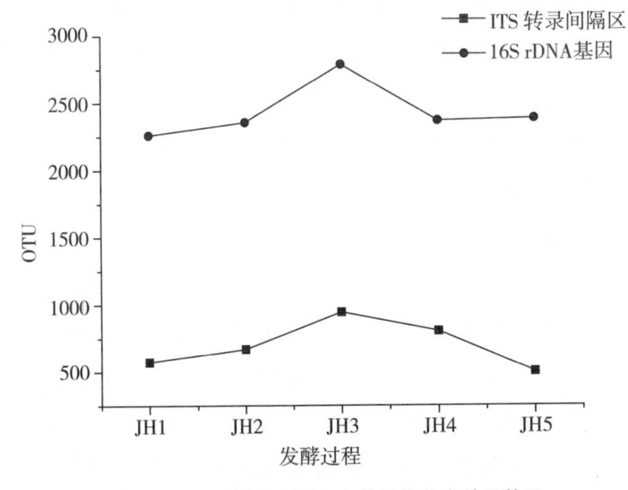

图 2-3 DNA 测序法测定大曲操作分类单元数目

物多样性指数(OUT值)表现出先升高后降低的趋势,并且都在曲温达到顶温时(大曲JH3)达到最高值。这也印证了整个培曲过程遵循“前缓、中挺、后缓落”的发酵规律,即大曲的培菌、生香转化主要在40℃-60℃-40℃这一温度变化区域内进行,因而大曲中富集很多耐高温微生物,而后续的真菌和细菌群落的详细分析数据也验证了该结论。

2.1.2.5　大曲真菌群落ITS2 rRNA基因序列分析

高通量测序显示所有大曲样品中的真菌种群共5个门:子囊菌门(Ascomycota)、毛霉亚门(Mucoromycota)、担子菌门(Basidiomycota)、被孢霉门(Mortierellomycota)和梳霉门(Kickxellomycota),其中子囊菌门在大曲JH1中占主导地位(相对丰度74.03%)[图2-4(A)]。随着发酵的进行,子囊菌门相对丰度逐渐减少,在大曲JH3中减少到最低为26.94%,之后,又逐渐上升至大曲JH5中的47.38%。与之对应的是毛霉亚门的此消彼长,由大曲JH1中的13.14%上升至大曲JH3中的71.47%,逐渐降低至大曲JH5中的36.28%。这可能是由于发酵过程中翻曲操作引起曲块温度的变化导致真菌结构的演替:温度升高有利于毛霉亚门类生长,而对子囊菌门类生长和繁殖有阻碍作用。当曲温达到顶温阶段(大曲JH3)时,毛霉亚门类相对丰度达到最高,担子菌门类相对丰度降至最低为0.14%。被孢霉门和梳霉门类已检测不到,说明这两种真菌门类微生物停止生长。

在属水平上[图2-4(B)],入房大曲JH1中假丝酵母属(*Candida*),酵母属(*Saccharomycetales*),根霉属(*Rhizopus*)和曲霉属(*Aspergillus*)是优势菌属,其相对丰度占全部真菌群落的74.46%以上,其中最优势菌属是假丝酵母属,约占35.69%。假丝酵母属是大曲发酵过程重要的真菌之一,主要产酒精和酯类物质,而且产生大量酮类、烯类、酚类等挥发性化合物,对大曲品质有着决定性的影响。由于入房时温度较低,霉菌和酵母菌均大量生长,给大曲的多种功能打下基础。随着温度升高,霉菌生长越来越旺盛,其中毛霉属(*Rhizomucor*)在大曲JH2、JH3中的相对丰度分别达到21.17%、29.63%,相比于大曲JH1,分别增加了21.13%、29.59%。当曲温达到顶温时,横梗霉属(*Lichtheimiaceae*)成为优势菌群,相对丰度达到40.60%。在出房大曲JH5中,毛霉属重新占据优势,相对丰度达到34.44%,其次是根霉属和曲霉属。霉菌被视为大曲糖化降解动力的主要来源,为曲酒的酿造提供糖化力、液化力、蛋白质分解能力及多种有机酸等物质。

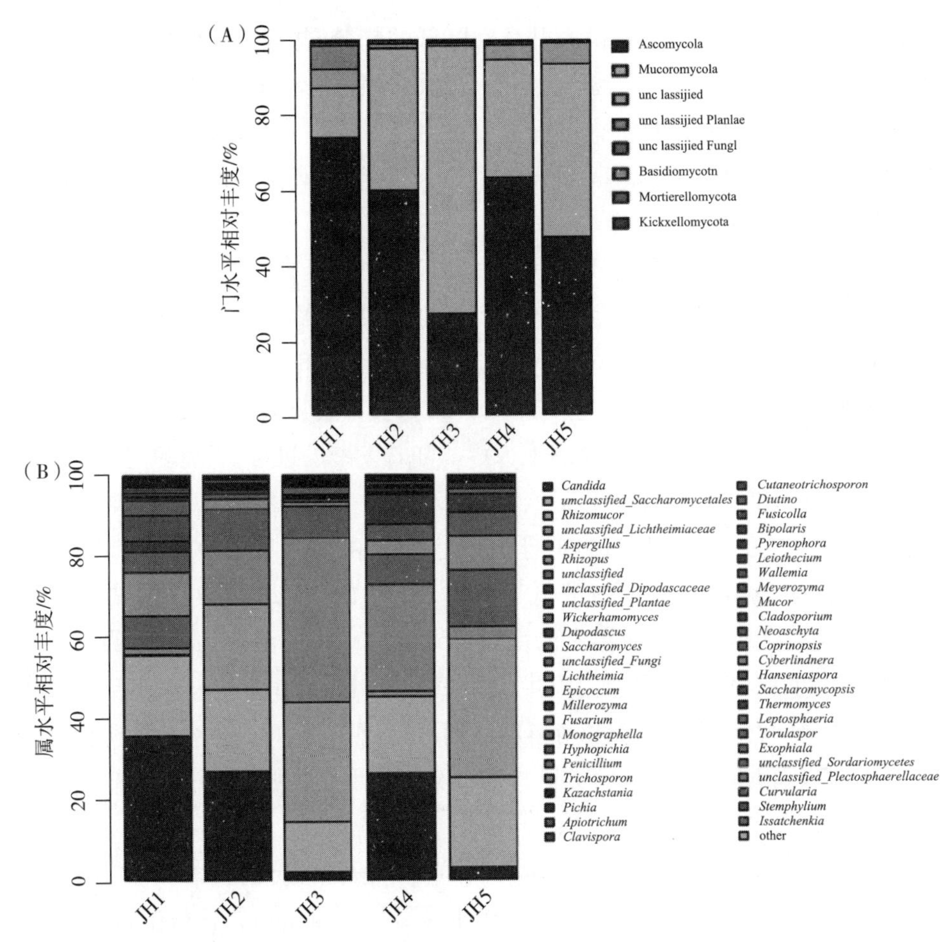

图 2-4　大曲样品中真菌在门(A)和属(B)分级水平上的种类和相对丰度

2.1.2.6　**大曲细菌群落 16S rRNA 基因序列分析**

高通量测序显示所有大曲样品中的细菌种群共 37 个门,其中厚壁菌门(Firmicutes)和变形菌门(Proteobacteria)在大曲 JH1 中占主导地位,其相对丰度占全部细菌群落的 97.29%以上[图 2-5(A)]。随着发酵的进行,厚壁菌门相对丰度逐渐增加,在大曲 JH3 中达到最高为 87.27%,之后,又逐渐降低至大曲 JH5 中的 67.97%。与之相反的是变形菌门,由大曲 JH1 中的 18.87%降低至大曲 JH3 中的 1.86%,逐渐增加至大曲 JH5 中的 18.87%。这可能是由于发酵过程中翻曲操作引起曲块温度的变化导致细菌结构的演替:温度升高有利于厚壁菌门类生长,而对变形菌门类生长和繁殖有阻碍作用。当曲温达到顶温阶段(大曲 JH3)时,厚壁菌门类相对丰度达到最高,变形菌门类相对丰度降至最低。

在属水平上[图 2-5(B)],入房大曲 JH1 中分别检测到乳杆菌属(*Lactobacillus*),魏斯氏菌属(*Weissella*),葡萄球菌属(*Staphylococcus*)、明串珠菌属(*Leuconostoc*)、片球菌属(*Pediococcus*)、泛菌属(*Pantoea*)和芽孢杆菌属(*Bacillus*),其中最优势菌是乳杆菌属,约占 20.10%。乳杆菌属是白酒生产中非常重要的微生物之一,在酿造过程中具有促进美拉德反应、促进酿酒的发酵、维护与保持酿酒微生态环境等作用。魏斯氏菌属属于乳酸细菌,分解葡萄糖产生 CO_2 异型发酵产生乳酸,有利于乳酸乙酯的形成及酒质的稳定,是白酒酿造中的重要微生物之一。当曲温达到顶温时,高温放线菌科克罗彭斯特菌属(*Kroppenstedtia*)成为明显优势菌群,相对丰度达到 60.67%,乳杆菌属降至最低为 15.41%。高温放线菌科克罗彭斯特菌属于贾湖白酒大曲特殊微生物,结果说明高温放线菌不单只存在于高温大曲中,在中低温大曲中同样存在。该菌在酱香、

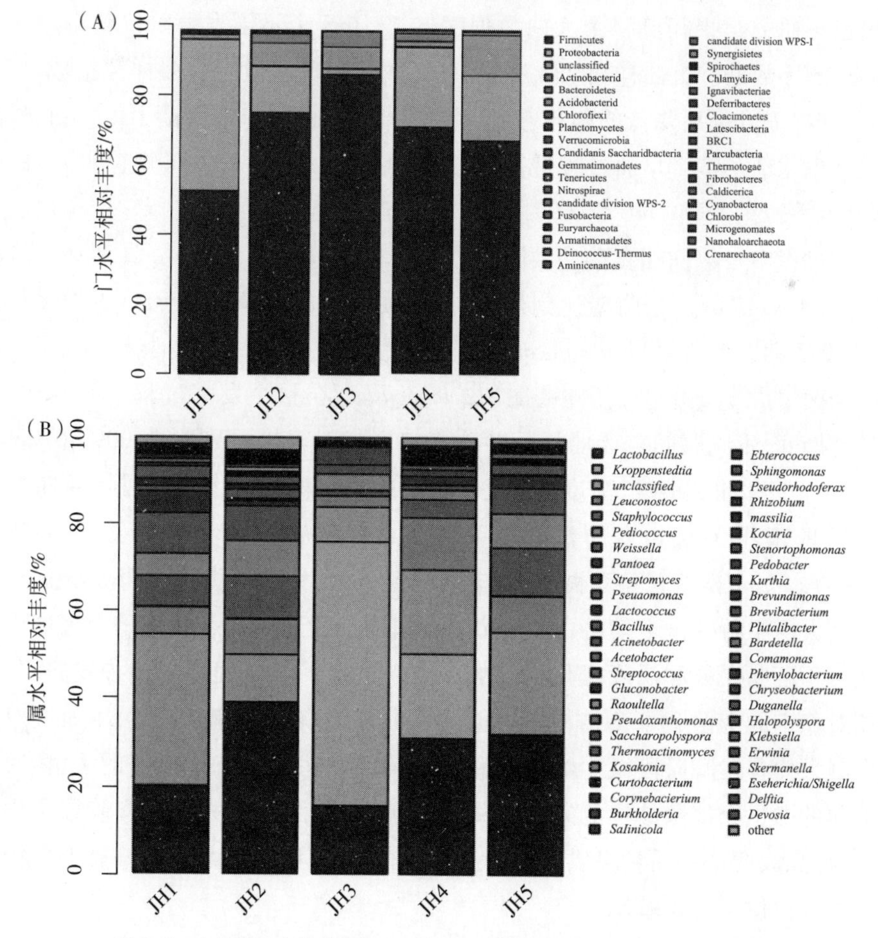

图 2-5 大曲样品中细菌在门(A)和属(B)分级水平上的种类和相对丰度

浓香等主流香型白酒大曲中都未见报道，只在清香和芝麻香型白酒高温大曲中被检测出来，这是因为科克罗彭斯特菌在大曲发酵过程中生存时间较短，不易于取样检测。随着温度降低，在出房大曲 JH5 中，科克罗彭斯特菌属丰度已经降低至 0.28%，而乳杆菌属重新占据优势，相对丰度达到 31.89%。

2.1.2.7 **结论**

目前，对于酱香、浓香和清香型等主流香型白酒大曲的工艺参数、微生物菌系演替及其功能作用等已经有大量研究，但是对于北方不同香型白酒大曲研究的相对较少，且不系统。因此，本研究对北方贾湖白酒大曲中的细菌和真菌群落动态演替变化规律进行系统研究，以期鉴定和判断大曲制曲过程相关的主要微生物，并指导大曲生产。

本研究分析了贾湖白酒大曲在整个发酵过程中的理化性质以及真菌和细菌的组成。研究结果得到一个大曲数据库，包含了 5 个不同发酵阶段获得的 5 个样品的测序数据。大曲样品从入房到出房，细菌和真菌微生物多样性指数（OUT 值）表现出先升高后降低的趋势，并且都在曲温达到顶温时（大曲 JH3）达到最高值。这也印证了整个培曲过程遵循“前缓、中挺、后缓落”的发酵规律，即大曲的培菌、生香转化主要在 40℃－60℃－40℃这一温度变化区域内进行。贾湖白酒大曲生产过程中发酵前期真菌主要有假丝酵母属（*Candida*）、根霉属（*Rhizopus*）和曲霉属（*Aspergillus*）；当曲温达到顶温时，横梗霉属（*Lichtheimiaceae*）成为优势菌群；发酵后期以毛霉属（*Rhizomucor*）和曲霉属为主。贾湖白酒大曲入房和出房样品中细菌组成变化不大，乳杆菌属（*Lactobacillus*）在整个发酵过程中一直存在。在发酵期间，不同时间点大曲样品芽孢杆菌属相对丰度分别为 2.90%、0.23%、0.10%、0.12%和 0.18%，酸度也随之降低和升高，表明大曲酸度大小与芽孢杆菌数量呈现正相关性。当曲温达到顶温时，高温放线菌科克罗彭斯特菌属（*Kroppenstedtia*）成为优势菌群，相对丰度达到 60.67%，该菌属微生物应该属于贾湖白酒大曲中特殊微生物之一。细菌和真菌成分的这种动态变化是由大曲生产工艺过程翻曲操作和温度变化引起的。由于整个发酵过程中未接种发酵剂，这种相对稳定的细菌和真菌结构还可能与发酵环境有关。综上所述，本研究对贾湖白酒大曲各发酵阶段微生物群落和优势菌的动态变化有了很好的了解，对白酒大曲的微生物群落结构的差异提供了大量数据，为优化大曲发酵阶段微生物结构，提高大曲产品质量提供了理论支持，同时为了解不同地区不同香型白酒之间的差异提供了理论基础。

2.2　发酵肉制品

2.2.1　概述

发酵肉既有传统手工方式生产的,也有工业化生产的。欧洲是发酵肉制品的最大生产地区,发酵肉含有丰富的蛋白质、脂肪、必需氨基酸、矿物质和维生素。为了生产更稳定、经济和对消费者友好的发酵食品,目前的研究重点放在发酵剂培养物和酶在发酵肉的物理和感官特性的作用。肉质、脂肪组织和添加剂、腌制、肠衣、香肠面糊制备、盐水、气候、发酵剂等内外因素都会影响发酵肉的生产,影响最终加工产品的质量和安全。安全对消费者来说至关重要。最终加工食品的安全性是新技术出现的重要目的,这些新技术将在保持产品固有特性的同时提供稳定性和更高的安全性。非热加工技术,如高压(HHP)处理、脉冲电场(PEF)、X 射线照射、脉冲紫外光(UV)和超声波,正在用于各种肉类产品的去污和工艺优化,可能有利于发酵肉制品加工。

发酵肉制品是使用传统技术和工业技术生产的最受欢迎的肉制品类别。从历史上看,它们的生产在世界不同的地方逐渐发展起来,最终使这些产品本土化,也就是说,发酵肉制品在不同的地理区域具有代表性。在古代,发酵肉制品的制作是在自然条件(气候、季节性温度、气流、风、烟、相对湿度)下进行的,对特定的感官特性的发展至关重要。如今,这种生产已经标准化,并转移到更好的控制环境中。

发酵肉的生产是一个相当具有挑战性的过程,受到许多外部和内部因素的影响,这些因素可能会显著影响最终产品的质量和安全。上述因素包括产品成分(肉类、脂肪组织和添加剂)、腌制、肠衣、香肠面糊制备、盐水、小气候以及添加到产品中的原生微生物群或发酵剂的组成和活性。作为商业上最有价值的肉类产品,发酵香肠是用最优质的肉类生产的,而腌制肉制品是从动物身体的某些部位(腿、腰、脖子等)生产的。

发酵肉制品可以从微生物学、工艺学、化学、生化、毒理学、营养学等不同的角度进行分析和讨论。与发酵肉制品相关的生产和健康方面的复杂性要求采用多学科方法,并对潜在风险及其控制有广泛的洞察力。基于以上目标,本节选择了与发酵肉制品生产相关的某些微生物和化学毒物危害以及可能影响它们的技术干预措施进行讨论。使用竞争性的发酵剂培养物(微生物群落)能够减少或消除发酵肉制品中的抗药性细菌，这些发酵剂能够定植在肉类底物上，从而防止潜在有害微生物区系的生长。

与发酵肉类生产相关的进一步微生物危害还包括环境污染物或肉类加工过程中产生的污染物，如霉菌毒素、生物胺或多环芳烃。一般来说，霉菌毒素被认为是沿食物链纵向传播，即从饲料到食物传播的污染物。至于发酵肉类生产，在卫生条件和环境较差的情况下，可能会受到产毒霉菌的直接污染。不良的卫生环境也会导致发酵肉制品中生物胺的积累。抑制氨基产生的微生物区系发酵剂选择和应用策略似乎适合用于降低发酵肉制品中生物胺存在的风险。

最后，熏制发酵肉制品中有害多环芳烃的存在受到多种因素的影响，如木材燃烧温度和含氧量（高温和缺氧导致有害多环芳烃化合物含量高）、木材种类及其湿度（软木和潮湿木材导致更多多环芳烃化合物含量高）和熏制时间。

2.2.2 发酵肉制品生产工艺

发酵是最古老的肉类保鲜方法之一，这个过程依赖于发酵微生物的代谢活动。由于发酵和酸化，肉类蛋白质会发生变化。与传统生产方式相比，在更高的温度受控条件下肉类进行的发酵时间更短，因此，会发生不同和复杂的微生物、生化和物化变化，影响最终产品的质量和安全。初始微生物污染程度取决于原料的微生物数量和生产过程中采用的方法。然而，由于在某些阶段发生了复杂的物理化学过程（降低 pH 和水分活度，增加含盐量），有助于特定微生物区系（嗜酸性、嗜盐性、嗜渗性）的增殖。众所周知，发酵肉中最活跃的微生物是乳酸菌和葡萄球菌/微球菌，此外，某些类型的发酵肉具有酵母、霉菌和肠球菌数量稳定的特点。所有这些会单独或与酶一起影响发酵制品感官特性（味觉、嗅觉、颜色、香气、稠度）的形成。上述微生物的代谢活性原理已经确立，并可在每种肉类基质中鉴定，但发酵肉的生产工艺、原料和成分以及小气候或大气候条件的多样性极大地影响了确认某些微生物物种或菌株。

发酵肉制品是以生肉为原料，在特定温度和湿度条件下，通过微生物或酶的发酵作用制成的具有较长保质期，具有特殊风味、质地和颜色的肉制品。发酵方法包括自然发酵和人工添加发酵剂来调节发酵。参与自然发酵过程的微生物主要来自原材料和环境。在特定的工艺条件下，典型的局部微生物群落通过竞争形成，从而显著影响产品质量和安全。20 世纪 90 年代，随着中国对肉类需求从数量到质量的转变，人工添加微生物的发酵肉制品逐渐引入中国市场。人工添加混合微生物发酵肉制作过程中腌制辅料包括食盐、白糖、味精、高度白酒、亚硝酸钠。发酵肉制作工艺流程如图 2-6 所示。

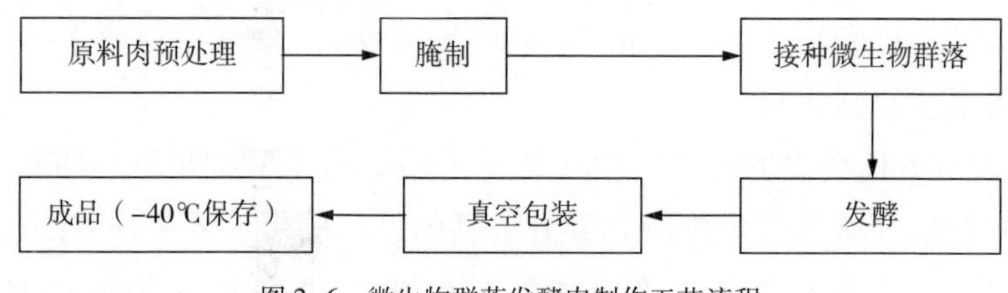

图 2-6 微生物群落发酵肉制作工艺流程

2.2.3 发酵肉制品中微生物群落

许多传统的肉制品，如四川腊肉、湖南腊肉、南京腌鸭、广东腊肠、四川腊肠、金华火腿、宣威火腿、如皋火腿等，都是经过发酵处理的。近年来，随着生产技术和设备的进步，对发酵肉制品的风味、感官、营养特性和安全性的研究成为热点。微生物在肉制品的发酵过程中起着重要作用。

2.2.3.1 发酵肉制品中微生物的作用

食品发酵不仅是一种有效的食品保鲜方法，也是一种经济的食品加工方法。微生物在发酵肉制品中发挥着重要作用，其功能如下：

(1)促进肉制品特殊风味的产生

研究表明，肉质葡萄球菌和木糖葡萄球菌能显著促进腌肉中脂肪和蛋白质的水解，改善色泽，促进风味的快速形成。微生物产生的酯酶、蛋白酶和过氧化氢酶与内源性酶具有协同作用，分解生肉中的蛋白质和脂肪形成小分子，如氨基酸、酯、肽和短链挥发性脂肪酸使消化性能得到大大改善，必需氨基酸、维生素和双歧杆菌含量增加，增强营养保健作用。用混合发酵剂接种哈尔滨干肠，与未接种组相比，接种组样品游离脂肪酸含量明显高于未接种组；接种组过氧化值和硫代巴比妥酸含量显著降低；与脂质氧化有关的醛、酮和烃类的含量显著降低。混合发酵剂促进脂肪水解，抑制脂质过氧化，改善哈尔滨腊肠的发酵风味。在传统腊肉中加入复合微生物发酵剂，腊肉中游离氨基酸含量和挥发性风味物质种类增加，从而提高了其营养价值、风味和安全性。

(2)抑制杂菌的生长和繁殖

微生物主要通过细菌竞争、产酸和细菌素生产来抑制有害细菌的生长和繁殖。研究表明，木糖链球菌能抑制香肠中单核细胞增生李斯特菌的生长。接种乳酸菌能迅速控制香肠发酵过程中总菌落数的增长，抑制大肠杆菌、肠杆菌等食源性致病菌的生长。乳酸菌可以分解香肠中的碳水化合物，产生大量乳酸和少量乙酸以及丙酸、甲酸、3-甲基丁酸、丁酸和其他有机酸,从而延长香肠的保质期。据报道,乳酸菌可以抑制或杀死食品中的腐败微生物和病原微生物。

(3)降低生物胺含量

研究发现6种类型生物胺(尸胺、腐胺、色胺、2-苯乙胺、组胺和酪胺)可被多种微生物抑制,且这些微生物组合具有较高的抑制效果。从4种发酵肉制品中筛选出的微生物接种到香肠中,结果表明对6种生物胺的积累有较强抑制作用。

(4)降低亚硝酸盐含量

研究人员在四川香肠中接种了萨凯乳杆菌作为发酵剂,结果表明添加乳酸菌的腊肠中亚硝酸盐含量从100 mg/kg迅速下降到9.6 mg/kg,而自然发酵香肠中亚硝酸盐的含量从100 mg/kg缓慢下降到32.1 mg/kg。研究人员将乳酸菌接种到咸鱼干中作为发酵剂,结果表明添加乳酸菌的咸鱼干中亚硝酸盐的质量分数为(0.1±0.04) mg/kg,而未添加乳酸菌的腊肠中亚硝酸盐的质量分数为(0.8±0.04) mg/kg,说明乳酸菌对亚硝胺的形成有抑制作用。

(5)提高发酵肉制品质量

微生物不仅可以促进蛋白质和脂肪的降解,加速风味物质的形成,还可以提高发酵肉制品的营养价值。同时微生物也可以抑制有害细菌的生长和繁殖,减少发酵肉制品中盐的使用,改善味道。发酵肉的微生物多样性降低了亚硝酸盐和生物胺的含量,提高了发酵肉制品的安全性。

2.2.3.2 发酵肉制品微生物群落多样性

(1)火腿

火腿是由新鲜猪后腿制成的非即食肉类产品。最著名的中式火腿是金华火腿,若戈火腿和宣威火腿。醇、酮、醛、酯、烷烃和酸被认为是火腿中的主要挥发性化合物。葡萄球菌与己醛、壬醛、苯甲醛、苯乙醛等醛类化合物密切相关,表明它们对金华火腿特有风味物质形成有影响。酵母和霉菌主要存在于安福火腿的表面,球菌和酵母主要存在于火腿内部。金华火腿脱水过程中,火腿内微生物数量达到1.39×10^6 CFU/g,成熟期微生物数量减少到2.00×10^3 CFU/g。金华火腿中乳酸菌和葡萄球菌是优势菌。乳酸菌主要鉴定为尿双球菌、戊糖片球菌和戊糖乳杆菌。宣威火腿的优势微生物为微球菌,葡萄球菌和霉菌,其数量在表面达到1×10^6 CFU/g以上,内部达到1×10^2 CFU/g以上。

(2)香肠

香肠是一种非即食肉类产品,由新鲜家畜和禽肉以及其他辅助材料制成,包括切割、搅拌、固化、填充、烘焙干燥(或在阳光下干燥,在阴凉处风干)和其他过程。香肠主要生产于四川、广东、广西、湖南和上海。最著名的香肠是广州和四川香肠,四川式香肠辛辣,而广东香肠又咸又甜。成熟香肠的风味成分主要包括乙酸,3-羟基-2-丁酮,2-丁酮,酯,挥发性酚,醛,少量烯烃以及氮化合物。四川香肠可检测到厚壁菌门、变形菌门、放线菌门和拟杆菌门。优势菌群为厚壁菌门(85.65%~93.96%)和变形菌门(5.59%~13.95%),属水平上检出乳杆菌、卫氏杆菌、链球菌、链球菌和葡萄球菌,其中卫氏杆菌属(26.74%)和乳杆菌属(63.14%)为优势菌属。四川香肠中90%的真菌未被分类,只有邦吉亚目和子囊菌在门水平上超过0.1%,紫菜属(10.75%)在属水平上占优势,蠕形酵母菌和酵母菌占不到0.1%。广式香肠中分离到19株葡萄球菌和12株乳酸菌,经PCR-DGGE鉴定,主要优势菌为腐生葡萄球菌、木糖葡萄球菌和乳杆菌。学者们对16种中国传统香肠进行了研究,发现在大多数香肠中,厚壁菌门占主导地位;乳杆菌属、微球菌属、冷杆菌属、四联菌属和假单胞菌属是优势菌属;优势真菌门是子囊菌门。

(3)腊肉

腊肉是以新鲜畜肉为主要原料,辅以其他辅料,经腌制、烘干(或晒干、阴干)、熏制(或不熏制)等工序制成的非即食肉制品。腊肉主要流行于四川、湖南和广东。己醛、3-甲基丁醛、3-甲基戊醛、(*E*)-2-辛烯醛、辛醛、芳樟醇、壬醛、己酸、己酸乙酯、茴香醚和丙酮是腊肉的主要风味成分。四川传统腊肉中菌门水平上的细菌主要有发酵菌、变形杆菌、放线菌、蓝藻和拟杆菌,优势菌门为发酵菌门;属水平上包括葡萄球菌、微球菌、不动杆菌、冷杆菌、假单胞菌、布鲁氏菌、铜绿假单胞菌、柠檬酸杆菌和肠杆菌,优势属为葡萄球菌。四川传统腌肉门级真菌包括子囊菌门,担子菌门、球菌门和罗泽菌门,优势门为子囊菌门;属水平上以曲霉属、假丝酵母属、青霉菌属、马拉色菌属和木霉属为主,优势真菌为曲霉属。四川腊肉货架期的优势微生物是葡萄球菌和微球菌,其次是乳杆菌。

(4)板鸭

板鸭是以鸭为原料,经屠宰、脱毛、去内脏、清洗腌制、成型、风干等工序加工而成的非即食肉制品。板鸭是西南地区的特产,名牌产品有重庆白石屹板鸭、南安板鸭、建昌板鸭。苯甲醛和(*E*,*E*)-2,4-壬二烯醛是板鸭的主要风味物质;己醛、壬醛、萘、(*Z*)-2-庚烯醛、(*E*)-2-辛烯醛、1-辛烯-3-醇、2-*n*-戊基呋喃和芳樟醇是影响不同地区板鸭风味差异的主要化合物。四川板鸭中微生物菌落总数为4.692×10^3 CFU/g,主要优势属为奈瑟氏菌、微球菌和葡萄球菌。建昌板鸭的有益微生物主要有葡萄球菌、乳酸菌、微球菌、酵母菌和霉菌。葡萄球菌包括肉糖葡萄球菌、仿制葡萄球菌和金黄色葡萄球菌。保质期结束时水煮咸鸭中的主要腐败菌为热梭状杆菌和乳酸菌,其次为肠杆菌科、微球菌、酵母菌和霉菌;盐水鸭的主要腐败菌为热气球梭菌和乳酸菌,其次为肠杆菌科、微球菌、酵母菌和霉菌。

(5)腊鱼

腊鱼是由鲜鱼经过屠宰、去鳞、剔除内脏、腌制、烘烤(或在阳光下晒干,在阴凉处晾干)制成的。腊鱼的特点是其独特的风味和储存稳定性。传统腊鱼中的挥发性风味物质主要是醛类、醇类和杂环类化合物,其中,己醛、辛醛、壬醛、2-壬醛、癸醛、3-甲基丁醛、(*Z*)-4-庚醛、苯甲醛、1-辛烯-3-醇、1-戊烯-3-醇、3-甲基丁醇、庚醇、三甲胺和3-甲基吲哚是主要活性物质。湖北恩施腊鱼菌门水平的微生物主要有变形杆菌(61.29%)、细菌(30.21%)、类杆菌(5.34%)和放线菌(1.74%);属水平上,主要属有冷杆菌(35.70%)、梭状芽孢杆菌(19.74%)、假单胞菌(7.13%)、葡萄球菌(7.12%)、不动杆菌(4.19%)、弧菌(3.90%)、假交替单胞菌(3.09%)和金黄色杆菌(1.98%)。腌鱼加工过程中的主要微生物是乳酸菌、微球菌、葡萄球菌和酵母菌。在干腊鱼加工过程中,属水平上的优势微生物包括拟杆菌属、乳杆菌属和变形杆菌属;在科的水平上,优势微生物主要包括黄单胞菌科、绿单胞菌科、弯曲菌科、梭子菌科、乳杆菌科、弧菌科、链球菌科、气单胞菌科、摩拉菌科、扁球菌科、肠球菌科、假单胞菌科、葡萄球菌科、杆菌科和肠杆菌科。

(6)风干肉

风干肉的储存温度一般低于零度。肉被切成小条,用香料、腌制和悬挂处理放在阴凉处,自然风干约3个月,形成可直接食用的产品。风干肉很脆,这种产品在西藏和内蒙古西北部很常见。风干肉中的挥发性风味物质包括酸、醛、酮、醇、烯烃、含硫化合物和杂环化合物,其中庚醛、1辛烯-3-醇、环戊醇、3-羟基-2-庚酮和6-甲基-5-庚烯-2-酮是风味的主要贡献者。新疆牛肉风干过程中的优势微生物为乳酸菌、葡萄球菌和微球菌。微生物总数为8.00×10^{8} CFU/g,乳酸菌数量为1.48×10^{7} CFU/g,葡萄球菌和微球菌数量约为4.40×10^{8} CFU/g,肠杆菌数量约为1.00×10^{2} CFU/g,肠球菌数量低于1.00×10^{5} CFU/g,酵母菌和霉菌数量约为1.50×10^{4} CFU/g。在自然发酵的风干肉中,检测到21个微生物门和241个微生物属,其中优势菌门包括厚壁菌门、变形杆菌门和拟杆菌门。

由于原料、工艺、辅料和发酵时间的不同,我国发酵肉制品中的微生物种类也不尽相同。然而,我国大多数发酵肉制品都经过了腌制和发酵,微生物组成有一些相似之处。发酵肉制品中的微生物主要包括葡萄球菌、乳杆菌、微球菌、酵母菌和霉菌。目前,对发酵肉制品的研究主要集中在发酵肉制品的微生物多样性、特定微生物影响发酵肉制品质量的机理、发酵肉制品的风味特征及其生产途径等方面。大量研究表明,微生物可以促进发酵肉制品风味的形成。发酵肉制品中微生物可产生生物胺、亚硝胺等有害化学物质,但具体机理尚未完全报道。今后对这些机理的研究将为改进发酵肉制品的生产工艺,实现发酵肉制品生产的现代化和标准化提供有效的理论支持。

发酵肉制品因其高营养价值、诱人的感官特性和当今快节奏的生活方式而被消费者广泛接受,与此同时,消费者也意识到这些产品与健康相关的缺点,如盐、脂肪或胆固醇含量过高。这些产品在微生物上是稳定的,但潜在的危险可能来自肉类加工过程中天然微生物群落代谢产生的污染物(如霉菌毒素或生物胺)。此外,还必须监测产品安全的毒理化学指标,如多环芳烃。然而,发酵肉制品具有潜在的公共健康危害,风险既不比其他类型的食品少,也不比其他类型的食品高。具有挑战性的技术措施和风险控制策略为这类肉制品带来了附加值。

2.3　发酵板栗食品

2.3.1　概述

板栗是一种营养价值很高的食物,具有独特的口感和风味。板栗的营养成分包括碳水化合物、蛋白质、氨基酸、维生素和矿物质以及抗氧化剂、脂肪酸和纤维成分。板栗一般煮熟或烘焙食用。板栗采收后含水率为 50%左右(干物质)。由于储运不当,板栗的水分、病虫害和腐烂损失将超过 50%;特别是被虫害污染的板栗,90%以上会在贮藏后期发生霉变,这是一个亟待解决的难题。为了延长板栗的货架期,人们开发了各种方法,如浸泡、低温贮藏、罐头、真空包装、辐照和干燥。在技术领先的食品工业国,大多数板栗用于工业加工,加工过程有-40℃下冷冻、在铝制包装中杀菌(116℃下密封 30~35 min)、罐装、干燥等。烹饪食品中使用的板栗必须品质上乘,大小适中,无裂纹,保存完好,因此每年的板栗收成中有一定比例的损失。工业化加工对板栗营养造成了负面影响,如淀粉、抗坏血酸和脂肪含量下降。目前,受成本等因素的限制,现代板栗保鲜技术的应用范围还不是很广。因此,发展板栗深加工技术是对板栗市场产生积极影响的重要途径之一。根据板栗的淀粉性质,当季过量的板栗可用于配制替代食品或用于生物技术加工,如制作板栗牛奶饮料和板栗糯米酒。如今,人们关注的是能够充分发挥身体防御功能、调节生理节律、预防疾病、促进康复的功能性食品,而不仅仅是满足食欲或营养。消费者对食用有助于维持良好健康状态的益生菌食品的关注显著增加。最近,固态发酵技术主要用于作物的生物转化,以提高它们的营养价值,生产高营养价值的产品。固态发酵作为一种很有潜力的技术已经引起了人们的密切关注。本节例子通过食品生物技术,将板栗与筛选出的益生菌乳酸菌相结合,利用固态发酵技术,开发出营养价值高、符合人们消费理念的健康功能食品,进一步提高产品的营养价值。

2.3.2 微生物群落固态发酵板栗的制备及分析

2.3.2.1 实验原料

微生物:干酪乳杆菌 CU(CU)和发酵乳杆菌 KF5(KF5)。

2.3.2.2 实验方法

(1)固态发酵板栗

将 50 g 粉碎干板栗(含水率 19.57%)装入 250 mL 三角瓶中,加水 30 mL,调整至最终含水率 50%,进行板栗固态发酵;用 CU 和 KF5 发酵板栗干(接种量为 1.0×10^6 个/g),发酵温度为 30℃。在发酵过程中定期采集样本进行分析。

(2)GC-MS 样品制备及分析

将约 50 mg 样品用 800 μL 甲醇提取,添加 10 μL 内标(9.9 mg/mL,核糖醇)。使用研磨机在 65 Hz 下研磨样品 120 s。将样品在 4 kHz 的冰浴中超声处理 30 min。将样品在 12000 r/min,4℃下离心 15 min。将上清液在室温下蒸发至干。用 35 μL 甲氧胺盐酸盐(20 mg/mL)的吡啶溶液在 37℃振荡 90 min 使样品衍生化。加入 35 μL *N*,*O*-双(三甲基甲硅烷基)三氟乙酰胺(BSTFA)并在 70℃下反应 60 min,在室温下静置 30 min 用于气相色谱—质谱(GC-MS)分析。

分析平台:安捷伦 6890A/5973C GC-MS。仪器参数设置条件:进样温度 280℃,EI 离子源温度 230℃,四极温度 150℃,载气高纯氦气,进样量 1.0 μL,溶剂延迟 4.2 min。加热程序:在 70℃下启动 2 min,然后以 10℃/min 的速度上升到 200℃,然后以 2℃/min 到 280℃并保持 5 min。扫描的质量范围为 50~550 m/z。

2.3.2.3 感官评价

发酵结束后,对含 CU 和 KF5 的发酵样品进行初步感官评价。根据《GB 19302—2010 食品安全国家标准 发酵乳》,聘请了 16 名评委(8 名女性和 8 名男性)进行感官评价。评价指标有七项内容,分别为:色、质、味、异味、滋味、栗感、酸味；通过在 1（没有感觉）和 10（非常强烈）之间分配一个分数来评估随机样本。

2.3.2.4　微生物群落固态发酵板栗

未发酵和发酵板栗的形态如图 2-7 所示。发酵板栗颜色稍深，未发酵板栗的初始 pH 值为 6.16。由于酸性代谢物的产生和细菌快速生长导致培养基缓冲能力丧失，所有样品的 pH 值在 32 h 内从 6.16 降至 4.57~4.84。

图 2-7　发酵和未发酵板栗形态
1—干板栗　2—粉碎板栗　3—CU 发酵板栗　4—KF5 发酵板栗

在该实验中，定时监测发酵过程中的乳酸菌（LAB）数量。结果表明：24 h 后两种益生菌 LAB 的种群数量达到 1.00×10^9 CFU/g，说明板栗原料为 CU 和 KF5 的生存和生长提供了适宜的环境。KF5 发酵板栗达到了最高水平（7.81×10^9 CFU/g）。LAB 的高数量在一定程度上改善了板栗的营养成分。此外，还发现在 4℃下储存 40 天后 LAB 的数量略有减少，而活 LAB 从未低于 1.00×10^8 CFU/g（范围从 CU 的 5.08×10^8 CFU/g 到 KF5 的 3.55×10^8 CFU/g）。

2.3.2.5　发酵板栗高效液相色谱分析

HPLC 的操作条件为柱温 65℃；流动相（5 mmol/L H_2SO_4）以 0.5 mL/min 流速运行。折光率检测器用于 HPLC 分析。根据 HPLC 分析结果（图 2-8），未发酵板栗中游离碳水化合物的浓度为（5.91%±0.23%）的果糖和（9.74%±0.38%）的葡萄糖，柠檬酸（1.11%±0.02%）和乳酸（0.06%）是原料中存在的。与果糖含量相比，发酵过程中葡萄糖的消耗量更高，因为微生物优先使用葡萄糖。在发酵过程中，乳酸含量逐渐增加，数值范围从 CU 的（1.36%±0.03%）到 KF5 的（1.44%±0.02%）；柠檬酸的含量基本保持不变。以上糖类和有机酸分析结果与 GC-MS 分析结果一致。

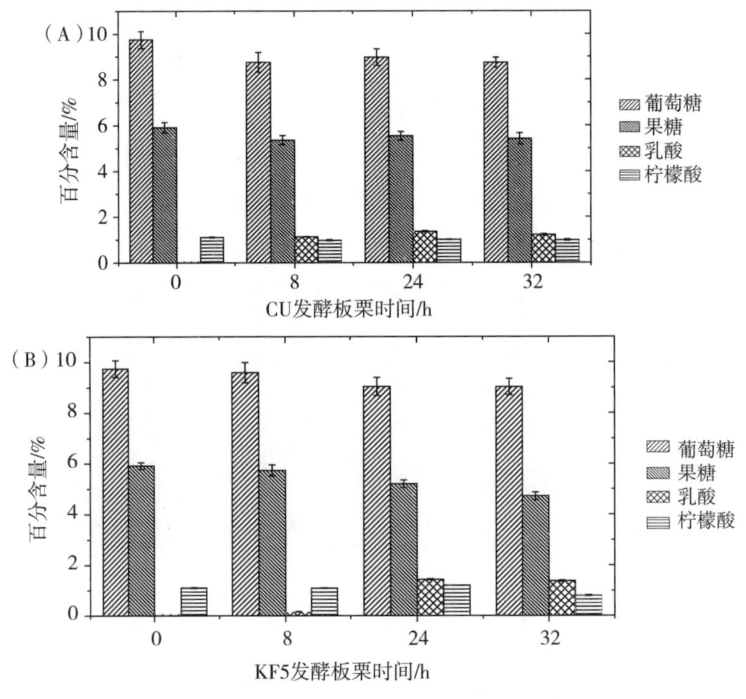

图 2-8 板栗发酵过程有机酸和游离糖含量变化
(A)CU;(B)KF5

2.3.2.6 显著代谢产物分析

(1)发酵过程中代谢物的变化

为了降低数据的复杂性,同时保留重要信息,应用了主成分分析(PCA)对数据进行处理。为了获得不同的代谢物信息,使用偏最小二乘法(PLS)样本进行统计分析。结果表明,该模型对于解释样品中代谢物的差异和寻找不同的代谢物是可靠的,不存在过拟合现象。因此,可以进一步分析数据。进一步采用OPLS-DA 进行建模分析,得到 1 个主成分和 2 个正交成分。图 2-9 显示了OPLS-DA 得分图。生成的 OPLS-DA 模型的参数表明该模型表现出高拟合(R^2X=0.764,R^2Y=1)和高预测质量(Q^2=0.992)。

为了评价候选代谢物的合理性,更全面直观地展示样品之间的关系以及不同样品中代谢物表达模式的差异,利用定性差异代谢物,从而帮助我们准确筛选标记代谢物并研究相关代谢过程的变化。一般来说,当筛选出的候选代谢物合理且准确时,可以将同一组样本聚类在同一簇中。同时,聚集在同一簇中的代谢物具有相似的表达模式,可能处于代谢过程中相对接近的反应步骤。

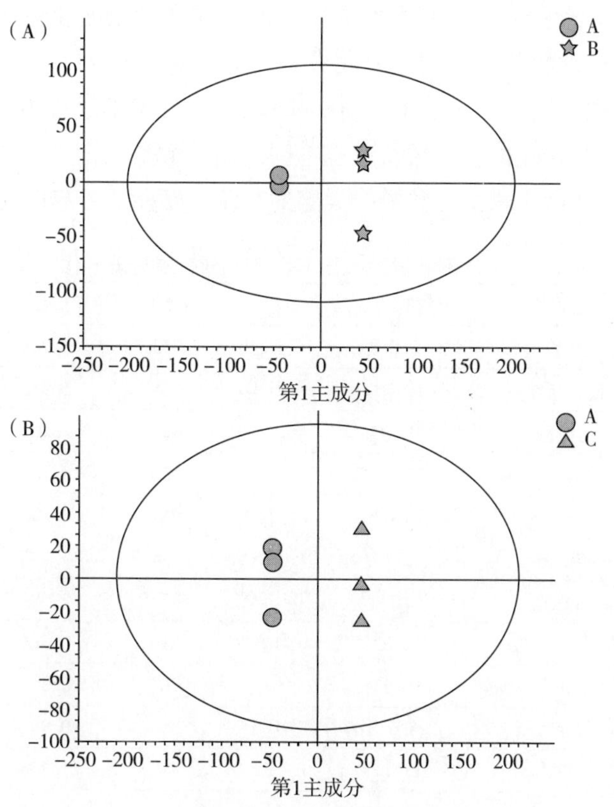

图 2-9　根据样品 GC-MS 数据得出 OPLS-DA 图
(A)样品 A 与样品 B 的 OPLS-DA 得分图比较;(B)样品 A 与样品 C 的 OPLS-DA 得分图比较
A:未发酵板栗;B:CU 发酵板栗;C:KF5 发酵板栗

(2)显著代谢产物分析

本实验以 VIP>1 为筛选标准,筛选组间差异。此外,使用单变量统计分析来验证代谢物是否存在显著差异。多维统计分析 VIP>1 和单变量统计分析 P 值<0.05 的代谢物被选为差异显著的代谢物。共鉴定出 63 种代谢物(表 2-1)。GC-MS 检测到的显著差异代谢物可分为 7 类:有机酸、氨基酸、无机酸、脂肪酸、碳水化合物、醇类和杂类。与未发酵原料相比,CU 和 KF5 发酵板栗有机酸增加最多的是 2-羟基已酸、3,4-二羟基丁酸、乳酸和丙酮酸,而苹果酸的丰度下降(表 2-1)。两个发酵样品中没食子酸和 2-酮基-L-葡萄糖酸含量的变化规律相反。不同微生物发酵的代谢产物也不同。食品中有机酸的分析主要针对肠道菌群的影响。有机酸含量高表明它作为结肠微生物代谢的副产物具有发酵活性。最近的研究表明,多酚及其代谢物可以选择性地刺激一些微生物代谢途径,例如

有机酸的产生。未发酵和发酵板栗的脂肪酸组成和含量变化见表 2-1。CU 和 KF5 发酵板栗的油酸含量的倍数变化分别为 1.906 和 0.747。用 CU 和 KF5 发酵板栗的亚油酸含量分别增加了 0.909 和 0.981。在发酵过程中,由于微生物选择不同,同一原料转化的脂肪酸组成也不同。脂肪酸是细菌产生的主要代谢物,据研究,脂肪酸在微生物群—肠道—大脑的交流中发挥了关键作用。

表 2-1 未发酵和发酵板栗 GC-MS 分析显著差异代谢物

种类	代谢物	保留时间/min	分子式	匹配度	差异倍数/CU	差异倍数/KF5
有机酸	乳酸	6.018	$C_3H_6O_3$	943	+3.922	+3.579
	没食子酸	17.727	$C_7H_6O_5$	926	-1.853	+3.222
	丁二酸	9.747	$C_4H_6O_4$	924	+1.203	+1.180
	3,4-二羟基丁酸	11.417	/	922	+4.183	+4.365
	柠檬酸	16.070	$C_6H_8O_7$	958	+0.796	+0.730
	苹果酸	12.143	$C_4H_6O_5$	934	-3.877	-4.399
	乙醇酸	6.231	$C_2H_4O_3$	934	+2.981	+3.208
	4-氨基丁酸	12.625	$C_4H_9NO_2$	919	+0.606	+1.215
	2-酮基-L-葡萄糖酸	15.635	/	862	-0.362	+1.328
	4-羟基丁酸	8.638	$C_4H_8O_3$	858	+0.982	+0.832
	红酸	13.113	/	852	+1.306	+1.341
	丙二酸	8.203	$C_3H_4O_4$	850	+0.817	+0.788
	2-羟基己酸	8.723	/	793	+5.527	+5.452
	D-葡萄糖醛酸	23.879	$C_6H_{10}O_7$	770	+0.975	+1.182
	丙酮酸	5.844	$C_3H_4O_3$	769	+3.657	+3.762
	富马酸	10.193	$C_4H_4O_4$	867	/	+3.125
氨基酸	L-缬氨酸	6.378	$C_5H_{11}NO_2$	932	+2.034	+0.679
	L-苯丙氨酸	13.790	$C_9H_{11}NO_2$	930	+0.368	+0.563
	L-苏氨酸	10.841	$C_4H_9NO_3$	930	+0.402	+0.555
	L-天门冬氨酸	11.250	$C_4H_7NO_4$	921	+1.671	+1.952
	L-亮氨酸	9.203	$C_6H_{13}NO_2$	900	-0.676	-1.051
	L-天门冬酰胺	14.331	$C_4H_8N_2O_3$	953	+2.0398	+0.252
	谷氨酸	13.712	$C_5H_9NO_4$	952	+0.4286	+0.5041
	L-丙氨酸	6.658	$C_3H_7NO_2$	937	+0.304	+1.355
	红氨酸	8.978	$C_3H_7NO_3$	910	+1.244	+0.815
	L-异亮氨酸	9.514	$C_6H_{13}NO_2$	899	+0.460	+1.036

续表

种类	代谢物	保留时间/min	分子式	匹配度	差异倍数/CU	差异倍数/KF5
氨基酸	脯氨酸	9.558	$C_5H_9NO_2$	888	+0.805	+0.514
	甘氨酸	9.693	$C_2H_5NO_2$	885	+1.092	+1.180
	L-鸟氨酸	15.986	$C_5H_{12}N_2O_2$	866	+5.179	+3.355
	L-酪氨酸	17.453	$C_9H_{11}NO_3$	862	−3.167	−1.214
无机酸	磷酸	9.268	H_3PO_4	910	+0.210	+0.193
脂肪酸	十八酸	21.344	$C_{18}H_{36}O_2$	958	−1.113	−1.025
	十六酸	18.624	$C_{16}H_{32}O_2$	946	−0.842	−0.774
	甘油酸	10.069	$C_3H_6O_4$	921	+1.585	+0.509
	亚油酸	20.916	$C_{18}H_{32}O_2$	910	+0.909	+0.981
	油酸	20.962	$C_{18}H_{34}O_2$	885	+1.906	+0.747
碳水化合物	果糖	16.822	$C_6H_{12}O_6$	933	−1.117	−2.849
	麦芽糖	29.738	$C_{12}H_{22}O_{11}$	910	+0.407	+0.209
	2-*O*-甘油-*α*-*d*-半乳吡喃糖苷	23.015	/	887	−2.384	−2.228
	D-半乳糖	17.101	$C_6H_{12}O_6$	883	−0.758	−1.962
	景天糖	20.460	$C_7H_{14}O_7$	871	−4.724	−4.607
	甘露糖	18.172	$C_6H_{12}O_6$	857	+0.907	+0.944
	D-葡萄糖	17.156	$C_6H_{12}O_6$	851	−1.318	−3.241
	古洛糖	20.334	$C_6H_{12}O_6$	837	+5.509	+5.669
	乳糖	29.395	$C_{12}H_{22}O_{11}$	825	−0.181	−0.0946
	β-龙胆	28.901	/	825	+2.072	−1.355
	1,2,3-苯三醇	12.818	$C_6H_6O_3$	880	+9.297	+9.507
	阿拉伯呋喃糖	15.391	$C_5H_{10}O_5$	770	+2.434	+2.635
	蔗糖	28.021	$C_{12}H_{22}O_{11}$	771	−0.405	1.636
醇类	木糖醇	14.871	$C_5H_{12}O_5$	960	−0.228	−0.187
	肌醇	19.688	$C_6H_{12}O_6$	950	+0.390	+0.458
	葡萄糖醇	17.663	$C_6H_{14}O_6$	944	+0.347	+0.404
	D-甘露醇	21.552	$C_6H_{14}O_6$	877	+0.501	+0.816
	2,3-丁二醇	5.577	$C_4H_{10}O_2$	822	+1.053	+0.980
	半乳醇	31.903	$C_{12}H_{22}O_{11}$	820	+0.575	+0.904
	苏糖醇	12.354	$C_4H_{10}O_4$	808	+1.053	+1.209
	D-甘油-1-磷酸	13.303	$C_3H_9O_6P$	856	+4.777	+4.502
	甘油	13.303	$C_3H_8O_3$	764	+4.777	+4.502

续表

种类	代谢物	保留时间/min	分子式	匹配度	差异倍数/CU	差异倍数/KF5
其他	腺嘌呤	16.538	$C_5H_5N_5$	940	+1.316	+1.817
	尿苷	24.615	$C_9H_{12}N_2O_6$	782	+0.671	+0.750
	γ-生育酚	32.032	/	721	+0.632	+1.100
	半乳糖基甘油	35.775	$C_9H_{18}O_8$	862	+0.665	+0.862
	单乙醇胺	9.122	/	925	/	+1.162

2.3.2.7 感官评价

初步感官评价结果(图 2-10)表明,发酵板栗的颜色和质地在样品之间没有显著差异。两种发酵样品都没有强烈的异味,主要是由于酸味和栗子味的平衡。同样,发酵样品的风味和口感也优于未发酵样品。根据 GC-MS 分析(表 2-1),发酵样品中较高水平的天冬氨酸和谷氨酸是造成特殊风味和味道的原因。效果显示,品评小组成员可能更偏爱接种了 KF5 的发酵板栗。

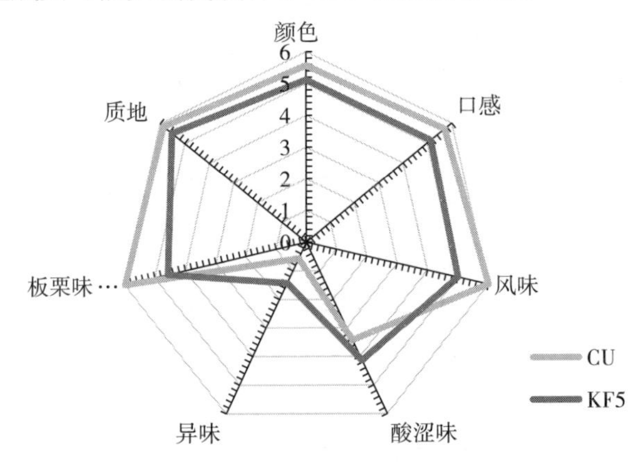

图 2-10 未发酵和发酵板栗感官评价结果

2.3.2.8 体外蛋白质消化率

根据实验结果,接种 CU 和 KF5 的发酵板栗对蛋白质消化率有积极的影响(表 2-2)。板栗原料蛋白质含量为 8.29%,蛋白质体外消化率为 40.77%。CU 和 KF5 发酵板栗的蛋白质消化率分别提高 10.53%和 21.16%。发酵能抑制消化酶的催化作用,促进蛋白质交联。发酵过程中分泌的蛋白酶可以降解蛋白质,从而提高蛋白质的体外消化率。发酵过程中氨基酸含量的增加也证实了这一点(表 2-1)。相比之下,除亮氨酸和酪氨酸外,所有发酵样品的氨基酸含量均有不同程度的增加。与未发酵板栗相比,CU 和 KF5 发酵板栗中氨基酸含量增加最多的是 L-鸟氨酸、L-缬氨酸和 L-天冬酰胺,其他氨基酸均有不同程度的增加。

表 2-2　板栗样品抗氧化活性和体外蛋白质消化率

样品	体外蛋白质消化率/%	DPPH 消除活性/%
对照(未发酵板栗)	40.77	70.12 (2.55)
CU 发酵板栗(32 h)	51.30	81.47 (5.07)
KF5 发酵板栗(32 h)	61.93	87.00 (5.36)
槲皮素(0.1 mg/mL)	/	96.69 (5.91)

十二烷基硫酸钠—聚丙烯酰胺凝胶电泳结果表明:发酵板栗提取物在 25 kDa 的地方显示出一条淡淡的条带(图 2-11)。中国板栗中存在的主要蛋白质在 5~20 kDa 的范围内。较低的分子量有助于提高板栗蛋白的水溶性和消化率。试验同时也证实了发酵板栗中各种氨基酸的含量都有所增加(表 2-1),CU 和 KF5 发酵板栗的必需氨基酸(L-缬氨酸、L-苯丙氨酸、L-苏氨酸和 L-异亮氨酸)含量增加。必需氨基酸指数(EAAI)越大,氨基酸组成越平衡,蛋白质的质量和效率就越高。在体外,发酵板栗的蛋白质相对消化率和营养价值都得到了提高。氨基酸组成和低分子量蛋白质的丰度表明,发酵板栗是一种很好的蛋白质来源。

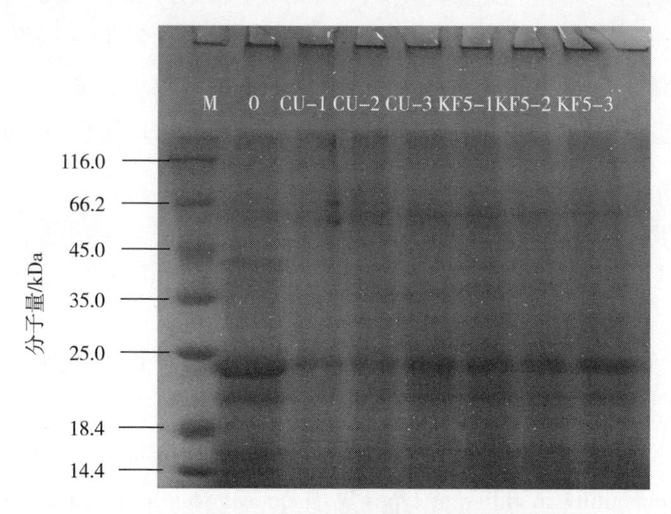

图 2-11　未发酵和发酵板栗蛋白电泳图
M: Maker;0:未发酵板栗;CU-1~3:CU 发酵板栗 (8、24、32 h);
KF5-1~3: KF5 发酵板栗 (8、24、32 h)

2.3.2.9　DPPH 自由基清除活性

根据 DPPH 测定计算了未发酵和发酵样品对 DPPH 自由基的清除活性(表

2-2)，结果表明，乳酸菌发酵可以提高食品的抗氧化活性。与未发酵板栗的自由基清除活性(RSA)(70.12%)相比，CU 发酵板栗的自由基清除活性最高(87%)；而 KF5 发酵板栗的自由基清除活性(RSA)稍好，为 81.47%；对照槲皮素的 RSA 值为 96.69%。发酵板栗中抗氧化活性的提高可能归因于抗氧化剂水平的增加，如 γ-生育酚。研究表明，接种 CU 和 KF5 的发酵板栗中 γ-生育酚的含量增加(表 2-1)，而 γ-生育酚具有良好的抗氧化活性和保健功能。与未发酵板栗相比，接种 CU 和 KF5 的发酵板栗中 γ-生育酚含量分别增加 0.63%和 1.10%。根据其他研究，发酵可以提高不同介质中酚类化合物的浓度，复杂的多酚在发酵过程中可以水解成更简单、更具生物活性的化合物。

2.3.2.10 **结论**

综上所述，干酪乳杆菌 CU 和发酵乳杆菌 KF5 可作为板栗发酵功能食品的发酵剂。在 4℃保存 40 天条件下，板栗发酵样品中益生菌 LAB 的含量不低于 1.0×10^{8} CFU/g。初步感官评价结果表明，发酵板栗在酸味和板栗味之间具有独特的风味特征。GC-MS 胞外代谢物分析结果表明，板栗原料中的大分子物质降解为易消化的小分子物质，如糖、有机酸、氨基酸等。发酵板栗抗氧化活性提高的原因可能是由于抗氧化剂含量增加，例如 γ-生育酚。在十二烷基硫酸钠—聚丙烯酰胺凝胶电泳（SDS-PAGE）中，发酵板栗提取物在 25 kDa 以下显示出淡淡的条带。发酵板栗体外蛋白质消化率的显著提高也有效地验证了上述结果。因此，我们未来的研究计划包括分析发酵板栗的功能成分，以阐明发酵过程的代谢途径。

参考文献

[1]唐贤华，田伟，张崇军，等. 中温大曲在发酵和贮存过程中微生物群落结构分析[J]. 中国酿造，2019，38(6)：113-118.

[2]ZHENG X W，YAN Z，ROBERT NOUT M J，et al. Characterization of the microbial community in different types of Daqu samples as revealed by 16S rRNA and 26S rRNA gene clone libraries [J]. World Journal of Microbiology and Biotechnology，2015，31(1)：199-208.

[3]向慧平，林宜锦，关统伟，等. 四川浓香型大曲生产中酵母菌、芽孢杆菌与工艺指标的关联性分析[J]. 食品科学，2020，41(2)：196-201.

[4]TANG J，TANG X X，TANG M，et al. Analysis of the bacterial communities in

two liquors of soy sauce aroma as revealed by high-throughput sequencing of the 16s rRNA V4 hypervariable region [J]. Bio Med Research International, 2017:6271358.

[5] WANG Z M, LU Z M, SHI J S , et al. Exploring flavour-producing core microbiota in multispecies solid-state fermentation of traditional Chinese vinegar [J]. Scientific Reports, 2016, 6:26818.

[6] 张春林. 泸州老窖大曲的质量、微生物与香气成分关系[D]. 无锡:江南大学, 2012.

[7] 李祖明, 王德良, 马美荣, 等. 不同酒曲酶系与发酵性能的比较研究[J]. 酿酒科技. 2010, 187(1):17-19.

[8] HUANG Y H, YI Z L, JIN Y L, et al. New microbial resource: microbial diversity, function and dynamics in Chinese liquor starter[J]. Scientific Reports, 2017, 7(1):14577.

[9] 祝云飞, 黄治国, 邓杰, 等. 浓香型大曲中一株酵母菌的分离鉴定及其挥发性产物分析[J]. 四川理工学院学报(自然科学版), 2016, 29(1):7-11.

[10] 夏玙, 罗惠波, 周平, 等. 不同处理方式的大曲真菌群落差异分析[J]. 食品科学, 2018, 39(22):173-179.

[11] 沈怡方. 白酒生产技术全书[M]. 北京:中国轻工业出版社, 1998.

[12] 吴树坤, 谢军, 卫春会, 等. 四川不同地区浓香型大曲微生物群落结构比较[J]. 食品科学, 2019(14):144-152.

[13] 姚粟, 葛媛媛, 李辉, 等. 利用非培养技术研究芝麻香型白酒高温大曲的细菌群落多样性[J]. 食品与发酵工业, 2012(6):6-11.

[14] 魏金旺. 清香型白酒酿造过程中可培养高温放线菌的分离与鉴定[J]. 酿酒科技, 2019, 295(1):47-50+55.

[15] CHEN Q, KONG B H, HAN Q, et al. The role of bacterial fermentation in lipolysis and lipid oxidation in Harbin dry sausages and its flavour development [J]. LWT Food Science and Technology, 2017, 77:389-396.

[16] DENG F, WANG Y R, SHANG X J, et al. Bacterial diversity of sausages in Enshi of Hubei province[J]. Meat Research, 2018, 32, 18-22.

[17] DENG Z R, YUN J M, GUO J, et al. Study on isolation and fermentation performance of dominant lactic acid bacteria during the processing of Longxi Bacon [J]. Current Biotechnology, 2019, 9, 200-209.

[18]DONG Y, WANG Y R, WANG Y, et al. Evaluation of bacterial diversity in Chinese bacon from enshi by denatured gradient gel electrophoresis and MiSeq high-throughput sequencing [J]. Meat Research, 2018, 32, 37-42.

[19]DOUGLAS P, ERICK S, MANUEL L J, et al. Low-sodium dry-cured rabbit leg:a novel meat product with healthier properties [J]. Meat Research, 2020, 173:108372.

[20]GU S Q, TANG J J, ZHOU X X, et al. Quality change and aroma formation in cured fish during traditional sun drying processing [J]. Food Science, 2019, 40, 36-44.

[21]GUO J, WANG Q, CHEN C G, et al. Effects of different smoking methods on sensory properties, free amino acids and volatile compounds in bacon [J]. Journal of the Science of Food and Agriculture, 2020, 101, 2984-2993.

[22]HE G Q, LIU T J, SADIQ F A, et al. Insights into the microbial diversity and community dynamics of Chinese traditional fermented foods from using high-throughput sequencing approaches [J]. Journal of Zhejiang University-SCIENCE B, 2017, 18, 289-302.

[23]HU Y Y, ZHANG L, LIU, et al. The potential correlation between bacterial diversity and the characteristic volatile flavour of traditional dry sausages from Northeast China [J]. Food Microbiology, 2020, 91:103505.

[24]LEI Y H, GUO J N, SUN B Z, et al. Characteristics of microbial changes in the processing of dried beef in Xinjiang [J]. Journal of Food Safety and Food Quality, 2017, 8, 2914-2921.

[25]LI L, ZOU D, RUAN L Y, et al. Evaluation of the biogenic amines and microbial contribution in traditional Chinese sausages [J]. Frontiers in Microbiology, 2019, 10:872.

[26]LI X R, LIU L Y, YANG Y, et al. Physicochemical, microbial and flavor profiles of traditional Chinese cured meat [J]. Meat Research, 2020, 34, 22-26.

[27]LIN Q. Jianchang Duck in the fermentation process of microorganism [J]. Modern Food, 2017, 33, 66-69.

[28]LIIU D Y, BAI L, FENG X, et al. Characterization of Jinhua ham aroma profiles in specific to aging time by gas chromatography-ion mobility spectrometry (GC-IMS) [J]. Meat Science, 2020, 168:108178.

[29] LIU Y L, YU Q L, WAN Z, et al. Research progress of antioxidant activity of starter culture on the quality of fermented meat products [J]. Food Science, 2020, 82, 1-17.

[30] MA G L, TANG S H, LI S N, et al. Changes of physicochemical properties and volatile flavor substances in tibetan air-dried yak meat jerky during the simulated processing [J]. Science and Technology of Food Industry, 2021, 42, 19-25.

[31] MAO Y Q, LI Y H, YUN J M, et al. Volatile flavor compounds in traditional Longxi bacon production [J]. Food and Fermentation Industry, 2021, 47, 144-152.

[32] MU Y, SU W, MU Y C, et al. Combined application of high-throughput sequencing and metabolomics reveals metabolically active microorganisms during Panxian Ham processing [J]. Frontiers in Microbiology, 2019, 10:3012.

[33] NIU T J, CHEN L S, KONG H G, et al. Screening, identification and application of biogenic amine degrading strains derived from traditional fermented meat products [J]. China Brew, 2019, 38, 43-48.

[34] QUAN T, DENG D C, LI H J, et al. Study on the main microorganisms of traditional Sichuan bacon during its shelf life [J]. Journal of Southwest University, 2017, 39, 14-21.

[35] SIVAMARUTHI B S, KESIKA P, CHAIYASUT C, et al. A narrative review on biogenic amines in fermented fish and meat products [J]. Journal of Food Science and Technology, 2020, 58, 1623-1639.

[36] SUN Q X, CHEN Q, LI F F, et al. Biogenic amine inhibition and quality protection of Harbin dry sausages by inoculation with *Staphylococcus xylosus* and *Lactobacillus plantarum* [J]. Food Control, 2016, 68, 358-366.

[37] TIAN J J, ZHANG K P, YANG M Y, et al. Comparative bacterial diversity analysis and microbial safety assessment of airdried meat products by Illumina MiSeq Sequencing technology [J]. Food Science, 2019, 40, 33-40.

[38] TONG H G, WANG W, ZHANG H F, et al. Comparative analysis flavor components of dry-cured ducks from different regions by HPLC, GC-MS combined with multivariate statistical analysis [J]. Modern Food Science and Technology, 2018, 34, 228-238.

[39] WANG X H, WANG S H, ZHAO H. Unraveling microbial community diversity

and succession of Chinese Sichuan sausages during spontaneous fermentation by high-throughput sequencing [J]. Journal of Food Science and Technology, 2019, 56, 3254-3263.

[40] WANG X R, SHI Q, LIU B Q, et al. Bacterial dynamics during the processing of nuodeng Dry-cured Ham [J]. Science and Technology of Food Industry, 2021, 42, 83-89.

[41] WANG Y B, LI F, CHEN J, et al. High-throughput sequencing-based characterization of the predominant microbial community associated with characteristic flavor formation in Jinhua Ham [J]. Food Microbiology, 2021, 94:103643.

[42] WANG Y R, LIAO H, ZHAO H J, et al. Evaluation of the bacterial diversity in cured fish samples collected from Enshi by PCRDGGE and MiSeq high-throughput sequencing [J]. Modern Food Science and Technology, 2018, 34, 208-213.

[43] WEN K Y, WANG Y, WEN P C, et al. Study on microbial community structure in Sichuan traditional bacon [J]. Food and Fermentation Industry, 2020, 46, 36-42.

[44] WU W H, ZHOU Y, WANG G Y, et al. Changes in the physicochemical properties and volatile flavor compounds of dry-cured Chinese Laowo ham during processing [J]. Journal of Food Processing and Preservation, 2020, 44:e14593.

[45] WU Y Y, QIAN X X, LI L H, et al. Microbial community diversity in dried-salted fish during processing revealed by Illumina MiSeq sequencing [J]. Food Science. 2017, 38, 1-8.

[46] XU Y S, ZANG J H, REGENSTEIN J M, et al. Technological roles of microorganisms in fish fermentation: a review [J]. Critical Reviews in Food Science and Nutrition, 2020, 61, 1000-1012.

[47] YI L B, SU G R, HU G, et al. Diversity study of microbial community in bacon using metagenomic analysis [J]. Journal of Food Safety, 2017, 37:e12334.

[48] ZHANG C X, HE Z F, LI H J. Research of bacteriocins from lactic acid bacteria and their applications in preservation of meat products [J]. Food and Fermentation Industry, 2017, 43, 271-277.

[49] ZHANG Q, DING Y C, GU S Q, et al. Identification of changes in volatile

compounds in dry-cured fish during storage using HS-GC-IMS [J]. Food Research International, 2020, 137:109339.

[50]ZHANG S Y, TANG N, HUANG P, et al. Isolation, identification and tolerance characteristics of microorganisms from Weining Ham [J]. Meat Research, 2020, 33, 12-17.

[51]ZHAO D B, WANG L Y, FU Y, et al. Study on strain screening, identification and physical and chemical properties characteristics of bacteriocin- producing lactic acid bacteria in Nanjing drycured duck [J]. Meat Industry, 2017, 37, 19-23.

[52]ZHOU H M, ZHANG S L, ZHAO B, et al. Effect of starter culture mixture of *Staphylococcus xylosus* and *S. carnosus* on the quality of dry-cured meat [J]. Food Science, 2018, 39, 32-38.

[53]ZOU Y L, LIU S Y, WANG G Y, et al. Analysis of fungal community structure in Xuanwei ham by PCR-DGGE [J]. Food and Fermentation Industry, 2020, 46, 269-274.

[54]ÇABUK B, NOSWORTHY M G, STONE A K, et al. Effect of fermentation on the protein digestibility and levels of non-nutritive compounds of pea protein concentrate [J]. Food Technology and Biotechnology, 2018, 56, 257-264.

[55]CHANDRA-HIOE M V, WONG C H, ACROT J. The potential use of fermented chickpea and faba bean flour as food ingredients [J]. Plant Foods for Human Nutrition, 2016, 71, 90-95.

[56]DALILE B, OUDENHOVE L V, VERVLIET B, et al. The role of short-chain fatty acids in microbiota-gut-brain communication [J]. Nature Reviews Gastroenterology and Hepatology, 2019, 16, 461-478.

[57]DZIALO M, MIERZIAK J, KORZUN U, et al. The potential of plant phenolics in prevention and therapy of skin disorders [J]. International Journal of Molecular Sciences, 2016, 17(2):160.

[58]FAN Z. Effect of processing on quality attributes of chestnut [J]. Food and Bioprocess Technology, 2016, 9:1429-1443.

[59]GIBSON G R, HUTKINS R, SANDERS M E, et al. Expert consensus document: The International Scientific Association for Probiotics and Prebiotics (ISAPP) consensus statement on the definition and scope of prebiotics [J]. Na-

ture Reviews Gastroenterology and Hepatology, 2017, 14(8), 491-502.

[60] GUPTA S, LEE J J L, CHEN W N. Analysis of improved nutritional composition of potential functional food (Okara) after probiotic solid-state fermentation [J]. Journal of Agricultural and Food Chemistry, 2018, 66(21):5373-5381.

[61] KAN L, LI Q, XIE S S, et al. Effect of thermal processing on the physicochemical properties of chestnut starch and textural profile of chestnut kernel [J]. Carbohydrate Polymers, 2016, 151:614-623.

[62] MOUSAVI Z E, MOUSAVI M. The effect of fermentation by *Lactobacillus plantarum* on the physicochemical and functional properties of liquorice root extract [J]. LWT - Food Science and Technology, 2019, 105, 164-168.

[63] OZCAB T, YILMAZ-ERSAN L, AKPINAR-BAYIZIT, et al. Antioxidant properties of probiotic fermented milk supplemented with chestnut flour (Castanea sativa Mill) [J]. Journal of Food Processing and Preservation, 2016, 41(5):1-9.

[64] PHAT C, MOON B K, LEE C. Evaluation of umami taste in mushroom extracts by chemical analysis, sensory evaluation, and an electronic tongue system [J]. Food Chemistry, 2016, 192:1068-1077.

[65] YANG F, HUANG X, ZHANG C, et al. Amino acid composition and nutritional value evaluation of Chinese chestnut (Castanea mollissima Blume) and its protein subunit [J]. RSC Advances, 2018, 8(5):2653-2659.

[66] YANG X, LI H, CHANG C, et al. The integrated process of microbial ensiling and hot-washing pretreatment of dry corn stover for ethanol production [J]. Waste and Biomass Valorization, 2018, 9(11):2031-2040.

第3章 混菌发酵技术在能源开发中的应用与创新

3.1 微生物群落预处理玉米秸秆

3.1.1 概述

生物处理方法利用微生物代谢活动去破坏生物质细胞壁结构,由于具有条件温和、成本低等特点,在生物能源预处理方面具有较大的研究利用潜力。同化学方法相比,生物方法不需要消耗大量能源和回收化学试剂,也不会在反应体系中产生有害的抑制物。

生物处理方式需要时间为几周到几个月才能够达到预期效果,跟传统预处理方式相比时间较长。然而,工厂在收集秸秆的过程中有堆放需求,原料不会在较短时间就能够得到及时处理。如果在堆放过程中完成生物预处理过程,则生物预处理时间的长短就不是问题。

高通量测序已经广泛应用于水体、土壤和肠道等诸多环境中,得到的数量庞大的总微生物基因序列,不仅可以进行微生物多样性和优势菌群形成分析,还可以进行环境代谢功能分析。对生物处理秸秆物理通过高通量测序分析微生物多样性和优势菌群有助于了解生物处理过程微生物的变化规律同产物之间的关系,为如何进行生物处理提供依据。

3.1.2 微生物群落预处理干玉米秸秆的应用研究

本节在干玉米秸秆(dry corn stover,DCS)自然富集微生物的基础上,筛选好氧和厌氧微生物对 DCS 进行生物处理,比较了好氧处理和厌氧预处理之间的差别。本节通过强化接种复合乳酸菌培养物进行 DCS 预处理来促进乳酸发酵,确保 DCS 预处理顺利进行,提出 DCS 预处理相关指标,比较预处理和鲜玉米秸秆(fresh corn stover,FCS)青贮的区别。同时试验采用高通量测序技术探索预处理 DCS 中微生物优势菌群组成和细菌的多样性。

3.1.2.1 **实验原料**

玉米秸秆原料(DCS 和 FCS)收集于河南荥阳市郊区。

筛选原料泡菜和培养基原料土豆购买于河南郑州超市。

3.1.2.2 **实验方法**

(1)好氧微生物筛选

种子培养基:培养基用土豆培养基(PDA 培养基),将土豆洗净去皮,称取 200 g 切成小块后,加入约 700 mL 蒸馏水煮沸 20~30 min,后用纱布过滤,滤液加入葡萄糖 20 g 搅拌均匀,补水至 1000 mL 后分装,在 115℃ 灭菌 20 min 后冷却备用。

菌种保存方法:菌种保存采用甘油管保存。具体方法如下:划线分离出单菌落;挑取一个单菌落,接种于三角瓶中液态培养 10~15 h;在显微镜下观察液态培养菌液形态,确定不含有杂菌;按种子液∶20%甘油=1∶1(v/v)比例将种子液和无菌甘油加入灭菌保存管中混合均匀后在-20℃保存备用。

好氧微生物筛选:从腐烂秸秆表面(图 3-1)挑取白色菌丝接种于种子平板培养基上,30℃条件下培养至长出菌落后进行点种分离培养(图 3-1),直至培养出单菌落,进行编号保存备用。

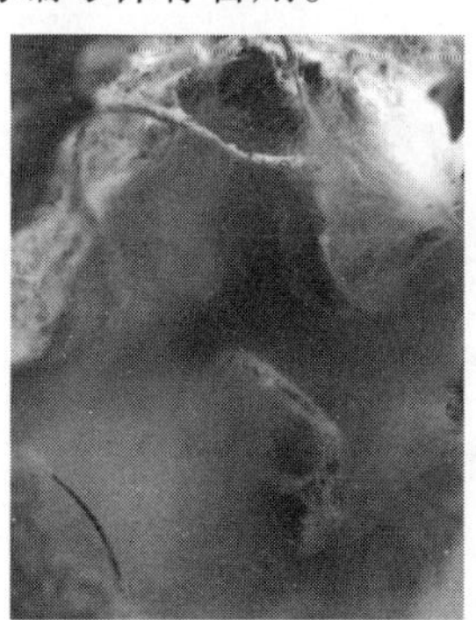
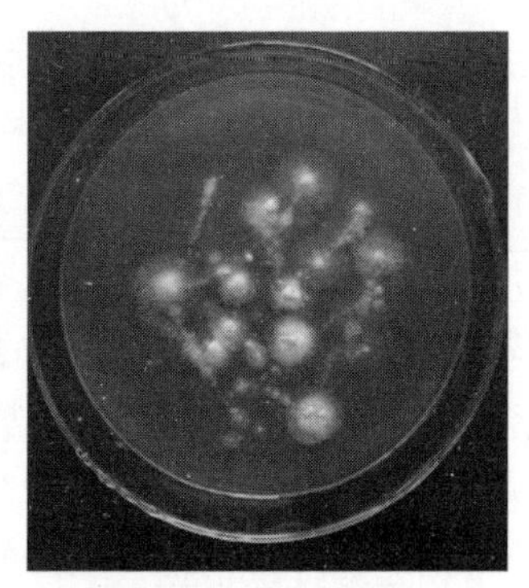

图 3-1 好氧微生物筛选原料及菌落形态

(2)厌氧微生物筛选

种子培养基:培养基采用 MRS 培养基,配方为:蛋白胨 10.0 g,牛肉膏 5.0 g,酵母粉 4.0 g,葡萄糖 20.0 g,吐温 80 1.0 mL,磷酸氢二钾 2.0 g,乙酸钠 5.0 g,柠檬酸三铵 2.0 g,硫酸镁 0.2 g,硫酸锰 0.05 g,将上述所有成分加入 1000 mL 蒸馏水中,加热搅拌溶解,调节 pH 值至 6.20,分装,在 121℃ 灭菌 20 min。制作固体培养基时加入 2%的琼脂粉。

固体筛选培养基:将 MRS 培养基中的葡萄糖全部用木糖代替,目的为筛选出能够利用木糖代谢产乳酸或乙酸的细菌。

液态发酵培养基:将 MRS 培养基中的葡萄糖全部用木糖代替。

菌种保存方法:甘油管保存。

厌氧微生物筛选:筛选原料为酸白菜、酸菜和泡菜母水等(如图 3-2 所示)。用无菌水稀释原料混匀后,吸取 0.2 mL 液体均匀涂布筛选平板培养基表面,37℃培养至长出菌落。挑选平板上菌落分别在筛选平板培养基上进行划线分离培养,直至培养出单菌落。分别对单菌落进行甘油管保存并编号,然后对保存菌株进行液态发酵,测定发酵液中乳酸和乙酸浓度,以进行能够代谢木糖产生乳酸和乙酸的微生物筛选。

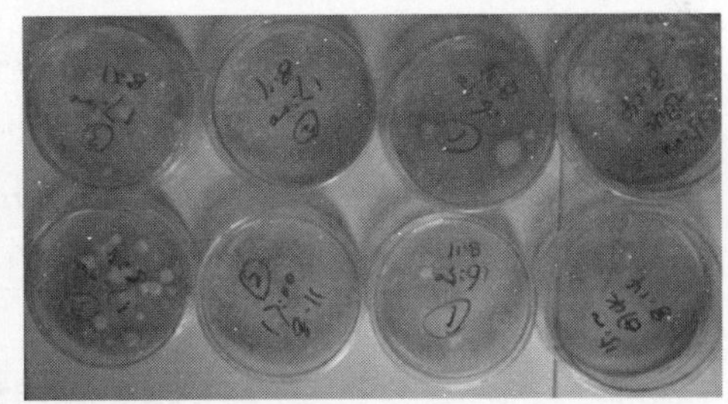

图 3-2　厌氧微生物筛选用原料及筛选平板

(3)微生物鉴定

利用 18S rDNA 鉴定方法进行分子生物学鉴定,聚合酶链式反应(Polymerase Chain Reaction, PCR)扩增的引物为:5′-CAGAGTTTGATCCTGGCT-3′和 5′-AGGAGGTGATCCAGCCGCA-3′。PRC 反应体系为 25 μL,包括:10×PCR 缓冲液 2.5 μL,dNTP 混合物 1.0 μL,引物 1 和引物 2 各 0.5 μL,DNA 聚合酶 0.2 μL,模板 DNA 0.5 μL,加双蒸水补足至 25 μL。PCR 反应条件为 94℃、4 min,94℃、45 s,55℃、45 s,72℃、1 min;30 个循环,72℃、延伸 10 min。将 PCR 产物测序后的结果在 NCBI 中对拼接序列进行同源性检索。

(4)微生物预处理过程

好氧处理:容器采用广口瓶,顶部用纱布密封以防止污染和透气(图 3-3)。收集 DCS 1.5 kg,切碎成 2~3 cm,加入含有真菌孢子的水溶液混合均匀后填装于广口瓶中(控制最终含水量为接近 70%),顶部用纱布包裹后于 25~30℃保存。接种量分别为 1.0×10^6 个孢子/g DCS。共发酵 4 周后,取样测定 pH 值,水溶物组成,成分变化等。

图 3-3 好氧处理用广口瓶

厌氧预处理:预处理容器采用玻璃泡菜坛子,顶部可用水密封以达到隔绝空气厌氧发酵的目的(图 3-4)。收集 DCS 1.5 kg,切碎成 2~3 cm,加入含有复合乳酸菌的水溶液混合均匀后填装于玻璃坛子中压实(控制最终含水量为接近 70%),顶部加水密封后于 25~30℃ 保存。复合乳酸菌由 *Lactobacillus casei*, *Lactobacillus fermentum* 和 *Enterococcus durans* 组成。接种量分别为 1.0×10^6 个细胞/g DCS。样品共发酵 7 周,每隔一周打开一个坛子取样测定 pH 值,水溶物组成,成分变化和微生物组成等。

图 3-4 预处理用玻璃坛子(顶部加水密封)

鲜秸秆青贮:青贮采用玻璃泡菜坛子(图 3-4)。收集新鲜秸秆 1.5 kg,切碎成 2~3 cm 后填装于玻璃坛子中压实,顶部加水密封后于 25~30℃保存。样品共发酵 4 周打开取样测定 pH 值,水溶物组成,成分变化和微生物组成等。

3.1.2.3 **分析测试方法**

样品中有机酸测定采用液相色谱法:原料样品称重后加入适量无菌水(料水比 1∶10)混合均匀后,振荡 30 min,离心(3000 r/min,10 min)取上清液,经 0.22 μm 滤膜过滤后进样。分析柱为 BioradAminex HPX-87H 柱(300 mm×7.8 mm)。流动相为 0.05 mol/L H_2SO_4,流速为 0.5 mL/min,柱温为 65℃。

各有机酸标准曲线列于表 3-1。

表 3-1 有机酸浓度标准曲线和相关系数

标准物质	回归方程	相关系数 R^2
丙酸	$y=207545x+1015.9$	$R^2=0.9997$
正丁酸	$y=0.000005x-0.0674$	$R^2=0.9998$
乳酸	$y=414340x-477.27$	$R^2=0.9997$

3.1.2.4 **微生物筛选及鉴定**

(1)好氧微生物筛选及鉴定

从腐烂的秸秆上挑取了白色菌丝进行划线分离单菌落培养,在显微镜下观察好氧微生物菌落形态如图 3-5 所示。

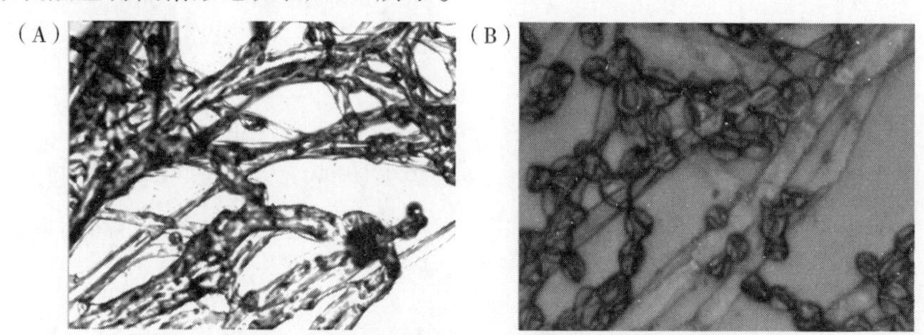

图 3-5 好氧微生物菌丝(菌体)(A)和孢子形态(液态培养)(B)

样品未进行好氧微生物鉴定,因为在微生物处理过程中发现好氧处理会带来纤维素的损失。

(2)厌氧微生物筛选及鉴定

厌氧微生物的筛选方式为液态发酵,发酵培养基中的碳源主要为木糖,目的是筛选可利用木糖产乳酸或乙酸的细菌,进行秸秆的厌氧处理。

经过厌氧液态发酵,发酵液中的木糖浓度有不同程度地下降(初始木糖浓度 8 g/L),发酵液中积累了一定量的乳酸和乙酸(表 3-2)。接种菌种 A 的发酵液中木糖浓度降低至 0.11 g/L,乳酸含量达到 1.54 g/L,乙酸含量达到 0.24 g/L;接种菌种 H 的发酵液中木糖浓度降低至 0.40 g/L,乳酸含量达到 1.26 g/L,乙酸含量达到 5.0 g/L;接种菌种 R 的发酵液中木糖浓度降低至 0.08 g/L,乳酸含量达到 0.38 g/L,乙酸含量达到 6.20 g/L。三种细菌均能够代谢木糖产生乳酸和乙酸。大部分细菌能够代谢木糖产生乙酸但不产乳酸。在厌氧处理秸秆过程中,有机酸含量是决定预处理样品 pH 值的重要因素,尤其是乳酸含量,乳酸是否为主要发酵产物是保证预处理质量的关键因素。所以,本试验选取发酵液中乳酸含量较高的三种细菌 A、H 和 R 作为预处理接种微生物。

结果共筛选获得三种细菌 A、H 和 R，均能够代谢木糖产生乳酸和乙酸（重新编号为 1、2、3）。三种细菌菌落形态观察如图 3-6 所示。细菌 1：菌落为圆形，光滑，较小，呈现乳白色，表面湿润，易挑取；细菌 2：菌落为不规则形态，光滑，较小，呈现乳白色，表面湿润，黏稠，易挑取；细菌 3：菌落为圆形，光滑，较小，呈现乳白色，表面湿润，易挑取。

表 3-2　代谢木糖产乳酸菌种筛选结果

筛选菌种编号	发酵液中木糖/($g \cdot L^{-1}$) (初始木糖浓度 8 $g \cdot L^{-1}$)	发酵液中乳酸 /($g \cdot L^{-1}$)	发酵液中乙酸 /($g \cdot L^{-1}$)
A	0.11(0.00)	1.54(0.02)	0.24(0.00)
B	0.22(0.00)	0.37(0.00)	2.06(0.03)
C	7.2(0.18)	/	4.96(0.06)
D	0.14(0.00)	0.19(0.00)	0.5(0.01)
E	7.32(0.11)	/	4.8(0.11)
F	7.06(0.16)	/	4.56(0.08)
G	0.03(0.00)	/	5.64(0.06)
H	0.40(0.00)	1.26(0.01)	5.0(0.03)
I	0.072(0.00)	/	0
G	6.0(0.12)	/	4.4(0.09)
K	3.0(0.02)	/	3.6(0.11)
L	0.44(0.00)	/	5.8(0.18)
M	0.028(0.00)	/	6.6(0.06)
N	6.0(0.09)	/	4.8(0.12)
O	0.12(0.00)	/	7.0(0.16)
P	0.12(0.00)	/	7.0(0.09)
Q	5.8(0.17)	/	4.4(0.01)
R	0.08(0.00)	0.38(0.01)	6.2(0.12)
S	0.42(0.01)	0.14(0.00)	6.0(0.07)

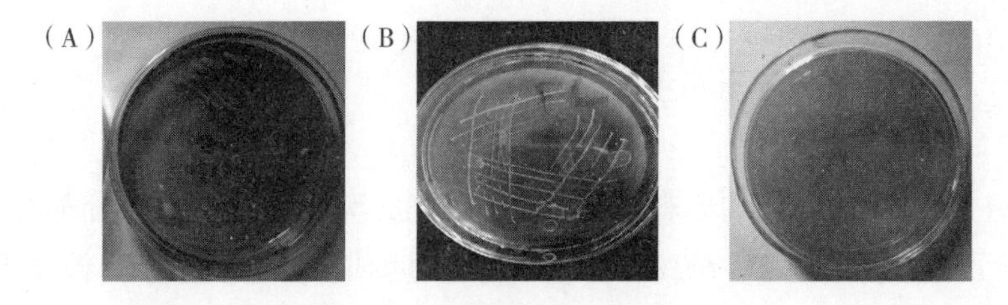

图 3-6　厌氧微生物菌落形态
(A)细菌 1;(B)细菌 2;(C)细菌 3

将三种细菌送到上海生工测序部进行测序。三种细菌的 PCR 扩增电泳图结果见图 3-7。

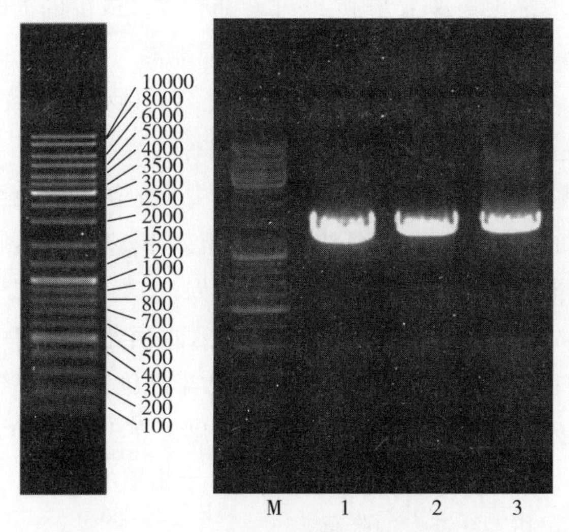

图 3-7　菌株 18S rDNA PCR 扩增电泳图
M:marker;1、2、3:菌株编号

将所得序列在 NCBI 中进行同源性比对,结果见表 3-3。表中列出了相似序列的登记号、菌株名称及相似性。三种细菌被确定为发酵乳杆菌(*Lactobacillus fermentum*),干酪乳杆菌(*Lactobacillus casei*)和粪链球菌(*Enterococcus durans*)。

表 3-3　微生物鉴定结果

编号	属名	匹配分值	覆盖率/%	登记号
1	发酵乳杆菌 (*Lactobacillus fermentum*strain KF5)	2625	100	KT159934.1
2	粪链球菌 (*Enterococcus durans*strain 075)	534	100	JN560931.1
3	干酪乳杆菌 (*Lactobacillus casei*strain CU)	2614	100	KX426048.1

3.1.2.5 生物处理玉米秸秆

(1)好氧处理

对好氧处理28 d后的原料进行分析检测,发现物料的主要成分都有一定损失:纤维素总量损失17.58%,半纤维素总量损失22.16%,原料干重损失15.02%。

由于原料没有经过灭菌处理,直接进行了好氧处理,原料中带有的微生物有可能将纤维素作为碳源进行代谢,导致了纤维素在处理过程中部分被消耗。而纤维素作为乙醇发酵的主要碳源,这种预处理方式在纤维乙醇中是应该尽量避免的。在常规的传统预处理工艺中,纤维素都有或多或少的损失,例如,芒草在1 mol/L NaOH溶液中150℃处理60 min导致纤维素损失20%,在氨水预处理过程中纤维素损失4%~12%;甲酸和乙酸等有机溶剂预处理导致纤维素损失0~25%,损失程度主要取决于预处理温度、时间和有机溶剂浓度。半纤维素的损失主要是因为真菌微生物的繁殖需要,发酵体系中其他微生物也会代谢少量半纤维素。半纤维素的降解可以提高纤维素的酶解效率。同其他预处理方式相比,好氧处理原料中半纤维素的降解程度稍低,例如,芒草在1 mol/L NaOH溶液中150℃处理60 min导致半纤维素损失79%,在氨水预处理过程中半纤维素损失23%~61%;甲酸和乙酸等有机溶剂预处理导致半纤维素损失9%~79%,损失程度主要取决于预处理温度、时间和有机溶剂浓度。在130~150℃水热处理条件下,半纤维素损失50%,纤维素得到有效保存。干物质的损失主要因为木质素的降解及部分纤维素和半纤维素的降解。

好氧预处理方式导致部分纤维素的损失达到17.58%,会造成后续乙醇得率的降低,对比在相关报道中也得到了证实。在美国俄亥俄州立大学已经进行的中试好氧处理秸秆过程中,需要在物料底部通入大量空气和顶部补水操作来保证好氧处理顺利进行,由此消耗了大量能量。

综合分析,好氧处理效果不佳。

(2)厌氧预处理

本节在不外加微生物条件下,DCS直接厌氧处理的样品均出现产生臭味、原料发黏、腐烂发霉和颜色变深等现象,因此后续没有进行相应的实验操作。主要是因为DCS本身没有富集足够的乳杆菌属来代谢产生有机酸,后续的高通量测序分析结果也会证实该观点。

本节只对外加复合乳酸菌预处理原料进行了分析和实验,同时以未处理

DCS 为对照。由表 3-4 结果可以看出,预处理过程中微生物活动消耗了原料中部分可溶性糖(主要是葡萄糖和木糖),游离的葡萄糖和木糖通过发酵产生乳酸、乙酸、丙酸和丁酸等有机酸。有机酸含量是决定预处理样品 pH 值的重要因素,尤其是乳酸含量,为主要发酵产物,是保证预处理质量的关键因素。预处理过程中有机酸含量的变化见表 3-5。有机酸可使亲水性较强的半纤维素少量水解,预处理 1 周的原料水溶物中检测出游离阿拉伯糖为 0.85%,说明原料中半纤维素有部分水解为阿拉伯糖,半纤维素的降解或者减少有利于提高酶解效率。对此后续的电镜分析也得到证实。通过 4 周厌氧处理,乳酸,乙酸的含量分别达到 4.32%和 2.90%,并趋于稳定,再延长时间,含量变化不大,该结果同前人研究一致。4 周后,预处理料 pH 值降低至 4.22。在该 pH 值条件下,发酵基本停止,同时抑制了有害微生物(如梭状芽孢杆菌和肠杆菌等)的代谢活动。

综合 pH 值和有机酸含量情况,本节提出预处理相关指标:pH 值降低至 4.22,预处理料中的乳酸含量达到 4.30%以上并趋于稳定,预处理时间 4 周以上。后续的分析测定和乙醇发酵实验均采用预处理 4 周的秸秆为原料。

预处理过程中代谢产生的丁酸常常作为预处理腐败的指标,本节预处理料(4 周)中丁酸含量只有 0.41%,表明预处理过程没有受到腐败菌的影响;当预处理 3 周后,pH 值降低至 4.70 以下时,丁酸菌就受到抑制,乳酸菌就成为优势菌,进入乳酸积累期。对此后续的预处理料微生物组成分析也得到证实。

表 3-4　预处理不同时间 DCS 内可溶性碳水化合物的变化

时间/周	葡萄糖/%	木糖/%	阿拉伯糖/%
0	2.18(0.01)	2.41(0.03)	0.00
1	0.26(0.00)	0.19(0.00)	0.85(0.00)
2	0.15(0.00)	0.16(0.00)	0.62(0.00)
3	0.19(0.00)	0.21(0.00)	0.55(0.00)
4	0.22(0.00)	0.21(0.00)	0.30(0.00)
5	0.11(0.00)	0.15(0.00)	0.00
6	0.085(0.00)	0.25(0.00)	0.00
7	0.15(0.00)	0.25(0.00)	0.00

表 3-5　预处理不同时间 DCS 内有机酸的变化

时间/周	乙酸/%	乳酸/%	丙酸/%	丁酸/%	pH 值
0	0.21(0.00)	0.00	0.09(0.00)	0.00	6.71
1	2.00(0.01)	2.70(0.06)	1.10(0.01)	0.55(0.01)	5.02

续表

时间/周	乙酸/%	乳酸/%	丙酸/%	丁酸/%	pH 值
2	2.80(0.01)	3.54(0.12)	1.55(0.01)	0.73(0.01)	4.76
3	2.82(0.02)	3.46(0.05)	1.52(0.02)	0.40(0.00)	4.70
4	2.90(0.07)	4.32(0.15)	1.63(0.01)	0.41(0.00)	4.22
5	2.92(0.03)	4.33(0.07)	1.26(0.01)	0.35(0.00)	4.10
6	2.93(0.07)	4.31(0.03)	1.45(0.01)	0.34(0.00)	4.14
7	2.68(0.07)	4.51(0.09)	1.64(0.01)	0.41(0.01)	4.15

由于厌氧环境的有效保护作用,预处理过程原料的干物质损失只有 0.55%,说明原料得到了很好的保质贮存。

表 3-6 列出了 DCS 和不同预处理时间物料的主要成分。可以看出预处理对结构性碳水化合物含量影响较小,其中纤维素含量(主要成分为葡聚糖)在预处理前后变化不大,说明预处理过程中纤维素得到很好保存;半纤维素(主要成分为木聚糖)发生少量降解(产生了阿拉伯糖)含量有所下降;木质素含量略有升高。

预处理料中水溶物的明显提高可能是由于部分不溶性细胞壁结构分解代谢为可溶性物质。该部分可溶物在乙醇发酵前的热洗过程中可以很好地去除,降低对酶解和发酵的影响,原料中的纤维素含量也得到相应“浓缩”,为进行高底物酶解和发酵提供有利条件。

表 3-6 预处理不同时间原料成分变化

时间/周	纤维素/%	半纤维素/%	AIL/%	ASL/%	灰分/%	水溶物/%	其他/%
0	30.19 (0.56)	18.63 (0.50)	19.23 (0.46)	1.83 (0.02)	2.24 (0.02)	16.15 (0.31)	11.73
1	29.50 (0.71)	17.43 (0.27)	20.17 (0.35)	0.89 (0.00)	2.95 (0.01)	18.35 (0.60)	10.71
2	29.80 (0.82)	17.55 (0.61)	19.03 (0.57)	0.91 (0.00)	2.25 (0.03)	19.67 (0.32)	10.79
3	29.69 (0.79)	17.04 (0.55)	20.10 (0.33)	1.01 (0.01)	2.56 (0.03)	21.89 (0.23)	7.71
4	28.97 (0.77)	16.92 (0.28)	19.44 (0.42)	0.88 (0.00)	2.72 (0.00)	22.66 (0.38)	8.41
5	29.08 (0.81)	17.33 (0.39)	20.10 (0.38)	0.82 (0.00)	2.32 (0.03)	22.38 (0.51)	7.97

续表

时间/周	纤维素/%	半纤维素/%	AIL/%	ASL/%	灰分/%	水溶物/%	其他/%
6	28.92 (0.75)	17.29 (0.33)	18.96 (0.62)	0.97 (0.01)	2.81 (0.03)	22.76 (0.21)	8.29
7	28.95 (0.89)	17.01 (0.29)	19.12 (0.28)	0.85 (0.01)	2.74 (0.02)	22.35 (0.53)	8.98

(3)厌氧预处理与青贮比较

借鉴青贮饲料感官评定方法,能快速、直观地判断预处理料是否变质(样品如图 3-8 所示)。贮存 28 d 后,青贮 FCS 样品酸味明显,颜色鲜亮;DCS 预处理的样品均无霉变腐烂现象,预处理料色泽呈现黄色,有浓郁的酸香味,说明预处理顺利。

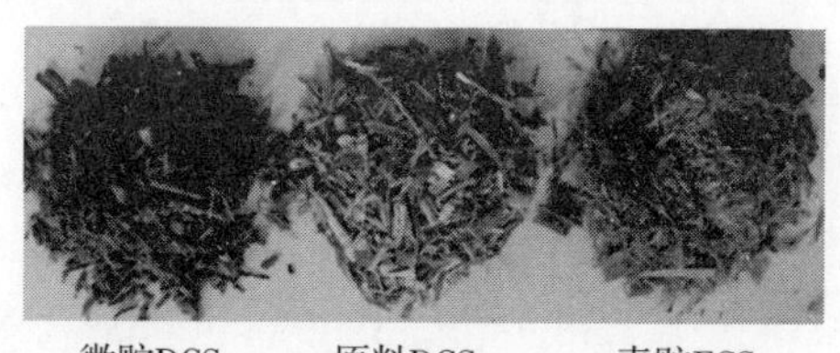

微贮DCS　　原料DCS　　青贮FCS

图 3-8　原料和预处理料外观形态

预处理过程微生物活动消耗了原料中部分可溶性糖,产生了乳酸、乙酸等有机酸类物质。预处理料中水溶性有机酸等指标分析见表 3-7。通过 28 d 厌氧处理,预处理 DCS 中乳酸和乙酸含量分别达到 4.32%和 2.90%。乙酸和乳酸等有机酸含量是预处理是否顺利的重要指标。青贮 FCS 中乳酸含量最高为 3.75%、乙酸为 1.29%,主要是由于原料 DCS 中水溶性糖较高(葡萄糖 5.58%、木糖 5.69%),易于被微生物代谢利用,不用外加任何微生物就易于青贮(后续高通量测序分析会证实)。预处理料和青贮料 pH 值都降低至 4.20 及以下。在该 pH 值条件下,发酵基本停止,抑制了有害微生物(如梭状芽孢杆菌和肠杆菌等)的代谢活动。预处理过程中代谢产生的丁酸常常作为预处理腐败的指标,本文两组预处理料和青贮料中丁酸含量最高只有 0.41%,表明预处理过程没有受到腐败菌的影响。

表 3-7　预处理前后原料中有机酸的变化

样品	乙酸/%	乳酸/%	丁酸/%	pH 值
干秸秆	0.21(0.00)	0	0	6.71
鲜秸秆	0.19(0.00)	0	0	6.56

续表

样品	乙酸/%	乳酸/%	丁酸/%	pH 值
青贮秸秆	1.29(0.01)	3.75(0.03)	0.32(0.00)	3.99
预处理秸秆	2.90(0.02)	4.32(0.01)	0.41(0.00)	4.22

露天堆放的秸秆生物质在微生物和空气作用下会发生自分解造成变质及损失，而在厌氧环境条件下的原料得到了很好的保质贮存。表 3-8 列出了原料预处理前后的主要成分，可以看出预处理对结构性碳水化合物（纤维素和半纤维素）含量影响较小，只有少量部分碳水化合物中转变成乳酸和乙酸。

表 3-8　预处理前后原料的组成

样品	纤维素/%	半纤维素/%	AIL/%	ASL/%	灰分/%	水溶物/%	其他/%
干秸秆	30.19 (0.51)	18.63 (0.33)	19.23 (0.38)	1.83 (0.01)	2.24 (0.00)	16.15 (0.18)	11.73
鲜秸秆	38.13 (0.33)	19.25 (0.57)	11.87 (0.33)	1.25 (0.02)	2.57 (0.01)	18.93 (0.32)	8.00
青贮秸秆	37.72 (0.66)	16.71 (0.30)	11.61 (0.28)	1.03 (0.00)	3.34 (0.00)	22.56 (0.28)	7.03
预处理秸秆	28.97 (0.37)	16.92 (0.55)	19.44 (0.21)	0.88 (0.00)	2.72 (0.00)	22.66 (0.17)	8.41

（4）预处理料微生物组成和多样性分析

样品运用 PCR 方法扩增 16S rRNA 的 V3 和 V4 区进行高通量测序，进行细菌多样性分析，结果如表 3-9 所示。样本文库覆盖率（coverage 指数）达到 0.96，说明本次测序结果能代表样本的真实情况，完全能够反映该区域细菌群落的种类和结构。秸秆、预处理秸秆和青贮秸秆的平均序列条数分别为 53368、46943 和 45111；OTUS 平均数分别为 2722、2359 和 2252。从序列条数和 OTUS 数目来看，预处理秸秆物种数高于青贮秸秆，低于原料秸秆。原料秸秆微生物多样性指数估计值 Shannon 和 Simpson 的结果表明：预处理和青贮厌氧处理会降低原料秸秆中细菌群落多样性，从而形成具有一定优势菌群的生态系统。

表 3-9　不同样品的菌群多样性分析指数

样品	序列条数	操作分类单元	微生物多样性指数估计值	OUT 估计指数	群落物种估计值	样本文库覆盖率	微生物多样性指数估计值
原料 DCS	53368	2722	3.39	51431	22274	0.96	0.14

续表

样品	序列条数	操作分类单元	微生物多样性指数估计值	OUT 估计指数	群落物种估计值	样本文库覆盖率	微生物多样性指数估计值
青贮 FCS	45111	2252	2.54	86091	30818	0.96	0.23
预处理 DCS	46943	2359	2.52	83045	27382	0.96	0.22

三个样品中每个样本的细菌多样性指数曲线随测序条数的增加都已经趋向平坦(图 3-9),表明测序数据量合理,可以反映样本中绝大多数微生物物种信息,测序深度上完全达到实验要求。青贮和预处理料的细菌菌群多样性极为相似;原料秸秆在相同测序深度时的微生物多样性存在一定差异,高于厌氧处理样本。

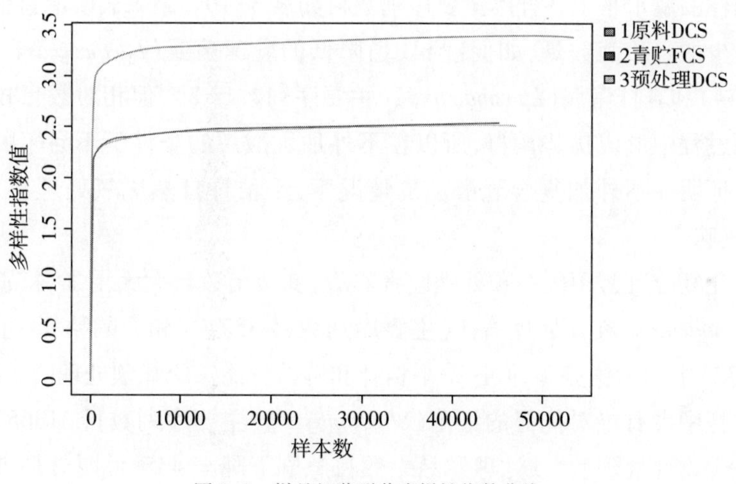

图 3-9　样品细菌群落多样性指数曲线

OTU 样品分布韦恩图 OTUS 重叠数的多少来说明不同原料中细菌多样性相关联的紧密程度(图 3-10)。结果表明菌群丰度由大到小依次为原料 DCS>预处理 DCS>青贮 FCS,说明在预处理或青贮条件下,原料 DCS 中来源于自然状态的各种微生物物种在厌氧处理过程中由于受到厌氧菌的抑制,数目减少。三个样品共有的 OTU 数目为 112 个,说明原料 DCS 中自然富集的某些微生物在预处理或青贮过程中保存了下来。三者共有区域分别占各自 OTUs 总数的水平不高,表明三个样品中 OUT 组成的相似度很低,细菌多样性关联度低,不同处理方式细菌多样性不同。

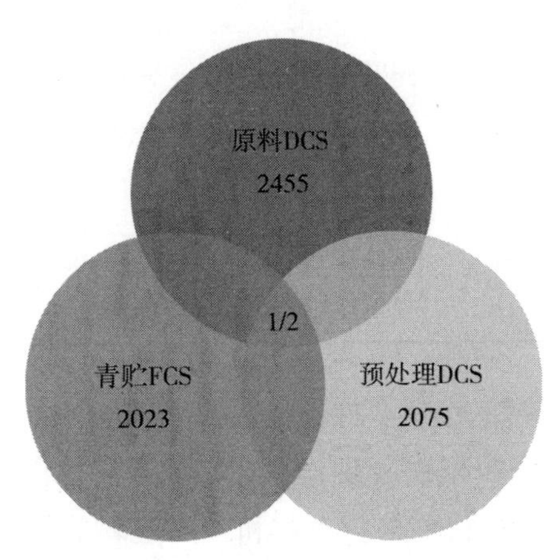

图 3-10　OTU 样本分布韦恩图

不同样品属水平上各样本主要序列数目如表 3-10。结果表明原料秸秆中本身带有极少的乳酸菌数量，如促进 pH 值降低的乳球菌属（*Lactococcus*）（主要序列数目 134）和乳杆菌属（*Lactobacillus*）（主要序列数目 2），但相对数目较低不足以在贮藏过程中形成优势菌群，所以在不外加乳酸菌的条件下不易于贮藏。本文实验也证明在不外加复合乳酸菌的情况下，干秸秆自然厌氧处理会发霉、腐烂、散发臭味。

经强化复合乳酸菌厌氧预处理或青贮后，乳酸菌数目大大增加，特别是乳杆菌属（*Lactobacillus*）在预处理秸秆（主要序列数目 35249）和青贮秸秆（主要序列数目 34832）中均为优势菌种，这是干秸秆和鲜秸秆能够厌氧预处理的主要原因。在原料秸秆中占有绝对优势的细菌（*Streptophyta*）（主要序列数目 31365）经过外加复合微生物预处理后，预处理样品中数目急剧下降至 435，说明外加乳酸菌能够很好抑制 *Streptophyta* 的繁殖；青贮过程由于靠自身富集的微生物处理，青贮秸秆中 *Streptophyta* 尚有 1948 个。其他细菌如芽孢杆菌属（*Bacillus*），克雷伯菌属（*Klebsiella*）和魏斯氏菌属（*Weissella*）等在青贮或预处理过程中数目都有一定程度的增加；甲基杆菌属（*Methylobacterium*）、泛菌属（*Pantoea*）、鞘脂单胞菌属（*Sphingomonas*）、鞘脂菌属（*Sphingobium*）、短小杆菌属（*Curtobacterium*）和根瘤菌（*Rhizobium*）都有一定程度的减少。

表 3-10　属水平上各样本主要序列数目

名称	原料秸秆	预处理秸秆	青贮秸秆
Lactobacillus	2	35249	34832

续表

名称	原料秸秆	预处理秸秆	青贮秸秆
Lactococcus	134	435	397
Streptophyta	31365	25	1948
Bacillus	823	3978	2429
Klebsiella	113	163	2820
Methylobacterium	2654	13	72
Pantoea	1781	10	112
Sphingomonas	1614	9	174
Sphingobium	1351	3	24
Oceanobacillus	192	628	482
Curtobacterium	1030	48	178
Rhizobium	735	194	45
Unclassified	3534	427	355
Weissella	0	4	798

注:第一列表示分类学名称,后面每列均为个样本在种属分类下的序列数目。

预处理DCS的微生物组成如图3-11所示。优质的预处理料中乳酸菌是优势菌种,肠杆菌和梭菌等腐败菌数量较少。预处理DCS中优势菌为乳杆菌属(*Lactobacillus*,相对丰度34.51%),说明实验过程添加的发酵乳杆菌(*Lactobacillus fermentum*)和干酪乳杆菌(*Lactobacillus casei*)起到了关键性作用。样本未发现葡萄球菌属(*Staphylococcus*)、肠杆菌属(*Enterobacter*)、蓝藻细菌(*Cyanobacteria norank*)等不利于预处理的微生物,有少量微小杆菌属(*Exiguobacterium*)(相对丰度5.06%),说明较低的pH值可以抑制腐败菌的繁殖。

本实验中,预处理料的pH值迅速下降,最终降低到4.22,抑制了一些细菌的生长,而外加促进pH值降低的粪链球菌属(*Enterococcus*)(相对丰度0.88%)依然存在。在预处理的前期阶段,*Enterococcus*起到降低pH值和增加乳酸含量的作用,随着厌氧发酵的进行,逐渐被更耐酸的微生物如乳杆菌属取代。结果表明,接种乳杆菌属和粪链球菌属的复合物对厌氧处理具有协同作用,同文献报道一致。

考虑中国国情,国内绝大部分青贮秸秆一般作为优质的牛羊饲料,受到季节的限制,纤维乙醇工厂只能收集到DCS,所以干秸秆预处理方面需要强化添加复合乳酸菌进行厌氧预处理。

图 3-11　预处理料的微生物组成多样性及各种菌的相对丰度(属水平)

3.1.2.6　结论

本节筛选好氧和厌氧微生物作为生物处理接种物,分别对 DCS 进行好氧和厌氧处理。通过测定生物处理后原料的组成变化,确定了最佳处理方式为厌氧预处理,提出预处理相关指标。本节比较了 DCS 厌氧预处理和 FCS 青贮的区别,并通过高通量测序技术对预处理料进行了微生物多样性分析和优势菌群确定。其主要结果为:

①由于 DCS 自身几乎不含有乳杆菌不易于自然厌氧处理,强化添加复合乳酸菌(*Lactobacillus casei*,*Lactobacillus fermentum* 和 *Enterococcus durans*)可以有效抑制腐败菌,且乳杆菌属成为控制发酵料的优势菌群,相对丰度达到 34.51%。

②好氧处理 DCS 过程中木质素发生一定程度的降解,但是有 17.58%纤维素总量损失,不利于纤维乙醇生产。

③提出 DCS 厌氧预处理指标:预处理料 pH 值低于 4.22,预处理料中乳酸含量趋于稳定达到 4.30%,预处理时间 4 周以上。FCS 青贮不用外加细菌可自然厌氧处理,但是纤维乙醇工厂目前能大量收集到的原料主要是 DCS,所以需要强化复合乳酸菌厌氧预处理。

3.2　沼气发酵

3.2.1　概述

由于农业生产间断性与工业连续性存在一定矛盾,如何实现木质纤维原料就近收集、保质储存和就近转化成为保证生物质产业可持续发展和规模化利用的一个最基本问题。本文比较了生物质干储存和湿储存的优劣，阐释了生物质固态厌氧处理方式发酵过程不同阶段参数（化学反应过程、微生物生长、温度、pH值和氧气含量等）变化和预处理添加剂（如微生物菌剂和碳源物质）使用情况。结合本文作者相关研究结果总结了预处理生物质质量评价体系如感官评定、有机酸含量、可溶性碳水化合物含量、pH值和细菌多样性变化，可作为预处理过程是否顺利的判断标准。本文归纳梳理了生物质固态厌氧的预处理方式在沼气和乙醇转化方面的研究，在此基础上提出了以固态厌氧预处理技术为新型预处理方式，干秸秆类生物质高效生化转化的优化工艺。同传统预处理方式相比，厌氧预处理生物质进行生化转化过程简单，设备投资较少，能耗低，成本低，转化率高，较少抑制物产生，为生物质转化工业化提供新的思路和解决方案。

当前木质纤维原料（lignocellulosic biomass，LCB）转化发展中面临着原料难以大规模收集保存、就近转化程度低、分布式商业化开发利用严重不足等重要问题，这严重制约着生物质转化的区域发展。因此，如何实现LCB就近收集、保存和就近转化成为保证生物质产业可持续发展的一个最基本问题。LCB的生物利用与转化（如转化为沼气、乙醇、丁醇或L-乳酸等）技术是一种复杂的工艺。转化方式的成功率往往因LCB非常稳定的多聚物结构未能进行有效预处理而受到很大的限制。近三十年来，轻工技术与工程特别是生物工程迅速的进步使LCB的有效利用得到了较大的发展，但低成本保存及预处理方式和高效率的生物转化仍是影响LCB工业应用的重大障碍，成为制约LCB利用的主要瓶颈。由于农业生产的间断性与工业连续性存在一定的矛盾，如何安全储存LCB是规模化利用的关键问题。LCB必须妥善储存才能为产品全年可持续生产提供高质量原料。收获LCB储存方式（湿储存或干储存）取决于原料初始水分含量的多少（图3-12）。

目前，生物质工厂收集到LCB存储方式一般为干储存，原料水分低于20%。在干储存过程要综合考虑降雨量、平均主导风向等气象因素，如河南天冠集团有限公司设计优化了生物质堆垛结构技术规程，建立了生物质储存堆垛的技术规范：秸秆水分含量低于18%，垛高不超过12 m，垛宽不超过6 m，垛向平行于主导风向，垛顶呈120°左右拱形或斜坡状，保证了原料长期储存、跨季节持续稳定供应。不过，该技术有一些缺点，如整个过程成本较高，室外储存过程干物质（dry matter，DM）损失大，需要较大的场地堆放秸秆，秸秆容易霉变或自燃起火。另外，在秸秆沼气、纤维乙醇等秸秆转化过程中，还需要额外加入大量水才能保证反应的顺利进行。

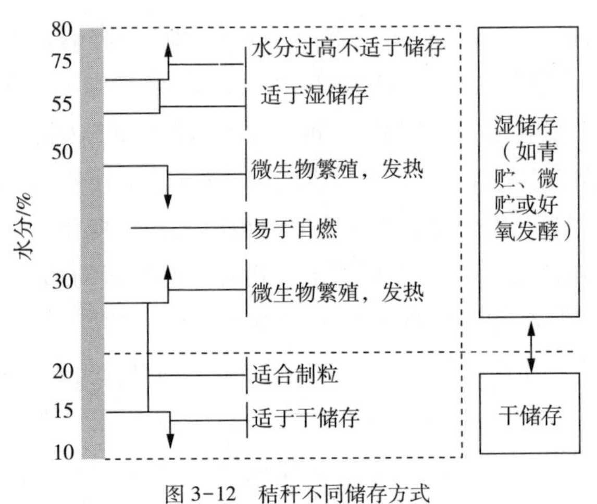

图 3-12　秸秆不同储存方式

生物质原料存储水分大于 25%的存储方式称为湿储存(图 3-12)。当原料水分在 25%~50%之间,原料易发生生物降解或氧化造成物料 DM 损失,质量和储存时间得不到保障。但是,如果湿储存方式经过合理设计和工艺优化调整可避免以上问题的发生,如采用厌氧贮藏或真菌好氧发酵预处理,可在一定程度上降低原料生物质抗性,从而提高生物产品转化效果。有人认为生物处理储存方式时间较长(如一个月),但是如果生物处理方式能够在田间地头秸秆堆放过程中完成,则预处理时间就不是问题。前期研究集中在利用真菌(优选白腐真菌对原料中木质素进行降解,以提高原料的可消化性)对生物质进行常温好氧发酵处理。为提高各种 LCB 酶解生物预处理的可行性,对玉米秸秆、小麦秸秆、稻草、棉花秸秆和木质生物质的真菌好氧发酵处理已有报道。同传统化学热处理工艺相比,该技术工艺简单、能耗低、无废物、下游加工成本低、没有抑制物产生。但是,在真菌预处理过程中,大量的纤维素和半纤维素的损失是主要问题,损失率最高可达 23%,这对于原料高转化率的要求是不可接受的。而且,由于真菌对木质素的选择性作用,在秸秆表面出现了大小不一的微孔(图 3-13),而对原料整体结构未起到预处理作用。另外规模化应用过程中,为了确保好氧发酵处理顺利进行,还需要通入大量空气和补水操作,消耗大量能量,而且在空气和微生物作用下有些原料容易发霉,导致 DM 损失。

厌氧条件下的微生物贮存技术(如新鲜秸秆青贮和干秸秆预处理)可以很好避免上述问题,成为 LCB 长期储存的可靠方法。其基本原理是利用乳酸菌(*Lacticacid bacteria*, LAB)在密闭条件下的厌氧发酵,转化可溶性碳水化合物(water soluble carbohydrates,WSC),产生大量有机酸(如乳酸,乙酸,丙酸和丁酸

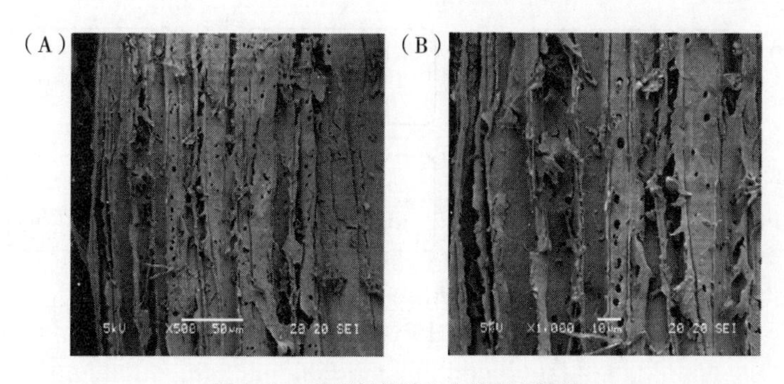

图 3-13　秸秆好氧处理电镜观察结果

等),使原料的 pH 值降低至 4.0 以下,杀灭或抑制其他有害杂菌(如各种好氧的腐败菌和霉菌等),达到长期保存的目的。原料经过长达一年的厌氧湿储存,其 DM 损失低至 1%~5%,同时其可消化性较干储存方式更高,主要是因为非结构性碳水化合物的降解降低了 LCB 的生物抗性。

固态厌氧湿储存可以采用不同的操作方式(可移动预处理膜和传统青贮池)来完成(图 3-14),成本低且易于操作。目前市场上已经出现相应的连续式设备,在收割秸秆的同时完成厌氧储存过程。

图 3-14　传统预处理池(A)和可移动预处理膜(B)

在传统 LCB 生化转化过程如原料收获、储存和预处理等工艺[图 3-15(A)]基础上,本节提出了优化工艺[图 3-15(B)]:在田间地头收获秸秆的同时完成厌氧预处理秸秆过程,然后运输到工厂进行生化转化得到目标产品。跟传统方式相比,优化工艺可以很好地缓解秸秆不易于利用和焚烧给环境带来的污染等问题,减轻生物质工厂收集和储存秸秆的难题,同时对原料有一定的预处理作用。

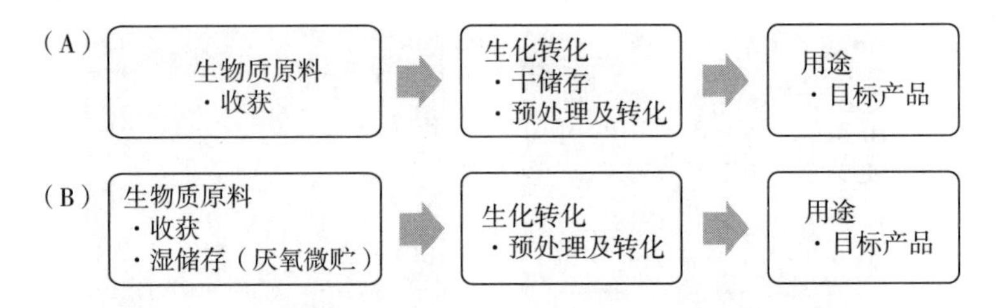

图 3-15 秸秆生化转化流程示意图
(A)传统 LCB 生化转化过程;(B)优化后的生化转化过程

3.2.2 固态厌氧处理生物质

3.2.2.1 传统厌氧青贮

传统厌氧青贮技术在全世界饲料工业具有悠久的历史。青贮饲料由于具有良好的收贮效果和经济效益一直被世界各国所重视,特别是畜牧业发达国家都把青贮作为发展反刍家畜的重要措施之一,对青贮的需求量越来越大。

青贮过程是一个复杂的生化反应过程。1945 年诺贝尔奖获得者 Virtanen 对青贮发酵过程进行了深入的研究,将其分为五个阶段(图 3-16)。

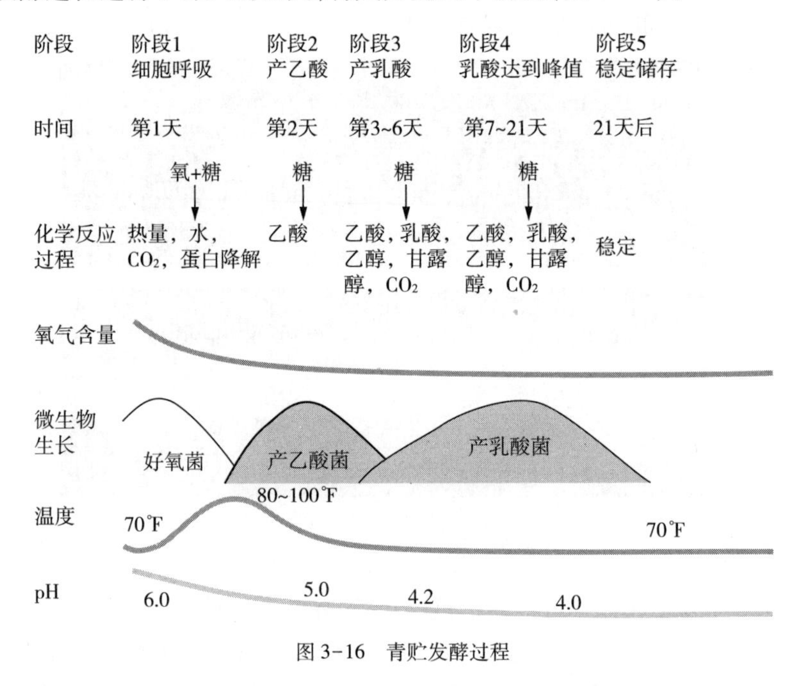

图 3-16 青贮发酵过程

20 世纪 70 年代,LCB 作为生物能源的原料,开始受到世界各国的重视。当时,世界石油危机爆发后,丹麦开始积极开发清洁的可再生能源,大力推进秸秆生物质发电。近几十年来,以LCB为原料生产沼气、乙醇、丁醇等能源产品的研究与开发已成为当前热点问题。例如,尤其是欧盟国家如德国,秸秆类生物质全株青贮预处理在生物转化过程中主要用于沼气的生产,且取得了较大的进展。目前,青贮已成为克服秸秆季节性收获缺陷、保障沼气生产原料全年可持续供应的重要方式。

然而,由于季节性因素和国情不同,尤其是粮食欠缺的国家,部分生物质工厂只能使用干秸秆作为原料进行生化转化,这就给生物质工业转化带来了挑战。与新鲜秸秆相比,干秸秆在堆放或贮存过程中,由于生理环境发生变化,呼吸作用加强,秸秆主要成分发生变化(图3-17),如可溶性糖、可溶性蛋白质等含量逐渐下降,纤维素结晶度、聚合度提高,环绕着纤维素与半纤维素的木质素的结构更加紧密,增加了微生物利用的难度。

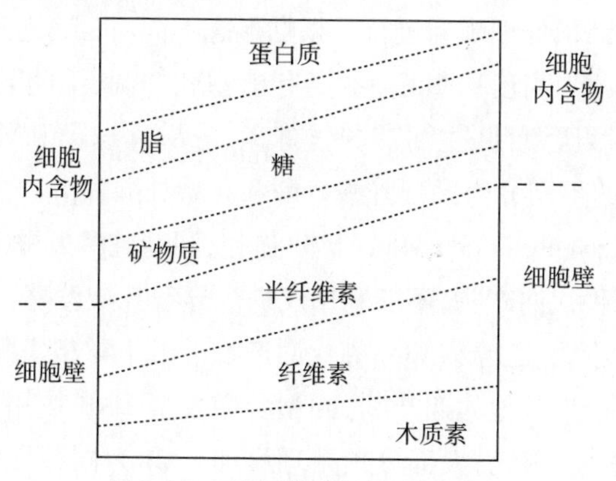

图3-17　不同时期秸秆主要成分变化

3.2.2.2　固态厌氧预处理

借鉴传统青贮的方式,本文作者相关研究表明,在不外加微生物条件下,干秸秆自然厌氧发酵易发生腐败现象,物料发黏,颜色变黑,散发臭鸡蛋味道。主要原因为:a.干秸秆中WSC含量较少,难以自然厌氧贮藏成功。b.干秸秆自身带有的LAB数量不足以在自然厌氧贮藏过程中成为优势菌群,导致原料易腐烂变质。因此,干秸秆是否能够厌氧贮藏成功是首先需要解决的问题。

约一百年前,预处理技术被开发出来以达到干秸秆厌氧贮藏的目的。干秸秆预处理技术是在适宜条件下利用各种添加剂(如促进性发酵剂:LAB等有益微生物或酶,主要促进微生物对WSC的发酵;抑制性发酵剂:甲酸、乙酸、丙酸及无机酸盐等防腐类添加剂,主要抑制预处理过程中不良微生物的发酵;营养性添加剂:糖蜜、食盐和尿素等,主要补充营养成分促进发酵进行),对秸秆进行强化厌氧发酵处理。根据不同的预处理秸秆转化目的,预处理添加剂种类各异,如营养性添加剂的使用主要用于牛羊饲料的生产,提高饲料的营养价值和可消化性。如果干秸秆用于生化转化,不同种类 LCB 添加以保证预处理的顺利进行。

(1)预处理添加剂

目前,在饲料领域不同种类预处理添加剂的开发研究主要是为了生产优质的动物饲料。另外,一些商业化添加剂产品(如 LAB、糖、酶制剂、甲酸、丙酸、甜菜浆等)的添加,有助于提高沼气或乙醇等产品的干秸秆转化效率。本文主要讨论 LAB 和碳源添加剂在预处理过程中的使用,实现高效转化干秸秆的目的。

1)预处理微生物 LAB

LAB 类微生物是秸秆预处理过程中的重要菌群,兼具氧性、革兰氏染色阳性和过氧化氢酶阴性特性,可以利用原料中的 WSC 产生乳酸,加快预处理过程进入产乳酸阶段,保证预处理顺利进行。根据形态不同,将 LAB 分为乳酸杆菌和乳酸乳球菌,乳酸杆菌为高度厌氧菌,主要有植物乳杆菌、干酪乳杆菌和短乳杆菌等;乳酸乳球菌为微厌氧菌,主要有粪链球菌、乳酸片球菌和乳酸链球菌等。根据 LAB 发酵形式的不同分为同型乳酸发酵和异型乳酸发酵。

经过糖酵解(glycolysis pathway,EMP)途径,同型乳酸发酵 LAB 转化己糖(如葡萄糖)为乳酸一种代谢产物,不能利用戊糖。异型乳酸发酵 LAB 能同时转化己糖和戊糖为乳酸、乙酸、乙醇和 CO_2 等代谢产物。由于异型发酵过程产生的乙酸酸性弱于乳酸,且产生其他代谢产物,同型乳酸发酵 LAB 使用更加广泛,可降低原料 DM 和能量损失,因此,大部分预处理添加 LAB 为同型乳酸发酵微生物,不过也需要添加异型乳酸发酵 LAB 以提供有氧稳定性和降低产甲烷潜力(biochemical methane potential,BMP)损失。

预处理过程 LAB 接种量一般为 1×10^5 CFU/g DM(CFU,colony forming units,菌落形成单位),该接种量可提供足够的微生物数量以强化乳酸发酵过程,而工业应用中考虑成本因素不需要提高 LAB 接种量。

2)碳源添加剂

酸类物质的产生,尤其是乳酸,是预处理发酵过程中最重要的变化。如果在发酵早期不能够迅速降低 pH 值,不受欢迎的细菌和酵母菌大量繁殖,与 LAB 竞争营养物质,将降低预处理原料快速进入稳定阶段的可能性。为此,预处理早期需要控制发酵过程,迅速降低 pH 值以利于 LAB 大量繁殖,这就需要原料含有一定量 WSC,但是干秸秆中 WSC 含量一般较低。当糖类物质消耗完毕,乳酸发酵过程停止,如果早期乳酸产量低导致 pH 过高,则无法限制腐败菌的生长,预处理过程难以进入稳定阶段,导致预处理失败。因此,预处理早期需要足够的碳源物质，以保证LAB大量繁殖代谢产生酸类物质，从而迅速降低pH值。碳源添加剂（如糖蜜、新鲜苜蓿或甜菜叶）含有丰富的WSC，在厌氧预处理过程中可降低混合原料中的细胞壁成分，尤其是纤维素、半纤维素和木质素含量有利于预处理过程顺利进行。

（2）预处理生物质质量评价

青贮饲料品质评级的规范与发展有助于准确反映饲料的好坏，是提高饲草料品质和发展畜牧业的关键措施之一。青贮饲料品质的品级指标包括感官评定和实验室测定指标两类，感官评定是通过对青贮饲料的气味、结构和色泽等指标进行观测，判断青贮饲料的优劣；实验室测定的指标有pH值、氨态氮和有机酸（乳酸、乙酸、丙酸、丁酸）等，据此判断青贮饲料的发酵品质。

现在常用的青贮料品质鉴定方法有德国农业协会（DLG）评分法费氏（Flieg）评分法、日本V-Score评分法。中国农业部于1996年发布了《青贮饲料质量评定标准（试行）》。2005年Kaiser提出了新的青贮发酵品质标准。以上作为原料青贮发酵品质好坏的鉴定标准，都得到了一定程度的应用。

本文作者结合对干玉米秸秆（dry corn stover，DCS）预处理过程研究，根据青贮饲料的质量评价标准提出了用于生化转化预处理秸秆的质量评价标准，同时可作为秸秆预处理终点的判断指标。

（3）预处理原料感官评定

借鉴青贮饲料感官评定方法，能快速、直观地判断预处理料是否变质。本文作者对DCS进行了外加复合LAB厌氧预处理（图3-18），可以看出贮存4周后，预处理样品无霉变腐烂现象，预处理料色泽呈现黄色，有浓郁的酸香味。

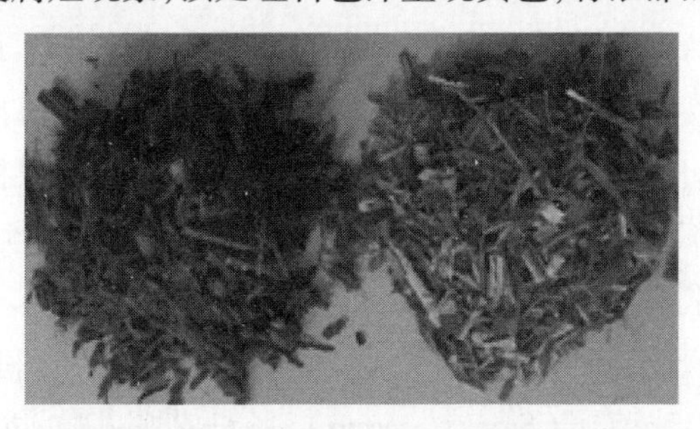

图3-18　原料和预处理料外观形态

1）预处理原料有机酸含量和pH值变化

有机酸含量是决定预处理样品pH值的重要因素，尤其是乳酸含量，乳酸是否为主要发酵产物是能否保证预处理质量的关键因素。作者对外加复合LAB预处理 DCS 过程中的有机酸含量和 pH 值进行了跟踪测定。结果表明,通过4周厌氧处理,预处理料中乳酸、乙酸的含量分别达到 4.32%、2.90%,并趋于稳定,再延长处理时间,两者含量变化不大。预处理过程中代谢产生的丁酸经常被作为预处理腐败的指标。本研究中,预处理 4 周后的预处理料中丁酸的含量只有 0.41%,表明预处理过程没有受到腐败菌的影响。推测原因为当预处理 3 周 pH 值降低至 4.70 以下时,LAB 成为优势菌,丁酸菌受到抑制。预处理 4 周后,随着乳酸和乙酸等有机酸的产生,预处理料的 pH 值由初始 6.71 降低至 4.20,在该 pH 值条件下,发酵基本停止,同时有害微生物(如梭状芽孢杆菌和肠杆菌等)的代谢活动得到抑制。有机酸含量和 pH 值的测定结果可作为预处理结束的判断指标之一。

2)预处理原料可溶性糖含量变化

对外加复合 LAB 预处理 DCS 进行了跟踪检测,预处理过程中微生物活动消耗了原料中部分 WSC(主要是葡萄糖和木糖),游离的葡萄糖和木糖通过发酵产生乳酸、乙酸、丙酸和丁酸等有机酸。预处理过程中产生的有机酸使亲水性较强的半纤维素少量水解。预处理 1 周后,原料水溶物中检测出游离阿拉伯糖(含量为 0.85%),说明原料中的半纤维素有部分水解为阿拉伯糖,半纤维素的降解有利于提高酶制剂或微生物对 DCS 的转化效率。

3)预处理原料细菌多样性分析

只有了解发酵体系的本质,才能更好地调控其过程,得到理想的产物。对生物处理秸秆通过高通量测序,分析微生物多样性和优势菌群有助于了解生物处理过程微生物的变化规律同产物之间的关系,为如何进行生物处理提供依据。

对外加复合 LAB 厌氧预处理 DCS 中的细菌多样性进行了分析(图 3-19)。原料本身带有一定的 LAB 数量,如促进预处理料 pH 值降低的乳球菌属(*Lactococcus*)和乳杆菌属(*Lactobacillus*),相对数目较低不足以在贮藏过程中形成优势菌群,所以在不外加 LAB 的条件下不易于贮藏成功。经预处理后,LAB 数目大大增加,特别是乳杆菌属(*Lactobacillus*),相对丰度达到 34.51%,成为优势菌群。厌氧预处理处理会降低原料中微生物群落的多样性,有利于 LAB 形成优势菌群。未发现葡萄球菌属(*Staphylococcus*),肠杆菌属(*Enterobacter*),蓝藻细菌(*Cyanobacteria norank*)等不利于预处理的微生物,可能是因为预处理料的 pH 值迅速下降,最终降低到 4.10,抑制了一些细菌的生长。

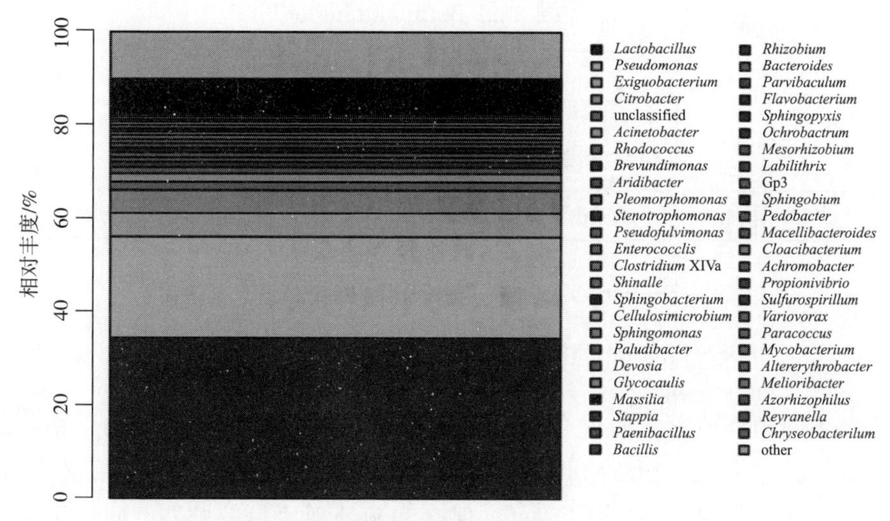

图3-19　预处理料细菌多样性及相对丰度分析

3.2.3　预处理生物质生化转化

秸秆类生物质生化转化面临的一大难题是如何提高秸秆类物质的转化效率。各种不同的生物质由于结构组成和营养不平衡等因素造成转化效率较低。如干秸秆主要成分纤维素、半纤维素和木质素之间存在的共价键使它们紧密结合在一起，进而极大地阻碍了碳水化合物的降解，生化转化过程会出现启动慢、时间长、转化率低等问题，所以预处理就成为木质纤维素转化过程中的必需步骤。

近30年来，针对生物质原料预处理的方法被陆续开发出来，主要有粉碎与研磨、高温处理、碱处理、生物处理和组合预处理等，不同处理方法的效果各异，导致最终的转化效率差异很大。其中大部分预处理方式都是需要添加化学试剂的方法，如加入酸、碱、氨、有机溶剂或离子液体等，且需要一定的高温高压条件（如170~220℃）和相应的特殊反应设备（如蒸汽爆破装置），这造成预处理成本过高，且过程中产生一定量的抑制物（如甲酸、乙酸、糠醛、羟甲基糠醛（5-hydroxymethyl-2-furfural，HMF）等，不利于秸秆类生物质的工业化转化，转化过程如图3-20所示。

传统的预处理方式需要进一步优化以降低成本，减少化学品使用和降低处理强度，以提高预处理生物质可消化性达到高效生化转化生物质的目的。而且，单一的预处理方式不可能适用于所有的生物质形式，针对不同生物质形

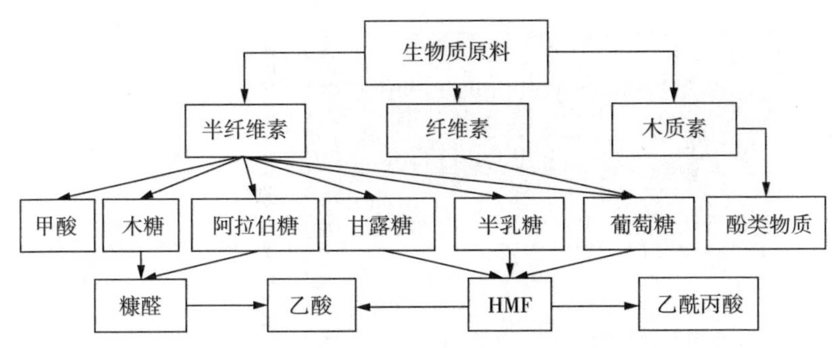

图 3-20　木质纤维原料预处理过程中发生的各种反应及抑制物的形成

式需要不同预处理方式的组合。近年来，国内外研究表明低成本的干秸秆厌氧预处理技术作为生物质生化转化新型预处理方式具有较大的发展潜力，可在一定程度上缓解生物质工厂收集，保存和预处理原料等难题。同传统预处理方式相比，厌氧预处理技术利用微生物的代谢活动破坏生物质的细胞壁结构，过程处理强度低、耗能少，能有效保护纤维素，不产生抑制物，工艺过程对设备要求不高，相应降低了工业投资和运行成本，在生物质转化领域具有较大的利用潜力。

同传统预处理方式相比，厌氧预处理的 LCB 进行生化转化过程(图 3-21)简单、设备投资较少、能耗低、转化率高、抑制物较少、成本低，为生物质转化工业化提供了新的思路和解决方案。

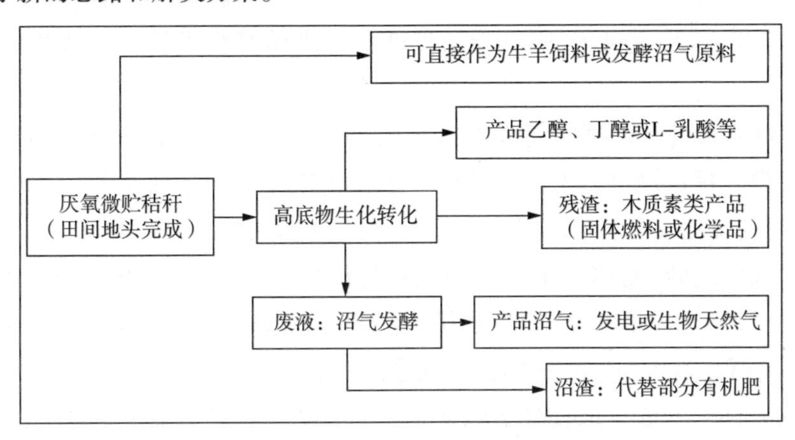

图 3-21　秸秆厌氧预处理的生化转化工艺流程示意图

针对生物质生化转化过程未来的研究热点应该是：

①不同原料的搭配与选择是未来预处理的研究热点，合理运用农业资源及

农产品的副产品,完善预处理技术,提高综合生产效益是未来生物质生化转化研究的重要方向之一。

②对预处理过程中的微生物组学进行研究和调控,针对不同的产品需求进行定向调控。对发酵过程中群体微生物结构与功能、微生物及其代谢机理、微生物新酶及其分子改造进行研究。从基因组学和代谢组学的水平上,解析微生物发酵机制、探索微生物酶蛋白的结构与催化功能的相互关系,提升和改造传统发酵工艺,采用发酵技术和酶技术发掘和延展新的生物制造过程,满足工业生物制造的需求。

③LCB 预处理技术应该由政府、机构或组织进行宣传和推广,在生物质收获的同时在田间地头统一完成预处理过程,缓解木质纤维原料收集和储存问题。

3.2.4　沼气发酵

诸多学者对新鲜作物青贮在沼气生产中的应用做了广泛研究,从作物收获时间、青贮过程、青贮添加剂、青贮周期、粒径大小等角度针对不同作物青贮后的消化产气性能进行了研究,发现作物青贮后能明显提高沼气产量。这主要因为青贮过程中产生的乙酸和乳酸等有机酸是甲烷发酵代谢途径中的重要中间产物,对 LCB 沼气发酵有较大促进作用。

在粮食欠缺的国家,只能使用干秸秆作为原料进行生化转化,但是未经处理的干秸秆原料 BMP 较低,这就给生物质沼气转化带来了挑战。如未经处理的小麦秸秆厌氧消化甲烷产气率为 180~195 mL/g 挥发性固体(volatile solids,VS),相应生物降解率低于 50%。此外,在沼气反应过程中,未经处理原料表面蜡质层疏水性作用可降低发酵原料与微生物的接触面,阻碍原料的分解利用,不利于进出料操作,而预处理方法既能增加原料物料产甲烷潜力(biochemical methane potential,BMP),又能降低原料疏水性。有研究者利用乳酸菌(lactic acid bacteria,LAB)厌氧处理甜菜渣(sugar beet pulp,SBP),可消化性较未处理 SBP 提高 35%(厌氧处理条件为 LAB 接种量:10^4 CFU/g DM;堆积密度:0.46 g/mL)。厌氧处理可降低干物质损失(大约 1%),提高后续厌氧消化甲烷产量,同未处理芦竹相比,厌氧处理可提高甲烷日产量 10%,累积甲烷产量提高 11%。厌氧处理技术可长时间(1 年以上)保存 LCB,并明显提高厌氧消化甲烷产量,节约成本和能源。但是,单纯 LCB 厌氧消化存在碳氮比失衡的问题(秸秆碳氮比接近 70∶1),而厌氧消化的最佳碳氮比为 20∶1~30∶1。混合厌氧消化可以很好地调节单一原料的营养平衡,增强微生物的协同作用,从而提高有机质厌氧转化效率,同时还避免了厌氧消化设施的重复建设。如新鲜甜菜叶和干秸秆混合厌氧预处理具有如下优势:a. 甜菜叶可提供厌氧处理所需水分和 WSC,保证厌氧预处理顺利进行。b. 微生物代谢甜菜叶中 WSC 产生有机酸催化干秸秆酯键降解。c. 干秸秆可吸附甜菜叶中过量汁液,降低废液产生。d. 混合厌氧预处理过程干秸秆表面蜡质层表面被分解,混合预处理前后 BMP 分别从 19%提高到 34%(实验室规模)和 18%提高到 32%(中试规模)。

沼气作为连接农业生产与消费过程的纽带促进了现代循环农业的发展,一方面,加快了农业废弃物的资源利用,减轻了畜禽粪便造成的面源污染,改善了农村环境;另一方面,推动了整个农村经济产业链的发展,如有机肥、生物农药、生物燃料等新兴行业的发展。农业废弃物的利用,特别是秸秆沼气,比生物乙醇和生物柴油具有更高的能源效率和投入产出比。农业废弃物属于木质纤维原料(lignocellulosic biomass,LCB),水解过程是厌氧消化(anaerobic digesters,AD)的限速步骤。为此,大多数工艺通过两相 AD(酸化相+产甲烷相)提高沼气生产效率。两相 AD 为水解酸化细菌和产甲烷细菌创造了良好的生活环境,有利于底物的降解,且酸化产物可直接被产甲烷细菌利用。此外,两相 AD 还提高了发酵过程的安全性,该过程已在欧洲广泛使用。然而,底物水解易受高浓度酸化产物的抑制,同样,其他研究者也报道了类似的结果:过量有机酸不仅反馈抑制酸化相中有机酸和氨氮,而且会破坏产甲烷相的最适条件。因此,有必要对两相 AD 工艺进行优化,不仅要提高底物的水解酸化效率和产气量,还要从实际工业操作的角度改变反应装置,以提高原料适应性和工程稳定性操作。在酸化过程中适当通风可以显著提高木质纤维素的降解效率,增加有机酸的产生,同时加速底物分解,提高产沼气效率,并且还可减少有毒气体(如 H_2S 和 NH_3)的产生。

此外,为了提高降解效率,通常通过物理、化学或者生物强化方法对原料进行预处理,以提高沼气产率。然而,苛刻的预处理条件和化学试剂的使用导致机械能耗和投资成本的增加,而且复杂的处理过程限制了项目的进一步应用。近年来,农业废弃物特别是干秸秆的预处理预处理技术已成为研究的热点,其基本原理是在厌氧条件下利用乳酸菌生物转化可溶性碳水化合物产生大量有机酸(如乳酸,乙酸,丙酸和丁酸),降低原料 pH 值(低于 4.00),杀死或抑制其他有害细菌(如各种好氧腐败细菌和霉菌等),可达到长期保存和预处理的目的。干秸秆原料经过预处理后,干物质(dry matter, DM)损失可低至 1%~5%,可生化降解性能得到提高, 主要是因为非结构碳水化合物的降解降低了 LCB 的生物抗性。预处理可以解决秸秆大规模收集、保存和预处理的问题。与传统物理和化学方法相比,该技术不需要消耗大量能量和回收化学试剂,也不会在反应体系中产生抑制剂。由于在预处理过程中产生大量有机酸,预处理过程可以取代两相 AD 的酸化过程,从而实现单相 AD。

在 AD 过程中,原料不仅用于底物消化,也是厌氧微生物生存的营养来源。原料的特性决定了 AD 时间和沼气产量。AD 是淀粉、蛋白质、脂肪和木质纤维素之间相互协调且限制的代谢过程。原料有机物的种类和数量对 AD 的水解过程、原料利用效率和沼气产量起着决定性的作用。例如,单一 LCB 的 AD 存在碳氮不平衡的问题,因为 LCB 的 C/N 比接近 70∶1,而 AD 的最佳 C/N 比为 20∶1~30∶1;由于猪粪原料 C/N 比低,AD 过程中容易产生氨氮抑制,难以达到 AD 微生物群所需的最佳生长状态;剩余污泥的 AD 过程水解预处理是一个限制步骤,剩余污泥细胞壁结构抑制细胞内可降解物质的水解,因此常规污泥消化通常需要较长的停留时间。为解决上述问题,越来越多的 AD 过程采用多种原料复配进行厌氧共消化,不仅可以有效调节单一原料的营养不平衡问题,还可以提高沼气转化效率。

本节内容以干玉米秸秆(dry corn stover,DCS)为研究对象,深入研究了不同微生物厌氧预处理 DCS 过程中微生物的动态变化及 DCS 成分改变情况。在此基础上,比较分析了 DCS 两相 AD(微好氧酸化+厌氧消化)与预处理 DCS 单相 AD 沼气产量的差异。最后,本节研究了预处理 DCS 和废弃物(猪粪或剩余污泥)单相厌氧共消化沼气发酵效率,以探索农业废弃物资源利用的高效途径。

3.2.4.1 实验原料

干玉米秸秆由河南天冠企业集团有限公司提供,成分分析结果为:总固形物(total solid,TS):87.52%,挥发性固体(volatile solid,VS):82.19%,纤维素(以葡聚糖 glucan 含量计):33.82%,半纤维素(以木聚糖 xylan 含量计):24.99%,总氮(total nitrogen,TN):0.94%,灰分:2.24%。实验中用到的微生物:粪链球菌、发酵乳杆菌、干酪乳杆菌、枯草芽孢杆菌、巨大芽孢杆菌和纳豆芽孢杆菌等由本实验室保藏。

剩余污泥(excess sludge,ES):由郑州市五龙口污水处理厂提供(TS:32.51%,VS:15.51%,纤维素:2.80%,半纤维素:2.07%,TN:4.16%,灰分:17.00%),用塑料桶运送到实验室冷冻保存,使用之前在 85℃ 水浴条件下保温 1 h 后加入发酵装置中进行厌氧消化。

猪粪(pig manure,PM):由南阳市卧龙牧原养殖有限公司提供(TS:31.02%,VS:19.53%,纤维素:11.93%,半纤维素:12.42%,TN:1.90%,灰分:11.49%),用

塑料桶运送到实验室冷冻保存，使用之前在 85℃ 水浴条件下保温 1 h 后加入发酵装置中进行厌氧消化。

3.2.4.2　**实验方法**

(1)干玉米秸秆预处理

预处理容器采用玻璃坛子(见图 3-22)。活化的种子液加入水中混合均匀倒入 1.5 kg DCS 中，搅拌均匀后装入坛子中，控制最终含水量为 30%。预处理实验分 3 组：芽孢杆菌组 DCS-S1(枯草芽孢杆菌：巨大芽孢杆菌：纳豆芽孢杆菌=1：1：1)、混合组 DCS-S2(粪链球菌：发酵乳杆菌：干酪乳杆菌：枯草芽孢杆菌：巨大芽孢杆菌：纳豆芽孢杆菌=1：1：1：1：1：1)和乳酸菌组 DCS-S3(粪链球菌：发酵乳杆菌：干酪乳杆菌=1：1：1，)，每个微生物的接种量为 1.0×10^6 个/g DCS。装填完毕后盖上玻璃碗，在坛子顶部加入适量水密封达到厌氧发酵的目的。发酵时间为 28 d，每隔 7 d 取样进行分析测定。

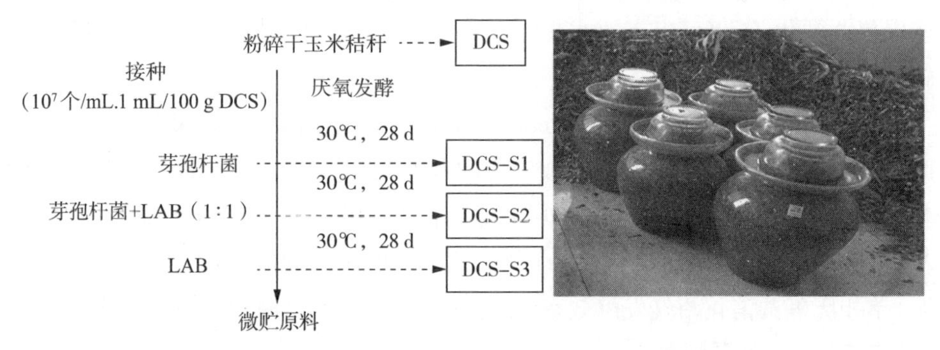

图 3-22　干玉米秸秆预处理过程及取样时间点设置

(2)厌氧消化

本研究共设置 2 个 AD 工艺[图 3-23(A)和(B)]：两相(微好氧酸化相+甲烷相)AD 和单相 AD。

两相 AD 酸化相[图 3-23(A)]：与传统的 AD 不同的是，本实验采用自制微好氧水解酸化装置(酸化罐采用密闭装置，过程中通入空气，维持溶氧浓度接近 1 mg/L)，反应器有效容器为 5 L。实验原料为 DCS，酸化相固形物浓度为 8%TS，采用 AD 罐放出的过滤沼液配料。每天间歇机械搅拌(50 r/min 开启 20 min，关闭 20 min，循环)使反应体系混合均匀。酸化相温度为(35±2)℃，周期为 2 d(每一批次加料 120 g 绝干原料)。酸化结束后，取出酸化液总量 80%加入 AD 罐发酵沼气，余下 20%作为下一批次酸化接种物。

两相 AD 甲烷相[图 3-23(A)]：本实验厌氧消化反应器为实验室自制反应

装置,反应器体积为 100 L,反应器内温度为(45±2)℃,整个消化试验采用半连续方式。反应每隔 2 d 加入酸化液,放出等量沼液,采用 100 目筛网过滤后的液体用于酸化配料(沼渣烘干)。每日通过空气流量计读数记录沼气产量,并定时取样进行 CH_4 含量分析。

单相 AD[图 3-23(B)]:本实验厌氧消化反应器为实验室自制反应装置,反

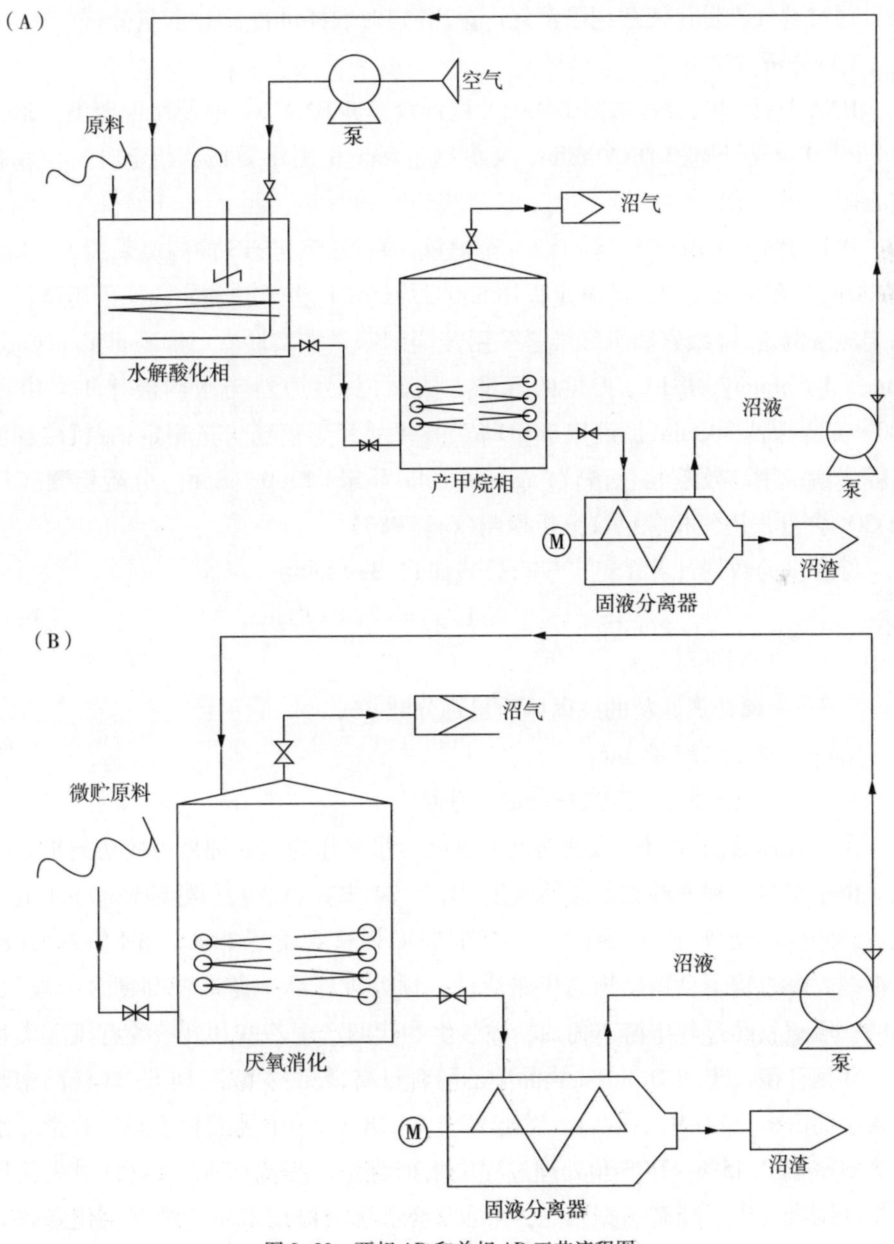

图 3-23　两相 AD 和单相 AD 工艺流程图

应器体积为 100 L,反应器内温度为(45±2)℃,整个消化试验采用半连续方式。反应每隔 2 d 加入预处理 DCS[或预处理 DCS+ES/PM 混合物进行厌氧共消化,每一批次加料 120 g 绝干物料。其中,预处理 DCS : ES=6 : 1(绝干质量比);预处理 DCS : PM=4 : 1(绝干质量比),目的为平衡混合原料 C/N],提前放出等量沼液,采用 100 目筛网过滤后的液体用于配料(沼渣烘干),固形物浓度为 8%TS。每日通过空气流量计读数记录沼气产量,并定时取样进行 CH_4 含量分析。

(3)分析方法

DNA 具体提取过程参照 OMEGA 试剂盒 Soil DNA Kit 的使用说明书。通过 Qubit 3.0 荧光计监测 DNA 浓度。文库制备和上机测序委托苏州金唯智生物科技有限公司完成。

DM 的测定采用 105℃烘干 3 h 至恒重,差重法测定;TS 的测定采用 105℃烘干 24 h,差重法测定;VS 的测定采用 550℃灼烧 4 h,差重法测定;TN 采用微量凯氏定氮法测定;纤维素和半纤维素采用美国国家重点实验室(National Renewable Energy Laboratory,NREL)提供的标准方法测定;将原料与水固液比 1 : 10 于 100 r/min 振荡 30 min,滤液用于 pH 值、有机酸和游离糖含量测定;有机酸和游离糖含量采用高效液相色谱仪(agilent technologies 1260 infinity)分析检测;CH_4 和 CO_2 含量采用气相色谱仪分析检测(GC 7980)。

综合试验数据计算 TS 产气率,公式如式(3-1)所示。

$$\text{TS 产气率(mL/g)} = V/(X \times TS) \tag{3-1}$$

式中:X——原料质量,g;

TS——预处理原料的总固体质量百分数,%;

V——累积产气量,mL。

3.2.4.3 预处理干玉米秸秆成分分析

预处理样品的 pH 值、发酵时间和乳酸含量可作为预处理是否成功的重要指标。由于发酵过程乳酸和乙酸的产生[图 3-24(B)、(C)],预处理样品 pH 值呈现逐渐降低的趋势[图 3-24(A)],特别是 DCS-S2 在发酵 28 d 后 pH 值为 4.08,可抑制发酵过程不良微生物的代谢活动。预处理样品中游离葡萄糖含量较低,说明在厌氧发酵过程中游离葡萄糖被微生物代谢产生乙酸和乳酸等有机酸类物质。芽孢杆菌发酵组 DCS-S1 样品中乙酸含量高,乳酸发酵组 DCS-S3 样品中乳酸含量高[图 3-24(B)、(C)]。发酵 28 d 后,DCS-S3 中乳酸和乙酸的含量分别为 3.60%和 0.45%。DCS 预处理过程中木糖含量的提高[图 3-24(D)]表明原料半纤维素发生了降解。据报道,半纤维素水解可提高木质纤维素生化降解效率，因此，预处理可作为一种潜在的纤维原料预处理方法。对 DCS 进行预处理，需要 28 d 的处理时间才能达到稳定，因此本文采用预处理 28 d 的样品进行后续 AD 实验。

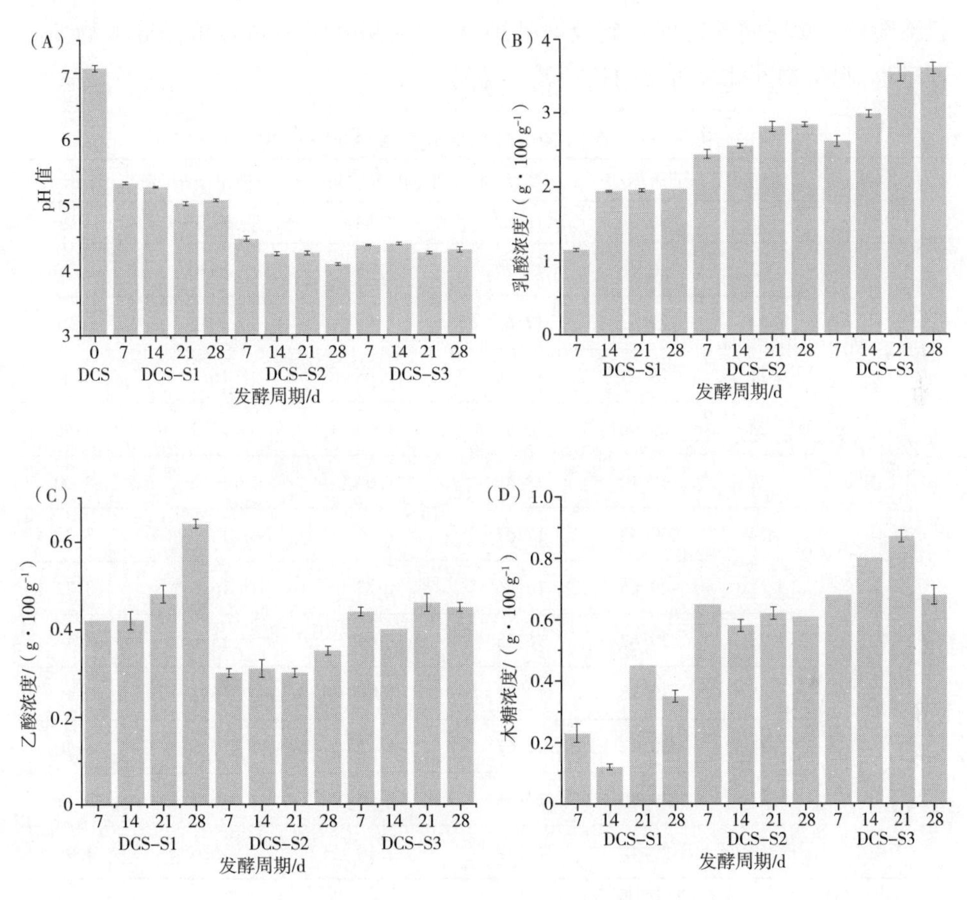

图 3-24　DCS 预处理过程物化性质分析

目前，由于季节性因素，生物质工厂收集到秸秆的存储方式一般为干储存，在干储存过程中要综合考虑降雨量、平均主导风向等气象因素，但室外储存过程干物质损失大，且需要较大的场地堆放秸秆，秸秆容易霉变和起火，因此采用温和条件下的生物预处理方式（预处理）是十分必要的。由表 3-11 结果可以看出预处理对结构性碳水化合物纤维素（以葡聚糖 glucan 计）含量影响较小，说明预处理过程可以有效保存 DCS。半纤维素（以木聚糖 xylan 计）和木质素（酸溶木质素（acid soluble lignin，ASL）和酸不溶木质素（acid insoluble lignin，AIL））有适量降解，主要可能是物料可消化性高于干储存的原因，对原料后续生化转化也能起到一定的预处理作用。

另外,有人认为生物处理方式需要几周时间才能够达到预期效果,跟传统预处理方式相比时间较长。然而,生物质工厂在收集秸秆的过程中有堆放需求,原料不会在较短时间就能够得到及时处理,因此如果在堆放过程中完成生物预处理过程,则生物预处理时间的长短就不是问题。

表 3-11 DCS 预处理前后主要成分变化情况

类别	时间/d	葡聚糖/%	木聚糖/%	酸不溶木质素/%	酸溶木质素/%	灰分/%
DCS	0	30.19	18.63	1.83	19.23	3.24
DCS-S1	7	30.66	17.27	1.78	18.0	3.33
	14	29.93	17.63	1.71	18.5	3.22
	21	29.11	16.35	1.66	15.8	3.07
	28	29.06	16.61	1.66	12.7	3.96
DCS-S2	7	30.12	18.40	1.60	19.6	3.00
	14	30.48	17.47	1.55	18.0	3.02
	21	29.65	16.86	1.72	16.2	3.72
	28	29.62	16.15	2.05	15.6	3.16
DCS-S3	7	30.78	18.01	1.80	16.3	3.40
	14	30.02	17.67	1.75	16.8	3.46
	21	29.96	17.66	1.96	16.2	3.12
	28	29.42	17.80	2.10	15.6	3.95

注:结果数据为 3 个平行的平均值。

3.2.4.4 预处理干玉米秸秆细菌群落结构分析

就相对丰度而言,变形菌门(Proteobacteria)、厚壁菌门(Firmicutes)、放线菌门(Actinobacteria)和拟杆菌门(Bacteroidetes)是所有样品中主要门类[图 3-25(A)]。在 DCS-S1 样品中,变形菌门最丰富,相对丰度达到 89.37%。厚壁菌门在 DCS 样品中的含量(0.14%)远低于样品 DCS-S3(32.71%)。相比之下,DCS 中拟杆菌门相对丰度(12.53%)比 DCS-S2(1.99%)高。

在属水平上[图 3-25(B)],泛菌属(*Pantoea*)是所有样品中最丰富的分类属,范围为 19.16% ~ 23.21%。DCS - S3 中优势微生物鉴定为肠球菌(*Enterococcus*),其相对丰度为 35.47%,而在 DCS 中相对丰度仅为 0.14%,表明接种的 LAB 可促进肠球菌的增殖。在预处理过程中，特别是在发酵早期，肠球菌能降低原料 pH 值并增加乳酸的量。在低 pH 值，特别是 4.00 以下，可避免腐败微生物的繁殖代谢，预处理过程接近停止。香农多样性指数（Shannon index）结果表明：细菌群落的多样性从 DCS 的 3.787 提高到 DCS-S1 的 3.983，但 DCS-S2（3.670）和 DCS-S3（3.368）的细菌多样性下降，主要是由于发酵后期 LAB 成为优势菌群，抑制了其他细菌的生长繁殖。乳杆菌属在 DCS 中为 0.00%，但在 DCS-S2 中显著增加至 14.76%，高于 DCS-S3 中的 7.66%。因此，通过添加混合 LAB 和芽孢杆菌比单独添加 LAB 可以更多地增加乳酸杆菌数量。寡养单胞菌（*Stenotrophomonas*）（17.34%）和鞘氨醇杆菌（*Sphingobacterium*）（11.61%）是 DCS 的主要属，但它们在预处理样品中相对丰度降低。在 DCS 中未检测到芽孢杆菌，虽然在 DCS-S1 和 DCS-S2 中有所添加，但预处理 DCS-S1 中芽孢杆菌的丰度较低（0.02%）。

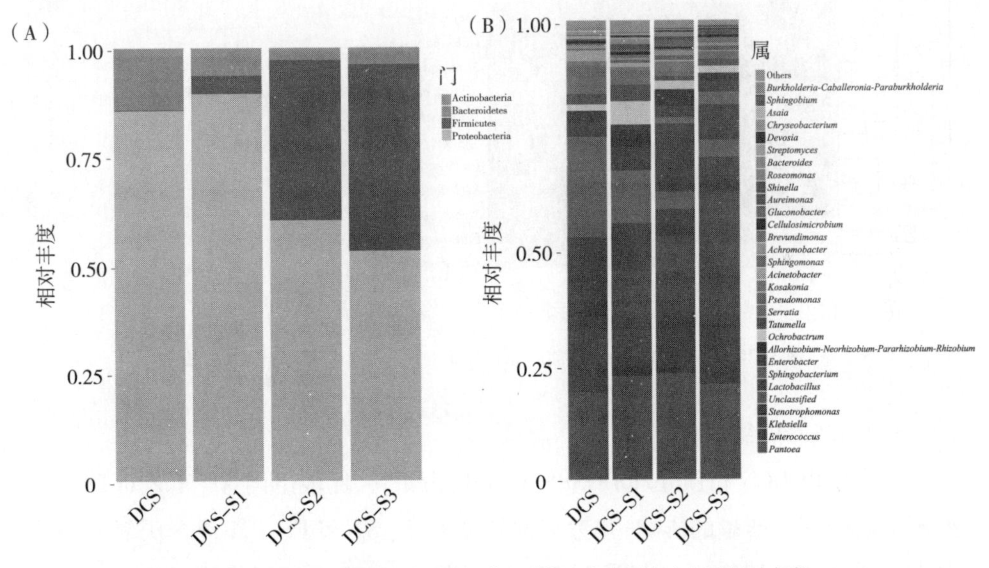

图 3-25　DCS 预处理前后原料细菌组成门（A）和属（B）水平相对丰度

基于细菌 OTU 相对丰度的相似性分析结果表明（图 3-26）：所有样品可以分成两类，一类由 DCS 和 DCS-S1 样本组成。另一类由 DCS-S2 和 DCS-S3 样本组成。这种分类与预处理接种物是否添加 LAB 一致。因此，预处理通常依靠微生物（主要是 LAB）将生物质中的可溶性碳水化合物（water soluable carbohydrate, WSC）转化为有机酸[图 3-24（B）]。有机酸的产生将原料的 pH 值降低到 4.00 以下[图 3-34（A）]，抑制了其他微生物的生长，从而有效保存生物质。

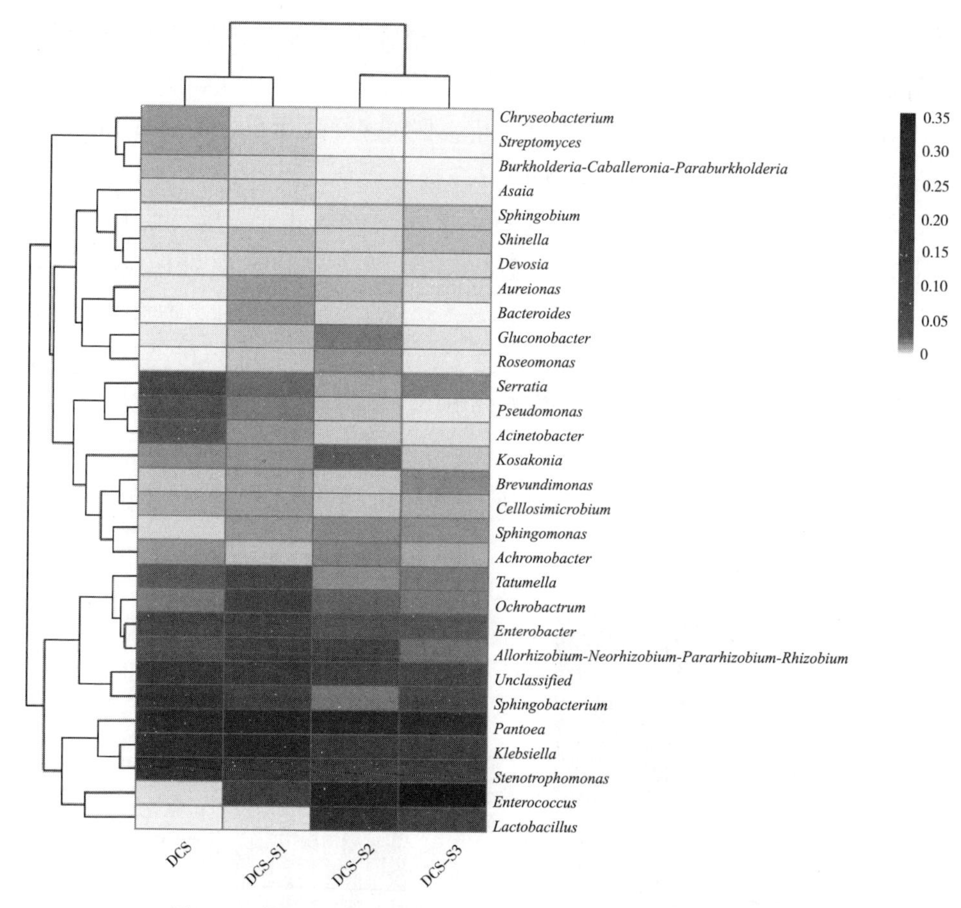

图 3-26　基于 DCS 预处理前后原料细菌 OTUs 相对丰度的相似性分析

3.2.4.5　厌氧消化

本实验以 DCS 和预处理 DCS-S3(28 d)为原料,比较不同 AD 工艺对 DCS 预处理前后的沼气产量的影响,并考察预处理 DCS-S3 和 ES/PM 混合厌氧共消化对发酵沼气的提高作用。由图 3-27(A)结果可知,DCS 经过微贮后产生适量有机酸(特别是乳酸和乙酸)作为甲烷的前体物质,可以取代两相 AD 的酸化过程,原料沼气产气率有了一定程度的提高;微贮 DCS 和废弃物(ES/PM)厌氧共消化可有效缓解单一原料 AD 过程中 C/N 不平衡问题,有效提高沼气产率。由图 3-27(B)结果可知,采用两相(微好氧酸化相+甲烷相)厌氧消化工艺对 DCS 进行沼气发酵,原料累积产气量为 292.06 mL/g TS,可超过传统玉米秸秆完全混合式厌氧反应器(continous stirred tank reactor,CSTR)沼气发酵水平。主要原因是微好氧酸化过程中通气有利于木质纤维素成分的快速降解。有报道指出,水解酸化细菌在通气条件下可分泌大量纤维素酶，而在厌氧环境中，水解细菌产酶能力下降，且易受到反馈抑制的影响，分解率降低。

DCS 预处理可以取代两相厌氧消化过程中的酸化过程，并对 DCS 起到一定的预处理作用。预处理 DCS 单相 AD 结果表明原料累积产气率可达到 411.46 mL/g TS，较 DCS 两相 AD 提高了 40.88%。

提高反应器性能和稳定性的一种策略是多底物厌氧共消化。本文将预处理 DCS 和 ES/PM 按照一定比例混合进行单相厌氧共消化，累积沼气产量分别达到 500.97 mL/g TS 和 599.39 mL/g TS[图 3-27(B)]，较单一原料 AD 有明显提高。因此，有机废弃物(含氮量高)和 LCB(含碳量高)共同厌氧共消化是平衡底物成分的有利策略。重要的是，两种容易获得的低成本原料含有互补的 C 和 N 含量，使其成为 AD 和可再生能源生产的理想底物。将 DCS、ES 和 PM 混合厌氧共消

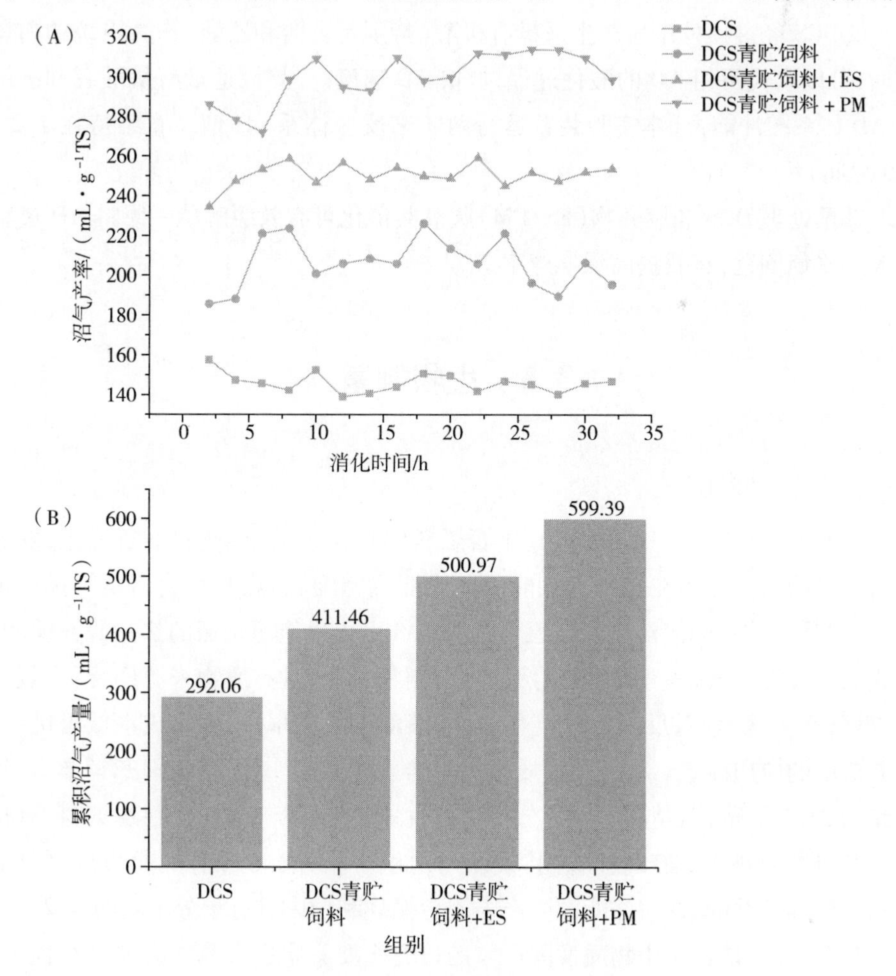

图 3-27 原料产气率和累积沼气产量统计

化可以突破欧盟国家用带穗玉米秸秆青贮作为主要原料的局限，且使用于秸秆和各种有机废弃物，适合中国国情，对彻底解决焚烧秸秆、剩余污泥填埋及畜禽粪便面源污染问题有重要意义。

3.2.4.6 结论

通过对 DCS 进行预处理，研究了不同接种微生物组合对原料的主要成分影响及预处理样品的细菌多样性分析，比较了 DCS 两相 AD 及预处理 DCS 单相 AD 在沼气产量上的差异，探讨了预处理 DCS 和 ES/PM 混合厌氧共消化对沼气产率的提高作用，得出如下主要结论：

①预处理可以作为秸秆沼气发酵的有效预处理方式之一。不同微生物组都能达到相应的预处理效果，只是原料中的代谢产物（如乳酸、乙酸等）含量不同，比较发现 LAB 是较适合的接种物，有利于产生有机酸降低体系 pH 值。

②DCS 经过预处理后产生适量有机酸（特别是乳酸和乙酸）作为甲烷的前体物质，可以取代两相 AD 的酸化过程，加快 AD 速度。另外，适量有机酸有利于维持 AD 体系缓冲能力（本实验装置运行两年来反应体系 pH 值一直维持在 7.2~7.5 之间）。

③预处理 DCS 和废弃物（ES/PM）厌氧共消化可有效缓解单一原料 AD 过程 C/N 不平衡问题，有效提高沼气产率。

3.3 生物制氢

3.3.1 概述

随着人们对能源需求的增长，化石燃料的日益枯竭，环境的不断恶化，发展可持续的清洁能源势在必行。氢能因其高能量密度、燃烧产物无污染等优点被认为是“最有前景的清洁能源”，已然成为当今可再生能源领域的热点研究课题。而厌氧暗发酵制氢是一种比较成熟的生物制氢方法，具有底物来源广泛、产氢稳定性好、产氢速率高、反应条件温和、发酵细菌生长速率快、生长成本低等优势，具有广泛的应用前景。秸秆类物质作为生物质能源的一种，在我国产量丰富，年产量约 21.6 亿吨，但是其中大部分都是被就地焚烧，少部分用作牲畜饲料、有机堆肥和造纸原料，污染环境且利用率低。因此，将秸秆类物质作为暗发酵制氢的底物是极其合适的，在清洁能源生产与资源循环利用中具有十分重要的意义。

目前，关于秸秆类生物质发酵产氢的研究主要集中在产氢能力或可行性上，因此有必要对秸秆发酵产氢过程的影响因素进行更细致地优化及研究。张雪松等对预处理后稻草厌氧产氢的几种主要影响因素进行了试验研究；李永峰等发现 K_2HPO_4 对 *Biobydrogenbacterium R*3 sp. nov. 的生长及产氢效能有促进作用，对培养基的 pH 有良好的维持作用；孙学习等研究表明影响玉米秸秆厌氧发酵制氢因素主要有温度、pH、底物浓度、底物停留时间、搅拌转速等；Xu 等发现反应体系磷酸盐的浓度能显著影响 *E. harbinenseB*49 的生长和产氢，当磷酸盐浓度为 50 mmol/L 时，产氢潜能最大，为 108.54 mmol/L。Fang 等以葡萄糖为基质，在不同 pH 条件下中温厌氧发酵，发现在 pH 为 5.5 时葡萄糖利用率最高，产氢速率可达 2.1 mmol/L。文献中的研究多是纯糖类或是经过预处理的底物的生物质产氢研究。为了提高厌氧产氢微生物的累积产氢量，可以预处理底物，但是不适用于工厂的大规模生产，并且环境污染和经济成本的问题都是需要考虑的。因此研究未经预处理的秸秆类生物质厌氧产氢就对生物制氢的工业化发展有着重大的意义。

3.3.2　玉米秸秆暗发酵产氢研究

本节采用未经预处理的玉米秸秆作为厌氧发酵产氢的唯一碳源，牛粪作为混合菌种的来源，在温度为(37±1)℃的条件下，采用单因素实验对影响玉米秸秆发酵产氢的关键参数进行优化，并对最优条件下菌群降解玉米秸秆发酵产氢过程进行考察，以期为玉米秸秆等农业有机废弃物的发酵产氢研究提供一定的参考经验。

3.3.2.1　实验原料

主要实验试剂：氯化亚铁、氯化钠、浓硫酸、碳酸氢铵、磷酸氢二钠、磷酸二氢钾、二水氯化钙、蔗糖，均为分析纯，购自天津市科密欧化学试剂有限公司；七水合硫酸镁、七水合硫酸锰、二水钼酸钠、七水合亚硫酸铁、L-半胱氨酸，均为分析纯，购自上海麦克林生化科技有限公司；高纯氮气(99.99%)，购自郑州念龙商贸有限公司。

主要实验仪器：FW100 型高速万能粉碎机，购自天津市泰斯特仪器有限公司；THZ-82B 型气浴恒温振荡器，购自江苏金怡仪器科技有限公司；Agilent7890B 气相色谱仪，购自美国安捷伦公司；ME-204/02 型天平，购自上海舜宇恒平科学仪器公司；S20145927 型电热鼓风干燥箱，购自上海一恒科学仪器有限公司；M1-L213B 型美的微波炉，购自广东美的厨房电器制造有限公司。

(1)菌种

选用牛粪作为混合菌种的来源,牛粪取自新郑养牛场,为了抑制甲烷菌的活性,需要对牛粪进行预处理。本研究采用的菌源预处理方法是按牛粪与水的质量比为1∶2,进行微波加热处理5 min。

(2)底物

本实验所选用的产氢原料为取自河南开封农田里的玉米秸秆,自然风干后粉碎,过100目筛后密封保存备用。

(3)培养基

产氢菌富集培养基:葡萄糖,10 g/L ;蛋白胨,4 g/L;KH_2PO_4,1 g/L;K_2HPO_4,1 g/L;秸秆,0.5 g/L;L-半胱氨酸,0.5 g/L;NaCl,3 g/L;$MgCl_2$,0.1 g/L;$FeSO_4 \cdot 7H_2O$,0.1 g/L;自然 pH。

(4)营养液

营养液组成(g/L):$FeCl_2$,0.00278;NaCl,0.01;$MgSO_4 \cdot 7H_2O$,0.1;$CaCl_2 \cdot 2H_2O$,0.01;$Na_2MoO_4 \cdot 2H_2O$,0.01;$MnSO_4 \cdot 7H_2O$,0.015;自然 pH。

3.3.2.2 产氢菌富集培养

称取一定量的牛粪与水混合,放在微波炉里加热5 min后用筛子过滤得菌悬液,冷却后加入产氢富集培养基,之后充氮气,封铝盖,在气浴恒温振荡器中进行厌氧发酵培养,控温(37±1)℃、转速150 r/min。培养液每隔一定时间间隔测定氢气含量,在产氢菌生长对数前期时停止发酵,作为接种液用于后续实验接种。

3.3.2.3 秸秆发酵产氢

向批式发酵瓶中加入固定秸秆质量浓度为15 g/L,氮源NH_4HCO_3质量浓度为1 g/L,KH_2PO_4质量浓度1 g/L,营养液质量浓度为10 mL/L,L-半胱氨酸质量浓度为0.5 g/L,发酵液初始pH为6.5。按10%(体积分数)的接种量将富集过的种子液接入到批式产氢发酵瓶中,充N_2以排空发酵瓶中氧气,达到厌氧发酵的目的。接着放在恒温振荡器中,控温(37±1)℃、转速150 r/min,进行厌氧发酵产氢实验,每隔一定时间测定氢气含量并记录,直至发酵结束。

通过前述实验方法,对秸秆发酵产氢参数进行优化,通过改变氮源质量浓度(0.5、1、2、3 g/L)、KH_2PO_4质量浓度为(0、0.5、1、2、3 g/L)、营养液质量浓度(2、4、6、8、10、12 mL/L)、秸秆质量浓度(5、10、15、20、25 g/L)、发酵液初始pH(5、6、6.5、7、8)来探讨不同工艺参数对玉米秸秆产氢性能的影响。

(1)磷酸二氢钾质量浓度对秸秆发酵产氢的影响

在秸秆质量浓度为15 g/L、NH_4HCO_3质量浓度1 g/L、营养液质量浓度为

10 mL/L、(37±1)℃和 150 r/min 的转速下考察 KH_2PO_4 质量浓度(0、0.5、1、2、3 g/L)对秸秆发酵产氢的影响,得到结果如图 3-28 所示。

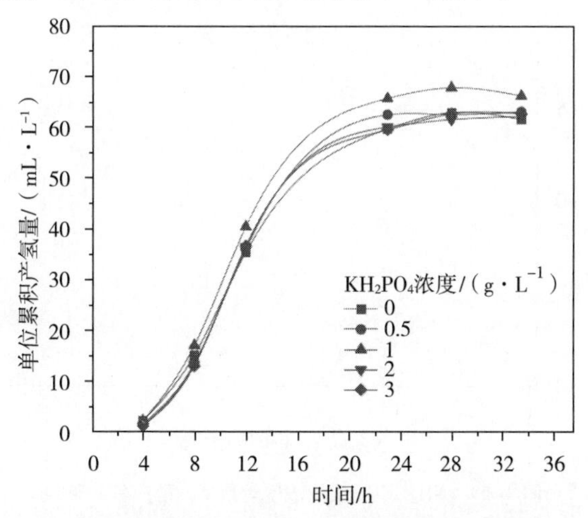

图 3-28　KH_2PO_4 质量浓度对秸秆发酵产氢的影响

磷酸二氢钾对于微生物生长主要提供了磷元素和钾元素,磷对于微生物的生长是必需的,是生命体所需的大量元素,在微生物的生长代谢繁殖中扮演着重要的角色。钾元素在微生物细胞的体内主要以 K^+ 的形式存在,主要存在于微生物细胞的周质空间,维持一定范围的渗透压,这对于微生物的正常生理代谢很重要。另外有研究表明磷酸二氢钾在一定的浓度下可以维持发酵醪液的 pH。因此,考察 KH_2PO_4 浓度对秸秆发酵产氢的影响是很有必要的。由图 3-28 分析得到,当发酵进行到 28 h 时整体的累计产氢量达到最大值,KH_2PO_4 的质量浓度增加到 1 g/L 时,牛粪混合菌群的产氢量最高达到 66.41 mL/g。之后再增加 KH_2PO_4 质量浓度,产氢量开始下降,说明浓度过高并不利于氢气的积累。原因可能是当磷酸二氢钾浓度过高时,不仅对菌种的代谢产氢起到抑制作用,还会影响底物水平磷酸化的过程,造成三磷酸腺苷不能正常产生,从而导致产氢作用被抑制。因此,选择磷酸二氢钾质量浓度为 1 g/L,此时发酵产氢的促进效果最好,产氢量最大为 66.41 mL/g。

(2)氮源 NH_4HCO_3 质量浓度对秸秆发酵产氢的影响

在秸秆质量浓度为 15 g/L、KH_2PO_4 质量浓度 1 g/L、营养液质量浓度为 10 mL/L、(37±1)℃和 150 r/min 的转速下考察 NH_4HCO_3 质量浓度(0.5、1、2、3 g/L)对秸秆发酵产氢的影响,得到结果如图 3-29 所示。

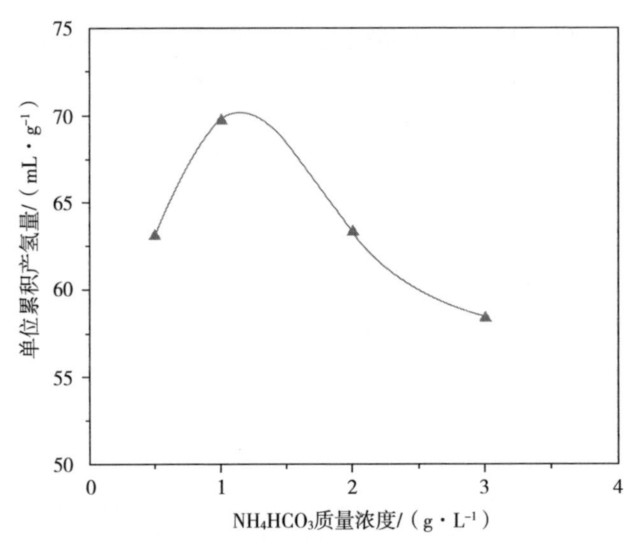

图 3-29 NH_4HCO_3 质量浓度对秸秆发酵产氢的影响

氮源是微生物能量代谢、产物代谢与繁殖所需的重要养分。对于牛粪混合菌群来说，有机氮源相较于无机氮源的效果好，有机氮源例如酵母膏、蛋白胨等对于微生物来说是速效氮源，而氨水、碳酸氢氨等对于微生物是迟效氮源。但是有机氮源的成本是非常高的，对于以后的工业化大规模发酵产氢肯定是不适用的，因此本试验采用廉价的无机氮源。从图 3-29 看出当无机氮源 NH_4HCO_3 的质量浓度为 0.5~1 g/L 时，牛粪混合菌群发酵产氢量是随着 NH_4HCO_3 浓度的增加而快速增加的，并且在 1 g/L 时达到最高值 69.7 mL/g。当继续增加氮源浓度时，产氢量不增反而减少，可能原因是高浓度的碳酸氢铵在发酵过程中会产生较多的 CO_2，而高浓度的 CO_2 可能会对牛粪混合菌的生理代谢活动产生不利影响。

(3)发酵液初始 pH 对秸秆发酵产氢的影响

在控制秸秆浓度为 15 g/L、氮源质量浓度为 1 g/L、KH_2PO_4 质量浓度为 1 g/L、营养液质量浓度为 10 mL/L、(37±1)℃和 150 r/min 的转速下考察发酵液初始 pH(5、6、6.5、7、8)对于牛粪混合菌群厌氧发酵秸秆产氢的影响，得到结果如图 3-30 所示。

发酵初始 pH 是影响产氢过程的重要因素之一，酸碱度不同会影响微生物细胞膜的电荷，进而影响其对营养物质的吸收，pH 还会影响微生物代谢过程中酶的活性。由图 3-30 看出，当发酵初始 pH 为 5 时，单位质量累积产氢量较低为 31.5 mL/g，当发酵初始 pH 为 6 时，单位质量累积产氢量有较大提高，达到 64.9 mL/g。随着 pH 的继续增大，发酵产氢量开始下降，可能原因是发酵初始

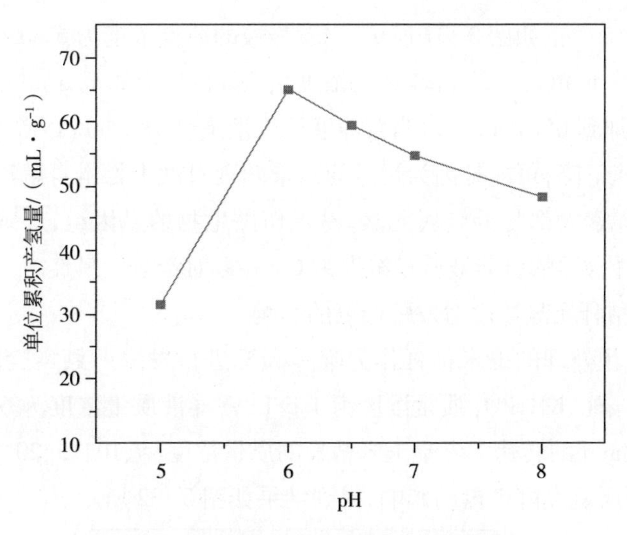

图 3-30　初始 pH 对秸秆发酵产氢的影响

pH 过高会对微生物的生长代谢过程有抑制作用。本次实验得出用牛粪堆肥混合菌源发酵秸秆产氢的最适 pH 为 6。

(4)营养液质量浓度对秸秆发酵产氢的影响

在秸秆质量浓度为 15 g/L、氮源质量浓度为 1 g/L、KH_2PO_4 浓度为 1 g/L、(37±1)℃和 150 r/min 的转速下考察营养液浓度(2、4、6、10、12 mL/L)对于秸秆发酵产氢的影响，得到的结果如图 3-31 所示。

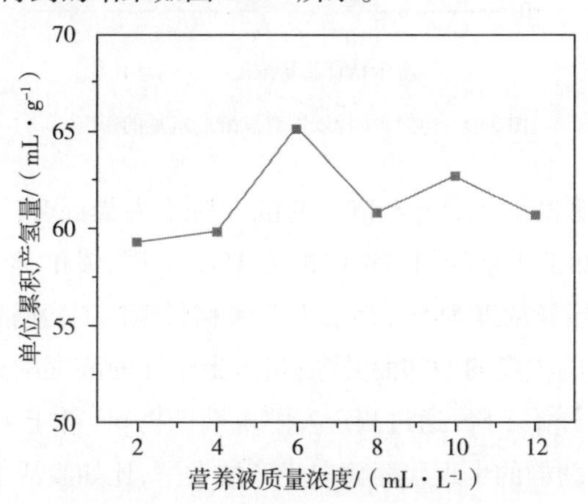

图 3-31　营养液质量浓度对秸秆发酵产氢的影响

营养液主要的作用就是为微生物提供生命活动中所必需的微量元素，比如 Fe、Mg、Mo、Mn 等元素，这些微量元素是通过影响微生物胞内酶的活性而影响微生物的生命活动。正如图 3-31 所示,当营养液的质量浓度为 6 mL/L 时,产氢量达到最大的 65.1 mL/g。当营养液的浓度由 2 mL/L 增加至 6 mL/L 时,产量由 59.3 mL/g 增加到 65.1 mL/g。当营养液的质量浓度由 6 mL/L 增加到 12 mL/L 时,产氢量迅速下降,可能是因为过量的微量元素对微生物本身就产生了毒副作用,这些微量元素大都是重金属元素,易损伤微生物的基因组,导致代谢活动降低。因此,选择合适的营养液质量浓度为 6 mL/L 时产氢量最佳。

(5)底物秸秆质量浓度对发酵产氢的影响

采用未经预处理的玉米秸秆作为唯一碳源进行发酵产氢实验,在控制氮源质量浓度为 1 g/L、KH_2PO_4 质量浓度为 1 g/L、营养液质量浓度为 6 mL/L、(37±1)℃和 150 r/min 的转速下考察玉米秸秆的质量浓度(5、10、15、20、25 g/L)对于牛粪混合菌群厌氧发酵产氢的影响,得到结果如图 3-32 所示。

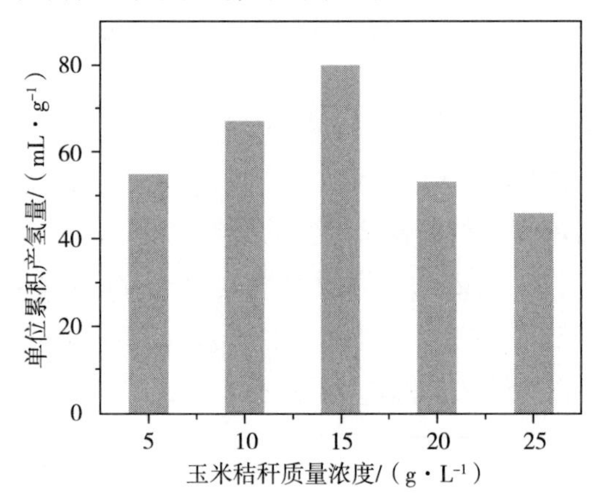

图 3-32 秸秆质量浓度对发酵产氢量的影响

图 3-32 直观地表示出了玉米秸秆的浓度对于牛粪混合菌群厌氧发酵的影响。由图 3-32 可知玉米秸秆的质量浓度为 15 g/L 时,发酵体系的产氢量最大,为 79.8 mL/g。在质量浓度为 5 ~15 g/L 玉米秸秆范围时,血清瓶发酵体系的产氢量随着玉米秸秆的浓度的增加而升高;当玉米秸秆的浓度质量超出 15 g/L 后,发酵体系的产氢量开始下降,通过测定发酵末端产物 pH 低于 4.0,有可能是过高的碳源浓度使混合菌群的生理代谢偏向于产酸发酵,比如激活了菌群部分细菌的乙酸型或者是丁酸型代谢路径,使整个末端发酵液体系偏酸,从而使产氢气的梭菌和芽孢杆菌的生理代谢活动受到抑制。因此,为微生物提供较高浓度的底物,产氢量不一定会增加,因此选择合适的底物浓度对微生物发酵产氢是很有必要的。综上,我们选择 15 g/L 的秸秆质量浓度,此时产氢量达到最大值 79.8 mL/g。

3.3.2.4　结论

①在前期实验研究的基础上确定了发酵条件，通过单因素优化实验进一步确定最佳的秸秆发酵产氢工艺条件为：15 g/L 的玉米秸秆质量浓度、NH_4HCO_3 质量浓度为 1 g/L、KH_2PO_4 质量浓度为 1 g/L、营养液质量浓度为 6 mL/L、初始 pH 为 6，在(37±1)℃和 150 r/min 的转速下，获得最大累积产氢量、最高产氢速率和最大氢质量浓度分别为 79.8 mL/L、9.4 mL/(g·h)和 40.6%。

②本实验采用的是未经预处理的玉米秸秆作为唯一碳源，与其他研究相比，不需要底物预处理既节省了成本又减少了环境的污染，并且获得了较高的累积产氢量，具有较高的研究潜力。

参考文献

[1]吴文韬，鞠美庭，刘金鹏，等. 青贮对柳枝稷制取燃料乙醇转化过程的影响[J]. 生物工程学报，2016，32(4):457-467.

[2]高凤芹. 柳枝稷发酵产甲烷过程中纤维素降解机制及微生物多样性变化[D]. 北京:中国农业大学,2015.

[3]SULTANA A, KUMAR A. Optimal configuration and combination of multiple lignocellulosic biomass feedstocks delivery to a biorefinery[J]. Bioresource Technology, 2011, 102(21):9947-9956.

[4]RICHARD T L. Challenges in scaling up biofuels infrastructure [J]. Science, 2010, 329(5993):793-796.

[5]ZHENG Y, YU C, CHENG Y S, et al. Effects of ensilage on storage and enzymatic degradability of sugar beet pulp [J]. Bioresource Technology, 2011, 102(2):1489-1495.

[6]WAN C X, LI Y B. Microbial pretreatment of corn stover with *Ceriporiopsissu bvermispora* for enzymatic hydrolysis and ethanol production [J]. Bioresource Technology, 2010, 101, 6398-6403.

[7]WAN C X, LI Y B. Microbial delignification of corn stover by *Ceriporiopsissu bvermispora* for improving cellulose digestibility [J]. Enzyme and Microbial Technology, 2010, 47:31-36.

[8]ZHENG Y, ZHAO J, XU F Q, et al. Pretreatment of lignocellulosic biomass for enhanced biogas production [J]. Progress in Energy and Combustion Science,

2014, 42(1):35-53.
[9]XU C, MA F, ZHANG X, et al. Biological pretreatment of corn stover by *Irpex lacteus* for enzymatic hydrolysis[J]. Journal of Agricultural and Food Chemistry, 2010, 58(20):10893-10901.
[10]DIAS A A, FREITAS G S, MARQUES G S, et al. Enzymatic saccharification of biologically pre-treated wheat straw with white-rot fungi[J]. Bioresource Technology, 2010, 101(15):6045-6050.
[11]杨旭, 常春, 李洪亮, 等. 干玉米秸秆与废弃物混合微贮及半连续发酵产沼气能力分析[J]. 高校化学工程学报, 2017, 31(4):899-905.
[12]WU W T, JU M T, LIU J P, et al. Effect of ensilage on bioconversion of switchgrass to ethanol based on liquid hot water pretreatment [J]. Chinese Journal of Biotechnology, 2016, 32(4):457-467.
[13]YANG X, LI H, CHANG C, et al. The Integrated Process of Microbial Ensiling and Hot-Washing Pretreatment of Dry Corn Stover for Ethanol Production [J]. Waste and Biomass Valorization, 2017(1):1-10.
[14]陈渊源, 谢丽, 刘辉, 等. 木薯酒精废水常温厌氧发酵产酸特性研究[J]. 高校化学工程学报, 2015, 29(5):1279-1284.
[15]SUN S, WEN J, MA M, et al. Enhanced enzymatic digestibility of bamboo by a combined system of multiple steam explosion and alkaline treatments [J]. Applied Energy, 2014; 136:519-526.
[16]SEIDL P R, GOULART A K. Pretreatment processes for lignocellulosic biomass conversion to biofuels and bioproducts [J]. Current Opinion in Green and Sustainable Chemistry, 2016, 2:48-53.
[17]PAULOVA L, PATAKOVA P, BRANSKA B, et al. Lignocellulosic ethanol: technology design and its impact on process efficiency [J]. Biotechnology Advances, 2015, 33(6):1091-1107.
[18]LIU S, XU F, GE X, et al. Comparison between ensilage and fungal pretreatment for storage of giant reed and subsequent methane production[J]. Bioresource Technology, 2015, 209:246-253.
[19]THEURETZBACHER F, BIOMQVIST J, LIZASOAIN J, et al. The effect of a combined biological and thermo-mechanical pretreatment of wheat straw on energy yields in coupled ethanol and methane generation [J]. Bioresource Technolo-

gy, 2015, 194:7-13.

[20]LIU Z, WANG D, NING T, et al. Sustainability assessment of straw utilization circulation modes based on the emergetic ecological footprint [J]. Ecological Indicators, 2017, 75:1-7.

[21]LIU S, GE X, LIEW L N, et al. Effect of urea addition on giant reed ensilage and subsequent methane production by anaerobic digestion [J]. Bioresource Technology, 2015, 192:682-688.

[22]LARSEN S U, HJORT-GREGERSEN K, VAZIFEHKHORAN A H, et al. Co-ensiling of straw with sugar beet leaves increases the methane yield from straw [J]. Bioresource Technology, 2017, 245(Pt A):106-115.

[23]PALONEN H, TJERNELD F, ZACCHI G, et al. Adsorption of *Trichoderma reesei* CBH I and EG II and their catalytic domains on steam pretreated softwood and isolated lignin [J]. Journal of Biotechnology, 2004, 107(1):65-72.

[24]XIAO Q, CHEN W, TIAN D, et al. Integrating the bottom ash residue from biomass power generation into anaerobic digestion to improve biogas production from lignocellulosic biomass[J]. Energy and Fuels, 2020, 34(2):1101-1110.

[25]SHAMURAD B, SALLIS P, PETRPOULOS E, et al. Stable biogas production from single-stage anaerobic digestion of food waste[J]. Applied Energy, 2020, 263, 114609:1-13.

[26]WU Y, WANG C, LIU X, et al. A new method of two-phase anaerobic digestion for fruit and vegetable waste treatment[J]. Bioresource Technology, 2016, 211:16-23.

[27]LI D, LIU S, MI L, et al. Effects of feedstock ratio and organic loading rate on the anaerobic mesophilic co-digestion of rice straw and pig manure[J]. Bioresource Technology, 2015, 189:319-326.

[28]DALKILIC K, UGURLU A. Biogas production from chicken manure at different organic loading rates in a mesophilic-thermopilic two stage anaerobic system [J]. Journal of Bioscience and Bioengineering, 2015, 120(3):315-322.

[29]XU S, SELVAM A, WONG J W. Optimization of micro-aeration intensity in acidogenic reactor of a two-phase anaerobic digester treating food waste [J]. Waste Manage, 2014, 34(2):363-369.

[30]LIM J W, WANG J Y. Enhanced hydrolysis and methane yield by applying mi-

croaeration pretreatment to the anaerobic co-digestion of brown water and food waste[J]. Waste Manage, 2013, 33(4):813-822.

[31] CARRERE H, ANTONOPOULOU G, AFFES R, et al. Review of feedstock pretreatment strategies for improved anaerobic digestion: from lab-scale research to full-scale application [J]. Bioresource Technology, 2016, 199:386-397.

[32] YANG X, Zhang Z P, Song L L, et al. Solid-State Anaerobic Microbial Ensilage: A combined wet storage and pretreatment method for the bioconversion of lignocellulosic biomass[J]. Waste and Biomass Valorization, 2020, 11(2): 3381-3396.

[33] NKOSI B D, MEESKE R, LANGA T, et al. Effects of ensiling forage soybean (*Glycine max* (L.) Merr.) with or without bacterial inoculants on the fermentation characteristics, aerobic stability and nutrient digestion of the silage by Damara rams[J]. Small Ruminant Research, 2016, 134:90-96.

[34] LIU S, GE X M, XU F Q, et al. Effect of total solids content on giant reed ensilage and subsequent anaerobic digestion[J]. Process Biochemistry, 2016, 51 (1):73-79.

[35] 杨旭，常春，李洪亮，等. 干玉米秸秆与废弃物混合微贮及半连续发酵产沼气能力分析[J]. 高校化学工程学报，2017，31(4)，899-905.

[36] PAUDEL S R, BANJARA S P, CHOI O K, et al. Pretreatment of agricultural biomass for anaerobic digestion: current state and challenges[J]. Bioresource Technology, 2017, 245 (Part A):1194-1205.

[37] WU S X, YAO W Y, ZHU J, et al. Biogas and CH4 productivity by co-digestion swine manure with three crop residues as an external carbonsource[J]. Bioresource Technology, 2010, 101(11):4042-4047.

[38] KIM H W, NAM J Y, SHIN H S. A comparison study on the high-rate co-digestion of sewage sludge and food waste using a temperature-phased anacrobic sequencing batch reactor system[J]. Bioresource Technology, 2011, 102(15): 7272-7279.

[39] CHEN S G, TAO Z T, YAO F B, et al. Enhanced anaerobic co-digestion of waste activated sludge and food waste by sulfidated microscale zerovalent iron: Insights in direct interspecies electron transfer mechanism [J]. Bioresource Technology, 2020, 316:123901.

[40] YANG X, CHANG C, CHENG J Y, et al. The integrated process of microbial ensiling and hot-washing pretreatment of dry corn stover for ethanol production [J]. Waste and Biomass Valorization, 2018, (9):2031-2040.

[41] MU L, XIE Z, HU L , et al. Lactobacillus plantarum and molasses alter dynamic chemical composition, microbial community and aerobic stability of mixed (amaranth and rice straw) silage[J]. Journal of the Science of Food and Agriculture, 2021, 1-11.

[42] SUN L, BAI C S, XU H W, et al. Succession of bacterial community during the initial aerobic, intense fermentation, and stable phases of whole-plant corn silages treated with lactic acid bacteria suspensions prepared from other dilages[J]. Frontiers in Microbiology, 2021,12:1-15.

[43] KAEWPILA C, THIPUTEN S, CHERDTHONG A, et al. Impact of cellulase and lactic acid bacteria inoculant to modify ensiling characteristics and in vitro digestibility of sweet corn stover and cassava pulp silage[J]. Agriculture, 2021, 11(1):66.

[44] SHINNERS K J, WEPNER A D, MUCK R E, et al. Aerobic and anaerobic storage of single-pass chopped corn stover[J]. Bioenergy Research, 2011, 4 (1):61-75.

[45] PAULOVA L, PATAKOVA P, BRANSKA B, et al. Lignocellulosic ethanol: Technology design impact on process efficiency[J]. Biotechnology Advances, 2015, 33(6):1091-1107.

[46] ZHAO C, WANG L, MA G, et al. Cellulase interacts with lactic acid bacteria to affect fermentation quality, microbial community, and ruminal degradability in mixed silage of soybean residue and corn stover[J]. Animals, 2021, 11(2): 334-348.

[47] SLOTTNER D, BERTILSSON J. Effect of ensiling technology on protein degradation during ensilage[J]. Animal Feed Science and Technology, 2016, 127 (1), 101-111.

[48] WEILAND P. Biogas production: current state and perspectives[J]. Applied Microbiology and Biotechnology, 2010, 85(4), 849-860.

[49] 杜静, 陈广银, 黄红英, 等. 秸秆批式和半连续式发酵物料浓度对沼气产率的影响[J]. 农业工程学报, 2015, 31(15):201-207.

[50]SUN L, LIU T, MULLER B, et al. The microbial community structure in industrial biogas plants influences the degradation rate of straw and cellulose in batch tests[J]. Biotechnology for Biofuels, 2016, 9(1):1-20.

[51]温博婷. 木质纤维素原料的酶解糖化及厌氧发酵转化机理研究[D]. 北京:中国农业大学,2015.

[52]吴爱兵, 曹 杰, 朱德文, 等. 麦秸与牛粪混合堆沤预处理厌氧干发酵产沼气中试试验[J]. 农业工程学报, 2015, 31(22):256-260.

[53]ROMERO-GUIZA M S, VILA J, MATA-ALVAREZ J, et al. The role of additives on anaerobic digestion: a review[J]. Renewable and Sustainable Energy Reviews, 2016, 58:1486-1499.

[54]ZHANG J N, LI Y H, ZHENG H Q, et al. Direct degradation of cellulosic biomass to bio-hydrogen from a newly isolated strain Clostridium sartagoforme FZ11 [J]. Bioresource Technology, 2015; 192:60-67.

[55]MOON C, JANG S, YUN Y, et al. Effect of the accuracy of pH control on hydrogen fermentation[J]. Bioresource Technology, 2015, 179:595-601.

[56]SIVAGERUNATHAN P, KUMAR G, PARK J, et al. Feasibility of enriched mixed cultures obtained by repeated batch transfer in continuous hydrogen fermentation[J]. International Journal of Hydrogen Energy, 2016, 41(20):4393-4403.

[57]张雪松, 朱建良. 影响纤维素类物质厌氧发酵产氢因素的研究[J]. 生物技术通报, 2005, 21(2):47-50.

[58]XU J F, MI Y T, REN N Q. Buffering action of acetate on hydrogen production by *Ethanoligenens harbinense* B49[J]. Electronic Journal of Biotechnology, 2016(23):7-11.

[59]FANG H H, LIU H. Effect of pH on hydrogen production from glucose by a mixed culture. [J]. Bioresource Technology, 2002, 82(1):87-93.

[60]昌盛, 刘枫. 不同 pH 下蜜糖废水的厌氧产酸发酵类型及微生物群落结构解析[J]. 环境科学研究, 2016, 29(9):1370-1377.

[61]王勇, 任连海, 赵冰, 等. 初始 pH 和温度对餐厨垃圾厌氧发酵制氢的影响[J]. 环境工程学报, 2017, 38(12):6470-6476.

第4章 混菌发酵技术在动物饲料中的应用与创新

饲料工业是连接种植业、养殖业、农副产品加工业等农业产业链条中极其重要的一个关键环节。我国饲料工业经过近30年来的发展,饲料产量从2006年的1.13亿吨上升到2020年的2.53亿吨,特别是近10年来以年平均10%的速度增长。2021年全年饲料工业总产值达到9000亿元,已经成为国民经济的支柱产业之一。我国饲料蛋白占工业化饲料总产值约1/3(约1000亿元),其中约2/3靠进口。

我国是世界上最大的养殖生产国之一,同时也是世界上饲料原料特别是蛋白质原料的需求大国。随着饲料工业的迅猛发展,我国国产蛋白原料早已供小于求,尤其在2000年以后,我国国产蛋白原料产量增长几乎停滞,这与同期国内饲料工业的快速发展形成突出矛盾。我国饲料工业生产中蛋白质饲料资源严重不足已成为事实,对国际原料市场有很强的依赖性,使我国饲料的生产成本居高不下,限制了饲料工业发展。

饲料蛋白成为我国畜牧业发展的原料供给瓶颈和食物供给安全瓶颈,具有国计民生和国民经济重要的意义。

面对蛋白质原料的紧缺问题,世界各国都在努力寻找解决途径。除了继续大力改造、发展以水、土为中心的"绿色农业"和以海洋水域农业为基础的"蓝色农业"外,目前正在襁褓中的"白色农业"又为人类创造了另一个很有希望生产食物的领域。其中最重要一点就是把植物、动物、微生物资源组成一个"三维结构"的新农业,植物是生产者,动物是消费者,微生物是分解还原者,只有这三者的配合才能形成地球生物圈的良性循环,所以"三维结构"的农业——植物种植业、动物养殖业、微生物发酵转化业将构成可持续发展战略的新农业。其中的"微生物发酵转化业"就是微生物在农业中的应用领域,由于这种农业一般是在洁净的工厂中进行,人们都穿戴白色工作服,形象地将其称为"白色农业"。

蛋白质原料是饲料的重要组成部分,是指饲料干物质中,粗纤维低于18%,粗蛋白高于20%的饲料。其品种主要包括:植物性蛋白饲料、动物性蛋白饲料、微生物蛋白饲料("白色农业"的重要内容)。

(1)植物性蛋白饲料

①豆科籽实类。如大豆、蚕豆、豌豆、巴山豆等。这类饲料的粗蛋白质含量都在20%~40%之间,赖氨酸和甲硫氨酸也很丰富,是植物性蛋白饲料中品质较优良的饲料。但钙磷比例不平衡,磷多于钙。在天然状态下,生黄豆表皮中含有抗胰蛋白酶因子,能使胰脏分泌的胰蛋白酶失去活性,影响消化。豆类中还含有能引起甲状腺肿的物质(如皂素和血凝集素),能使血球凝集。此外,生豆类还有腥味,适口性差。

②油饼、油粕类。油料籽经压榨法提取油脂后的副产品称为油饼,用有机溶剂(如己烷)提取油脂后的副产品称为油粕,如大豆饼粕、菜籽饼粕、棉籽饼粕、花生饼粕等。油饼比油粕含有更多的残油量。其中,大豆饼粕、花生饼粕的品质最好,因蛋白质中含有较多的赖氨酸和蛋氨酸,且适口性好;而菜籽饼粕不仅有苦味、适口性差、赖氨酸含量少,且含有硫葡萄糖苷、皂素等有毒物质。硫葡萄糖苷在酶的作用下水解,生成异硫氰酸酯和噁唑烷硫酮,这两种物质被吸收后,可阻止甲状腺利用血液中的碘离子,使甲状腺素合成受阻,引起甲状腺肿大和机体代谢紊乱,同时还影响动物的繁殖机能。棉籽饼粕中含有游离棉酚、棉酚紫和棉绿素三种毒物。其中以棉绿素最强,游离棉酚次之,但其含量高,因此毒性作用也大。它们是细胞、血液和神经的毒物,能使动物血液凝血酶原减少,并引起体组织损害和繁殖机能降低。花生饼粕不易贮存,极易感染黄曲霉而产生黄曲霉毒素,该毒素经蒸煮也不能被破坏,因此应及时鲜用,一旦生有黄曲霉就不能再使用。亚麻(胡麻)饼粕中含有生氰糖苷,可引起氢氰酸中毒,还含有亚麻籽胶和抗维生素 B_6 等抗营养因子,适口性差,并有轻泻作用,用量不可过多。

③糟渣类。如抗生素药渣类,粗蛋白和粗脂肪含量都较高,由于还含有部分抗生素有效成分,因此不宜大量饲喂,如土霉素渣的添加量一般为4%。玉米蛋白粉(玉米面筋粉)是玉米淀粉厂的主要副产品之一,其蛋白质含量因加工工艺不同而有很大差异(35%~60%)。而玉米麸料(玉米蛋白质麸料)是含有玉米纤维质外皮、玉米浸渍液、玉米胚芽粉和玉米蛋白粉的混合物,蛋白质含量在10%~20%之间,粗纤维随玉米外皮比例增加而升高,通常为7%~10%,属于能量饲料。玉米胚芽饼粕是玉米胚芽脱油后的残渣,粗蛋白质含量在15%~20%之间,赖氨酸0.7%、甲硫氨酸0.3%,维生素E含量丰富,适口性好,价格低廉。

(2)动物性蛋白饲料

这类饲料来源于动物及其加工副产品,如鱼粉、肉骨粉、血粉等。这类饲料蛋白质含量多在50%~80%之间,且赖氨酸、甲硫氨酸和色氨酸含量丰富,品质好

(评价蛋白质品质好坏,主要看必需氨基酸种类和含量,其中以鱼粉最好)。粗纤维应为零,但也可能混入少量植物性杂质。粗脂肪含量较高,加之高蛋白含量,故能值高。钙磷含量较多且比例适当。

鲜度好的鱼粉呈黄棕色(红鱼粉)或灰白色(白鱼粉),颜色均匀一致,具有正常的鱼腥味。若鱼粉气味异常,带有哈喇味或腐臭味,则是在贮藏或运输过程中发生的蛋白质分解、脂肪氧化酸败所致,不宜用作饲料。和大豆粕相比,鱼粉含有更多的赖氨酸和含硫氨基酸,但不同样本间的变异较大。鱼粉中的不饱和脂肪酸易于氧化而导致产生有毒的游离基和较低的能量含量,在贮存时氧化可导致发热而降低氨基酸的消化率,甚至发生自燃。鱼粉也容易受生物胺污染,在将变质或腐败的鱼进行热加工时,会产生像肌胃糜烂素和组胺类的物质,这些物质增加胃酸分泌,并有报道表示可导致肌胃糜烂和其他损伤。鱼粉中盐的含量不能超过 4%,砂不能超过 4%~5%。羽毛粉中粗蛋白的含量很高,但消化率仅为 30%~40%。血粉的消化率也较低。肉粉多为不能供人食用的肉类及其下水经高温灭菌做成的饲料。肉骨粉则是将肉粉原料和骨头一起粉碎。但骨粉不能算蛋白质原料,只作为钙磷的补充剂。虽然从开发利用蛋白资源的角度看,肉骨粉等动物性饲料具有良好的社会效益和经济效益,但从安全的角度看,这对反刍动物生产存在较大的隐患。研究表明,从英国开始的"疯牛病"就是由于使用了含有肉骨粉的配合饲料。为规避风险,原农业部于 1992 年就发文禁止在反刍动物饲料中添加或使用动物源性饲料,并于 2001 年再次专门发文重申这一规定。然而,目前还有一些养殖场(户)无视国家禁令,在反刍动物饲料中添加动物性饲料产品,造成一定的"疯牛病"隐患。

(3)微生物蛋白饲料

微生物饲料大体上可分为两大类,一类微生物蛋白饲料主要是利用微生物的发酵作用改变饲料原料的理化性状,或增加其适口性、提高消化吸收率及其营养价值,或解毒,或脱毒,或积累有用的中间产物。这一类微生物主要包括乳酸发酵饲料(青贮饲料)、畜禽屠宰废弃物发酵饲料、饼粕类发酵脱毒饲料、微生物发酵生产的各类饲料添加剂等。另一类微生物饲料是利用来源广泛的废弃物、纤维素及糖类资源培养的微生物菌体蛋白,具体有饲料酵母、石油蛋白、固态法菌体蛋白饲料、食用菌菌丝体、白地霉,以及微型藻、光合细菌饲料等。微生物发酵饲料和菌体蛋白饲料这两类不可完全分开,发酵饲料中包含着营养丰富的菌体蛋白,而菌体蛋白的粗制品(尤其是固态法生产的菌体蛋白饲料),也包含有菌体之外的其他成分。

我国发展微生物蛋白饲料生产的潜力是巨大的。利用一切可能利用的资源,尽量研究和采用更有效的新菌种、新工艺、新设备,因地制宜地大力推广应用微生物饲料,促进畜牧业和水产养殖业的发展。

蛋白质原料是饲料工业发展的基础,我国蛋白质原料的紧缺和价格高涨已经成为发展畜牧业和水产业的瓶颈之一。目前,随着人们生活水平的提高和对生活质量的重视,对肉、蛋、奶的需求日益增多,粮食和饲料生产面临严峻考验,饲料蛋白质资源匮乏。提高粮食向畜牧产品的转化效率和饲料的利用率,拓宽饲料资源,开发非常规饲料迫在眉睫。根据国家饲料工业办公室的估算,按照我国人民膳食结构与养殖业的发展规划要求,2010 年和 2020 年蛋白饲料的缺口均超过需求的 60%,而缓解矛盾的策略之一就是针对现有蛋白源,提高其利用率,尽可能地挖掘饲料的可利用营养成分,从根本上解决饲料原料供应紧张的局面。同时随着动物育种、动物营养研究的深入,现代养殖业对动物生长速度要求更快,对各种应激(仔猪断奶,家禽饲养密度增大,氨气、硫化氢等使得环境变差,水生动物生存环境水质恶劣)的要求也逐渐增强,此时不仅要求蛋白源的量,而更要求蛋白源的质,所以有关动物饲料的高品质蛋白需求也相应增加。

另外,业内人士认为,依据当前原材料价格的上涨速度来看,饲料涨价是必然的,原材料价格大幅上涨使饲料生产成本加大,无疑是推动饲料涨价的根本。从 2007 年以来,经过几轮狂飙,原料价格越来越高,且没有停止的意向。饲料中的大宗原料豆粕,2015 年同期报价为 2600 元/吨左右,到 2020 年 2 月底报价为 2800 元/吨左右,2021 年同期,豆粕的报价已经超过 3800 元/吨。鱼粉在经过了去年价格较平稳的一年后,近期开始出现微涨。饲料提价后,更应重视提高饲料的利用率。

要提高蛋白饲料的利用率,理论上讲,有三大类方法,一是培育对蛋白质具有特异性消化吸收性能(即高产蛋白酶)的动物品种;二是在饲料中添加多种(如酸性、碱性和中性)蛋白酶;三是对饲料蛋白质进行体外消化,提供易消化、高吸收、高利用的蛋白质原料。从现实性、时间性考虑,第一种方法在短期内不可能有突破;第二种方法是一种加强体内消化的方法,多年来已经使用,但并没有取得突破性进展;只有第三种方法具有现实性和可行性。因此,体外消化是未来提高蛋白质利用率和降低饲料成本的必然选择。

体外消化法通常有酸碱水解法、酶解法、微生物发酵法和氨基酸合成法。其中酸碱水解法由于易产生苦味,并存在化学污染、环境不友好、产品品质难控制等缺点,一般不被采用;氨基酸合成法由于制造成本高,难于大规模化生产,一般只用于人体医药保健或分解检测。在饲料工业中,通常采用微生物发酵法和酶解法,利用功能微生物(可以是单一,也可以是复合多菌种)对蛋白质原料进行液态或固态发酵,或利用蛋白酶对蛋白质原料进行酶解,起到降解(分解)、转化、脱除抗营养因子和过敏原作用。

微生物发酵法和酶解法所生产产品的主要区别在于:发酵法生产过程中,活性微生物菌体直接参与生化代谢,作用于大分子蛋白;活性微生物菌体的生化代谢可以修饰某些功能基团,还可以合成、分泌附加的小肽物质;通过微生物的代谢、发酵可以合成许多复杂的初级代谢产物和次级代谢产物,而酶法只是简单地切割肽键,不能产生其他附加产物(即微生物代谢产物),也容易产生苦味。

微生物发酵法生产微生物蛋白饲料的工艺可分为固态发酵和深层液体发酵,两种发酵工艺均有利有弊,视生产条件、原料实际情况而选用。

固态发酵生产蛋白饲料的主要过程有:菌种扩大培养、原料预处理、接种发酵、成品包装。固态发酵的固形物的含量大,需要的种子液的数量多,一般要达到发酵原料的10%以上,因此菌种需要由单菌培养逐级扩大培养,菌体的培养对发酵生产十分重要,要求量大、活性好、抗杂菌能力强,原料经预处理后,调制混合,热蒸汽灭菌,添加无机氮源、营养盐和某些助剂后,与种子液搅拌混合,进入发酵生产过程。

菌种是发酵必不可少的物质,菌种的优良是成功生产微生物蛋白饲料的关键和保证。大量事实表明,微生物发酵法是各种原料加工最为经济的方法。用于生产蛋白饲料的微生物须符合以下条件:能较好地同化基质碳源及无机氮源、繁殖速度快、菌体蛋白含量较高、无毒性和致病性、菌种性能稳定。

从现有的研究进展看,一般采用混合菌种发酵较单菌种发酵效果要好,其优势在于多个菌种之间可互相补偿其缺陷,进行协同互生发酵。用固态发酵方法能将低价值的、营养贫乏或不均衡的、畜禽吸收率低的农副产品,经过微生物的生长代谢转化为富含维生素和氨基酸、蛋白质含量高、动物容易吸收的高价饲料。发酵后,饲料中除含有大量有益菌外,还含有一些生物活性物质及生长调节促进剂,能促进动物的快速生长发育。与传统使用的配合饲料相比,发酵饲料有许多优点。国内外都在这方面做了大量的尝试和研究,且取得了一定的成果,在生产中可根据原料和具体生产条件选择合适的菌种。

酵母菌具有特有的色、香、味;蛋白质含量高,可达40%~55%,相当于大豆蛋白的含量;富含各种氨基酸,特别是赖氨酸,但含硫氨基酸相对缺乏;具有产蛋白质的效率高,成本低;适口性好,耐酸能力强,适宜于低 pH 培养,不易污染,回收率高等优点,因此成为微生物蛋白饲料生产的首选菌种。适于生产蛋白饲料的酵母菌主要有啤酒酵母、产朊假丝酵母、马克斯克鲁维酵母、热带假丝酵母、白地霉,这些菌株可分泌多种水解酶,活性含量高达50%~60%,富含B族维生素,并能产生促进细胞分裂的生物活性物质,有强化营养和抗病促长的效果。酵母含有丰富的营养组成,因此饲用酵母可以部分或者全部替代饲料中的鱼粉。

黑曲霉、米曲霉、黄曲霉、根霉、毛霉、木霉、烟曲霉等真菌可以分泌丰富的酶类,如淀粉酶、纤维素酶、果胶酶、蛋白酶、植酸酶等,这些酶能够促使原料中淀粉、纤维素等高分子化合物分解为单糖,供微生物生长需要,且霉菌中菌体蛋白质含量也较高,达到20%~30%,因此在蛋白饲料的生产中这些霉菌被广泛使用。

芽孢杆菌包括巨大芽孢杆菌(*B. mucilaginosus*)、芽孢杆菌(*Thiobalillus*)、固氮芽孢杆菌(*Azotofixans*)、地衣芽孢杆菌(*B. licheniformis*)、蜡状芽孢杆菌(*Cereus*)、枯草芽孢杆菌(*B. subtilis*)、短小芽孢杆菌(*B. brevis*)等菌株,这类菌体可产淀粉酶、蛋白酶、脂肪酶、纤维素酶等活性较高的酶。此外,芽孢杆菌中具有不易致死的芽孢,故饲喂时以活菌状态进入动物的消化系统,可抑制肠道中有害菌的生长繁殖。芽孢杆菌还可减少粪便、消化道中的大肠杆菌数。

放线菌经常用于蛋白饲料的生产,尤其是耐高温放线菌具有很高的分解纤维素和木质素的能力。此外,放线菌在生长过程中可分泌抗生素类物质,抑制肠道中的病原菌,对促进肌体免疫有较好的作用。放线菌的菌体蛋白中含有高浓度的赖氨酸、色氨酸和含硫氨基酸,营养价值相对较高。

微生物发酵产生的蛋白饲料中除富有多种活性物质外,还有各种益生菌,如酵母。无论是活菌状态还是失活状态的益生菌,都在动物体内发挥了一定的作用,促进了瘤胃微生物的生长。虽然发酵蛋白饲料的作用机制尚不明确,但大多数学者认同以下的观点:

A. 改善瘤胃环境,促进体内微生态平衡。

牲畜摄入微生物蛋白饲料后,有益菌就会占有绝对优势,调节了肠道微生物环境,与病原菌竞争定植位点,抑制其他有害菌和致病菌的生长,增强了机体对疾病的抵抗力。同时,还改善了肠道内微生物的发酵,尤其是反刍动物,可以减少乳酸盐的产生,保持了瘤胃内pH值的相对稳定性,促进了乳酸菌、纤维分解菌的繁殖,提高了有益菌浓度和活力。也有研究表明,酵母能够解除黏附在肠道黏膜上的有毒物质,可能与酵母细胞壁中多糖有关。

B. 提高饲料的利用转化率。

由于有益菌群能够增强消化道微生物的消化能力,促进动物对营养物质的吸收、消化和利用,加之一般发酵后的饲料有酒香味,适口性好,增加了牲畜的采食量,提高了饲料利用率。此外,微生物产生的多种酶,可提高一些高分子化合物的分解转化,同时合成新的物质,在较短时间内,牲畜的泌乳和体重均有所增加。有报道表明,有益菌群可使饲料的利用价值提高15%~20%。

4.1　发酵豆粕

4.1.1　概述

大豆饼(粕)是大豆取油后的副产品。通常将用压榨法取油后的副产品称为大豆饼,将用浸提法或经预压浸提取油后的副产品称为大豆粕。大豆饼粕是饼粕类饲料中最富营养的一种饲料,蛋白质含量达45.0%~55.0%,其中80.0%以上都是水溶性蛋白,且营养价值颇高,是赖氨酸、色氨酸、甘氨酸和胆碱的良好来源。氨基酸组成接近动物蛋白饲料,甲硫氨酸和胱氨酸的含量是蛋鸡营养需求量的1倍以上;Lys+Arg比例恰当(100∶130),与大量玉米和少量鱼粉混合,特别适于家禽营养需要;其他如组氨酸、苏氨酸、苯丙氨酸、缬氨酸等含量也都在畜禽营养需要量之上。世界蛋白原料中,豆粕占总供应量的67%,而我国就占据59%。豆粕是鱼类和单胃动物很好的日粮蛋白源,它还含有其他丰富的营养物质,如1.0%~2.0%的脂肪,10.0%~15.0%的碳水化合物,多种矿物质、维生素及动物体内必需的氨基酸,营养成分比较齐全、均衡,是优良的植物性蛋白饲料源。

但是,豆粕中也含有一些抗营养因子,这些抗营养因子对幼龄动物特别是断奶仔猪的肠道结构具有很大的破坏作用,并导致仔猪腹泻等疾病的发生。因此,在断奶仔猪配合饲料中豆粕的添加比例一般认为不宜超过15%。当添加比例为15%时,仔猪饲料中的蛋白质含量为6.45%~6.75%,而仔猪饲料蛋白质需求量为17%~21%,不足部分只能使用高价位的蛋白质原料,如进口鱼粉、血浆蛋白粉、氨基酸、乳制品等,这些紧缺、稀少蛋白源的使用大幅增加了饲料配方成本和动物饲养成本。因此,为了开发价廉的优质蛋白源,人们进行了多年的研究探索。

随着畜牧业的发展,鱼粉作为一种重要的蛋白饲料,需求量日趋增加。我国的优质鱼粉主要依赖进口,而受多种因素影响世界鱼粉的产量逐年下降,所以寻求其替代品——发酵豆粕的研究已成为国内外饲养界的一个重要课题。发酵豆粕指利用有益微生物发酵低值豆粕,去除多种抗营养因子,同时产生微生物蛋白质,丰富并平衡豆粕中的蛋白质营养水平,最终改善豆粕的营养品质,提高饲料营养价值。发酵豆粕含有益生菌、酶制剂、肽等功能成分。相对物理、化学、作物育种等方法,生物发酵法处理生豆粕具有以下优点:成本低、无化学残留,应用较安全;对饲料营养成分的影响较小,不会造成营养价值降低,且能使营养物质更易被动物吸收;豆粕细胞壁破坏更加彻底,内容物更易释放,有利于动物更加快速吸收营养物质;发酵过程中分解大豆蛋白产生多种小肽等,生物发酵法是目前减少抗营养因子影响、提高豆粕蛋白质消化利用率的有效方法。

在 1983 年王厚德教授发现扣囊拟内孢霉时发酵豆粕就已有研究。扣囊拟内孢霉是从酒精废醪中分离出的一株酵母菌,在固态基质上的好氧条件下可大量繁殖,并可达到较高的细胞数。用固体菌种地面薄层发酵晒干,以豆粕为主作原料,无毒性问题,由于量小、产品质量易于控制、生物效价较高,只要适当平衡赖氨酸、甲硫氨酸、钙磷含量接近或超过秘鲁鱼粉时,产品一度供不应求。采用少孢根霉发酵豆粕,不仅降低了饲料的料肉比,而且提高了代谢能和氮消化率。然而,早期的微生物发酵处理仅停留在对动物试验的研究上,且没有形成大规模的产业化,这主要是当时对微生物发酵处理过程中豆粕营养物质的变化和机制了解不够而造成的。近年来,随着动物营养科学和生物工程学科的发展,微生物发酵处理大宗饲料原料的技术已经成为热点。

通过微生物发酵技术处理,必须控制好发酵过程和发酵强度。研究人员利用米曲霉发酵豆粕 48 h 后发现,豆粕中的抗原蛋白几乎全部降解,分子量小于 20 kDa 的蛋白质约占 86.6%,而且豆粕的粗蛋白含量也提高了 10%,胰蛋白酶抑制剂降低到 0.42 mg/g,氨基酸的组成也更为合理,有效提高了必需氨基酸的含量,其中豆粕最为缺少的甲硫氨酸也从 0.77% 提高到 0.82%。国内尝试采用复合菌种发酵豆粕,使其中的抗营养因子含量大幅下降或完全被分解,营养价值有较大幅度的提高。有研究者以豆粕和发酵豆粕为研究材料,测定其中的抗营养因子含量和营养物质的价值,利用体外消化的研究方法,结果发现喂养发酵豆粕的动物在末重、平均日增重、平均日采食量均比未发酵豆粕组提高了 13.99%、24.58% 和 26.39%,料肉比降低了 1.43%,腹泻率降低了 8.1%,日粮干物质表观消化率、粗蛋白质表观消化率、粗脂肪表观消化率分别提高了 8.89%、11.81% 和 35.88%。利用微生物发酵豆粕,可以降低豆粕中几种主要的抗营养因子,同时提高豆粕的消化率和营养价值。利用 *Aspergillus usamii* 发酵豆粕,基本降解植酸,饲喂实验表明发酵提高了豆粕中磷的生物利用率,减少饲料中磷的添加,明显减少了磷的排放。采用生物技术,对豆粕进行预消化,使之成为植物小肽类产物,使其富含乳酸、小肽、氨基酸,并将抗营养因子降至最低,减少了植物性饲料中植酸磷造成的磷污染,提高了蛋白质的利用率,减少了剩余蛋白质造成的氮污染,是一种十分理想的蛋白饲料。

在专利方面也有发酵豆粕的相关报道。发酵豆粕形成的产品消除了抗营养因子,是满足幼小动物健康成长的、富有营养的、质优价廉的、安全的植物性饲料,能替代骨粉、鱼粉等动物性饲料。发酵豆粕形成的产品中蛋白质得到一定的浓缩,其含量由发酵前的46.354%到56.034%,提高了20.880%;总氨基酸含量由44.770%到55.115%,提高了23.107%。发酵过程中蛋白质被微生物产酶分解,通过SDS-PAGE电泳分析,蛋白质发生了很大程度的分解;通过蛋白质隆丁区分分析,小分子蛋白的含量由12.75%增加到48.68%,较发酵前提高了2.82倍。各矿物质的含量也有一定的提高;由于植酸的分解,豆粕中有效磷含量由发酵前的3.57 g/kg增加到7.41 g/kg,较发酵前提高了1.08倍。发酵过程中微生物代谢产生的乳酸含量为2.658%,有效活菌数达到4.20×10^8 CFU/g。

发酵豆粕在养殖上使用是可行的。研究者选择母猪体况健康、年龄胎次、窝产仔数、产期尽量一致的经产杜长大杂交仔猪20窝,7日龄时随机分为两组,分别补饲对照组和试验组饲料,对照组为商品普瑞纳仔猪颗粒料,试验组为采用发酵豆粕配合膨化大豆、乳清粉、进口鱼粉等,添加酶制剂、酸制剂及免疫活性物质等成分,自行配制的抗断奶应激仔猪料。通过试验比较仔猪采食量、日增重及腹泻率情况。结果表明抗断奶应激仔猪试验料与商品普瑞纳仔猪颗粒料相比,能极显著提高仔猪断奶1周内日采食量,显著提高仔猪日增重,缓解断奶应激。通过组织学电子显微技术观察,饲喂新型发酵豆粕的特殊处理饲粮,仔猪胃和小肠均发育良好。试验各组仔猪胃内容物pH值变化保持正常适宜水平。补饲新型发酵豆粕饲粮的仔猪,各时期血清尿素氮浓度、血清白蛋白含量、血清总蛋白浓度、血糖浓度、谷丙转氨酶活性随着仔猪生长呈上升趋势。补饲极低抗原特殊处理豆粕可促进仔猪食欲,显著提高仔猪的生产性能,提高仔猪抗病能力,降低饲料成本。

国内外在发酵豆粕生产新产品方面已经有了一定的研究,最近几年相关进展的报道有:台湾惠胜实业公司生产的POPUP(比多福/饱素健)为生物发酵零抗原寡糖黄豆蛋白;西安汉堡生物科技公司生产的酶蛋白-5000(MDS-5000)为高效能酶蛋白饲料;浙江义乌华统饲料公司的宝乳康为脱脂奶粉与乳清粉的替代品;上海源耀生物科技有限公司生产的勃乐蛋白是低过敏原、高乳酸、低分子量富含益生菌的蛋白饲料原料；美国的酵哺素-Fermsoya 为植物性高蛋白发酵产物；美国 ADM 公司的 Soycomil K 为大豆蛋白浓缩饲料；还有比利时和荷兰等一些公司也在做这方面的研究。但由于商业的关系，国内外在这类产品方面的研究方法与技术都是保密的。

前文指出我国饲料（尤其蛋白质源）短缺较为严重，几乎每年都要进口大量的鱼粉、豆粕等蛋白质饲料原料，但当前，饲料企业和养殖场（户）对于蛋白饲料的使用存在浪费现象，限于各种条件的制约，不少企业缺乏对蛋白质和氨基酸平衡方面的认识，配方时没有全面考虑氨基酸之间的平衡，蛋白质水平的设定偏高，从而阻碍进一步降低饲料成本，而且造成了饲料蛋白的浪费。而很多养殖场（户），由于受一些饲料企业的误导，片面地夸大了饲料蛋白质水平对饲料品质的影响，对氨基酸平衡的理解仍然停留在蛋白质水平，缺乏对某个具体的必需氨基酸的认识，缺乏对氨基酸整体平衡的理解。当代动物科学已经证明，通过精确的平衡氨基酸的供给，饲料的蛋白质水平可以合理地降低，而动物的生产性能不但不会受到损害，反而会得到改善。饲料中第一限制性氨基酸——赖氨酸的水平偏低，是中国猪饲料明显区别于其他国家猪饲料的一个重要方面，这就是过度重视蛋白质水平而忽视氨基酸的平衡，这样的配方造成氨基酸平衡失调，饲料中氨基酸利用率低下，其结果造成大量饲料蛋白质也就是氨基酸资源的浪费。赖氨酸在饲料中的添加量为 0.03%~0.05%，日粮中添加赖氨酸可以节省蛋白质饲料（降低饲料蛋白质水平 2%~3%）。当然人们习惯于在饲料中加入外源赖氨酸来补足，但当动物直接利用外源赖氨酸时血液中赖氨酸含量暂时出现高峰，不久就分解排除。在饲料中添加高赖氨酸含量酵母，酵母细胞不断被消化，释放出的赖氨酸不断被吸收，使动物血液中的赖氨酸较长时间维持在一定水平上，饲料的利用率得以大幅提高。因此，开发富含赖氨酸的发酵蛋白饲料代替赖氨酸添加剂会起到很好的作用。

饲料安全引发的事件时有发生。1999 年 5 月比利时发生的致癌物质二噁英污染饲料事件；欧洲食用肉骨粉饲料导致的疯牛病事件；我国部分饲料厂商非法添加 β-兴奋剂，导致的供港猪大幅减少；欧盟以中国饲料中用药过滥，残留超标等原因于 1996 年 9 月停止进口中国的禽禽肉及其他相关产品。这一系列事件表明，人类要求的是绿色健康食品，新型高效绿色饲料是解决这一问题的重要途径。

因此，对现有的大宗饲料原料进行生物技术处理，改善其营养品质，提高原料在饲料行业的利用率，已成为国际饲料研究的热点，开发新型生物蛋白饲料对我国具有重大的经济和社会意义。

发酵豆粕主要在提供优质的易消化蛋白原料、提高蛋白质利用率等方面发挥重要作用,通过使用发酵豆粕可降低配方蛋白营养水平0.5%~1%。本节主要通过结构类似物诱变筛选高赖氨酸含量的酵母发酵法,在提高原料豆粕蛋白含量的基础上提高原料中氨基酸(特别是赖氨酸)的含量,以期生产高蛋白、高赖氨酸发酵豆粕,开发优质的、功能性的、易消化的蛋白饲料产品,提高豆粕在饲料中的利用率。

4.1.2　高蛋白含量酵母菌株的筛选及固态发酵豆粕

蛋白质资源紧缺是一个世界性的问题。我国是世界上最大的养殖生产国之一,同时也是世界上饲料原料特别是蛋白质原料的需求大国。我国饲料经过近20年来的发展,配合饲料产量已经突破1亿吨。但在快速发展的同时,资源的短缺已经成为一个突出的矛盾,尤其以蛋白质源最为严重,几乎每年都要进口大量的鱼粉、豆粕等蛋白质饲料原料。同时随着动物营养研究的深入,现代养殖业对动物生长速度要求更快,各种应激也增强,此时不仅要求蛋白源的量,更要求蛋白源的品质更高。基于动物性蛋白安全性(2003年,欧盟为了防止疯牛病和口蹄疫的蔓延,在饲料中禁止添加动物骨肉粉;我国也实施了禁止和限制动物蛋白进口相关法规),目前动物饲料中趋于降低动物蛋白源用量、提高植物性蛋白源用量。

豆粕作为最主要的植物蛋白饲料源之一,是目前使用最多、最广泛的饲料工业原料。动物营养学研究显示,单纯地将豆粕作为蛋白质加入饲料中喂养猪和鸡,往往不能得到充分利用,多余的氨、氮从禽畜的粪便中排出体外,造成了对水、土壤和空气的污染,这种情况称为营养物质的污染。因此,在畜禽饲料中,要想进一步提高氮的利用率,就必须对豆粕原料进行开发利用。

本实验室在研究工作中筛选了一株能够在豆粕培养基上较好生长且蛋白含量较高的酵母菌株,本研究旨在利用筛选出的有益微生物固态发酵低值豆粕来提高豆粕中的蛋白含量,丰富豆粕中的蛋白质营养水平,最终改善豆粕的营养品质,提高其在饲料工业的利用率。

4.1.2.1　实验原料

(1)主要试剂

酸性橙12购自天津化学试剂研究所,*s*-(2-氨基乙基)L-半胱氨酸(AEC)购自Sigma公司,链霉素购自无锡第四人民医院。琼脂糖购自国药集团上海化学试剂公司(进口分装)。DL 2000 Marker、100 bp Ladder Marker、pUCm-T 载体、Taq DNA 聚合酶和小量质粒快速抽提试剂盒,均购自上海申能博彩生物有限公司。引物 pITS1 和 pITS4 由上海生工生物工程公司合成。PCR 纯化试剂盒,小量琼脂糖胶回收试剂盒购自上海华舜生物工程公司。其他试剂均为国产分析纯试剂。

(2)培养基

①斜面培养基

麦汁培养基。

②种子培养基。

YPD 培养基(g/L):蛋白胨 10,酵母膏 5,葡萄糖 20,蒸馏水 1000 mL,pH 自然,121℃,15 min 灭菌。

③发酵培养基。

豆粕为主要发酵原料,添加适量的氮源(硫酸铵)和葡萄糖,接种微生物于30℃发酵培养,发酵一定时间完成后干燥、粉碎,保存待测。

4.1.2.2 **实验方法**

(1)氮源添加方式的确定

以硫酸铵为试验对象。硫酸铵添加方式的选择:取两份等量的硫酸铵,一份直接加入含水豆粕培养基中混合均匀后灭菌(方式 A);一份溶解于水中再倒入豆粕培养基中混合均匀后灭菌(方式 B)。上述实验接种同一株酵母,且接种量相同,在相同条件下发酵、干燥和粉碎后测定水分、粗蛋白和真蛋白含量。

(2)氮源种类和酵母菌株的筛选

酵母筛选和氮源种类的确定:分别接种不同的酵母(相同的接种量),同时添加适量不同的氮源后进行发酵豆粕实验,发酵结束测定发酵豆粕的粗蛋白和真蛋白含量。以不添加氮源的发酵豆粕为空白,比较发酵前后的粗蛋白和真蛋白含量变化,确定最合适的氮源种类和高蛋白酵母菌株。

(3)菌株的鉴定

观察菌种的菌落形态并对菌种进行分子鉴定。

①引物。

本实验采用真菌 ITS 通用引物进行 PCR 扩增,其序列如下:

pITS1:5’- TCCGTAGGTGAACCTGCCG -3’

pITS4:5’- TCCTCCGCTTATTGATATGC -3’

②染色体 DNA 的提取。

采用氯化苄抽提真菌DNA。

③PCR样品制备。

于PCR管中按顺序分别加入10×Taq DNA聚合酶缓冲液5 μL,4×dNTP 1 μL,$MgCl_2$ 1 μL,引物(50 μmol/L)各1 μL,模板1 μL,Taq DNA聚合酶1 μL,加无菌去离子水至50 μL,盖紧管帽。

④PCR反应条件。

95℃预变性5 min后进入循环(94℃下30 s,58℃下30 s,72℃下45 s),共30个循环,72℃延伸10 min后4℃保持。

⑤PCR产物测序。

样品由上海生物工程公司完成测序。

⑥序列分析。

测序结果经DNAMAN软件去除载体后,将所得的ITS rDNA序列提交到GeneBank数据库,利用Blastn工具进行序列比对,对其进行鉴定。

(4)固态发酵豆粕试验设计

首先采用单因素实验确定培养时间、料水比、接种量、硫酸铵添加量、葡萄糖添加量和发酵温度对发酵豆粕蛋白含量的影响。然后采用SAS 8.1软件中的Box-Behnken设计来模拟响应面模型,以培养时间、料水比、接种量、硫酸铵添加量、葡萄糖添加量和发酵温度为自变量,分别记为变量X_1、X_2、X_3、X_4、X_5、X_6,以真蛋白/绝干豆粕(%)为响应值,记为变量Y。根据Box-Behnken中心组成设计原理,设计了6因素3水平的响应面分析(RSA)试验,共54个试验点,6个中心点重复试验。

(5)测定方法

①粗蛋白的测定:利用凯氏定氮仪测定。

②真蛋白的测定:三氯乙酸沉淀蛋白后利用凯氏定氮仪测定。

③水分的测定:GB/T 6435—2014《饲料中水分的测定》。

4.1.2.3　氮源添加方式的确定

不同氮源添加方式得到的发酵豆粕产品蛋白含量见表4-1。

表4-1　不同氮源添加方式得到的发酵豆粕产品蛋白含量

添加方式	水分/%	粗蛋白/%	真蛋白/%
方式A	7.00	45.64	40.21
方式B	7.45	48.62	41.16

由表4-1可知，在相同条件下采用方式A和方式B的发酵豆粕中蛋白含量有较大差别，方式B的发酵豆粕中蛋白含量较高，这可能是由于直接添加到豆粕中的硫酸铵粉末没有充分溶解于水中，和豆粕没有充分混匀，在发酵过程中不能充分被酵母利用，不利于菌体蛋白的合成；在硫酸铵充分溶解于水后再添加到豆粕中进行灭菌接种发酵时，培养基中的氮源为酵母利用，促进了酵母的大量生长繁殖，得到的产品中的蛋白含量有明显提高。最终确定硫酸铵的添加方式为：将硫酸铵溶解到水中后添加到豆粕中灭菌发酵。

4.1.2.4 氮源种类和酵母菌株的筛选

添加不同氮源和接种不同酵母的发酵豆粕的蛋白含量如表4-2所示。

表4-2 添加不同氮源和接种不同酵母的发酵豆粕的蛋白含量

酵母编号	培养基	粗蛋白/%	真蛋白/%	蛋白增加量/g 氮
	豆粕	45.78	39.46	
1	豆粕，尿素	57.13	43.17	0.20
1	豆粕，硫酸铵	55.46	42.95	0.41
1	豆粕，氯化铵	52.24	40.17	0.068
1	豆粕	48.60	41.05	
2	豆粕，尿素	58.26	45.83	0.34
2	豆粕，硫酸铵	48.89	41.18	0.20
2	豆粕，氯化铵	50.82	39.59	0.012
2	豆粕	45.35	40.06	
3	豆粕，尿素	58.36	40.55	0.058
3	豆粕，硫酸铵	53.32	43.27	0.45
3	豆粕，氯化铵	52.77	41.71	0.21
3	豆粕	51.32	41.85	
4	豆粕，尿素	53.94	45.25	0.31
4	豆粕，硫酸铵	52.25	41.84	0.28
4	豆粕，氯化铵	51.37	40.00	0.052
4	豆粕	47.21	40.03	
5	豆粕，尿素	56.71	44.31	0.26
5	豆粕，硫酸铵	49.18	42.18	0.32
5	豆粕，氯化铵	49.04	40.72	0.12
5	豆粕	45.60	39.87	
6	豆粕，尿素	50.80	41.70	0.12

续表

酵母编号	培养基	粗蛋白/%	真蛋白/%	蛋白增加量/g 氮
6	豆粕,硫酸铵	49.10	42.43	0.35
6	豆粕,氯化铵	49.10	40.28	0.078
6	豆粕	45.79	40.12	

注:氮源的添加量均为 2 g 氮源/100g 豆粕。

表 4-2 结果表明,在不添加氮源的实验中,酵母 3 发酵豆粕得到的产品的真蛋白含量最高,说明其在豆粕基质上生长较好且蛋白含量较高;添加氮源后,酵母 3 发酵豆粕得到的产品的真蛋白含量较高,且以添加硫酸铵后的真蛋白最高,经过计算,添加硫酸铵后每克氮对蛋白的提高量也最高,说明硫酸铵在发酵过程中得到很好的利用,最终确定以硫酸铵为添加氮源,以酵母 3 为后续的试验微生物。

4.1.2.5 筛选微生物鉴定

菌落呈圆形、光滑、菌落形态较大较厚,呈乳白色,表面湿润、黏稠,易被挑起。

以提取的酵母基因组 DNA 为模板,采用真菌通用引物 ITS1 和 ITS4 扩增 ITS 序列,PCR 产物经试剂盒纯化后插入 pUCm-T 载体转入 JM109 大肠杆菌感受态细胞中,提取质粒后送样于上海生工测序部测序。测序结果如下:

A. 异常毕赤酵母的 ITS1+5.8S rDNA+ITS2 片段序列的测序结果如下。

GACGTGTCTACCTGATTTGAGGTCAACTTTTAGTTTATTAGTTGTTAAGCCGAG
CCTAAAATACTTCTAAACCTGCCTAGCTGATATAACGAGTTGGAAGAACCTAATAC
ATTATTTCAGAAAGACTGCTTATTAGTACACTCTTGCTAAGTCAATATTTCAAGTTA
ACCCTTGACAGAGTATCACTCAATACCAAACCCGAAGGTTTGAGAGAGAAATGAC
GCTCAAACAGGCATACCCTCTGGAATACCAGAGGGTGCAATGTGCGTTCAAAGAT
TCGATGATTCACGAAAATCTGCAATTCACAATACGTATCGCATTTCGCTGCGTTCT
TCATCGTTGCGAGAACCAAGAGATCCGTTGTTGAAAGTTTTGAAGATTTTAATTTTT
GTTAAAAATTTTCATGACTAATGGTTAAAGGTTTTAACATTAAAAAAATGTGTTTAG
ACCTTTGGGCACGCAGCTAGGCTGATGCACCCAAAGCAAAGTTCAAAAAAACTAG
ACAATGTGTGTAAGGTTTATCGCCGCGCAATTAAGCGCTGGCAATAGAATACTATA
ATGATCCTTCCGCAGGCCACCTGTACGGAAG

B. 马克斯克鲁维酵母的 ITS1+5.8S rDNA+ITS2 片段序列的测序结果如下。

ACTACTGATTTGTGTCAACTTTGAGAGTTTTGGTTAAAGCCGTATGCCTCAAG

GAGACAAACACCAGCGAGTCTTTATAACACCTATGAGTCTCTTTGACCCAAGCTTA
CCACGAATTGGCGCAAACCTAAGACGTAGATGTGCAAGAGTCGAGTCCATAGACT
TGACACGCAGCCCTGCTCACGCAGATGGCAACGGCTAGCCACTTTCAAGTTAACCC
GAGACGAGTATCACTCACTACCAAACCCAAAGGTTTGAGAGAGAAATGACGCTCA
AACAGGCATGCCCCCTGGAATACCAGAGGGCGCAATGTGCGTTCAAAGATTTGAT
GATTCACGAAAATCTGCAATTCACAATACATATCGCAATTCGCTGCGTTCTTCATCG
ATGCGAGAACCAAGAGATCCGTTGTTGAAAGTTTTGAATATTAAATTTTATAGTAT
AATAGTTTTTCATAATACAAAATATTGTTTGTGTTTATGTCCACTGGAGAGACGAGC
TCTCCAGGGAAGTAGTTCATAGAGAAAAAACTCCATTGTGTTTAGGATGAGAAATA
GAAAACTGATAGCAGAGAATCAAGAACTGGCCGCGCAATTAAGCGCAGGCCTTGT
TCAGACGATTCCCCCAGCAATCTATTCATTCATAATCTTTAATGATCCTTCCGCAGG
TTCACCTACGGAAAAA

将所得的酵母 ITS 序列与 GeneBank 数据库中已发表、并被承认的 11 条序列进行了核酸的同源性比对，表 4-3 中列出了相似序列的菌株名称、登录号及相似性。从相似性分析可以看出与 3 号酵母 ITS 序列的相似性达 99%的是 *Pichia anomala*，表明 3 号酵母与 *Pichia anomala* 的亲缘性最近。因此，将 3 号酵母命名为异常毕赤酵母（*Pichia anomala*）。

表 4-3 相似序列的菌株名称、登录号及相似性

序号	ITS 片段长度/bp	相似菌株（登录号）	相似百分比/%
1	602	*Pichia anomala strain* MTCC 462（AY231607）	99
2	375	*Pichia anomala strain*NYSDOH 835-90（AY217020）	99
3	619	*Pichia anomala isolate* P13（AY349442）	98
4	618	*Pichia anomala isolate*ST 33522-03（AY939800）	97
5	614	*Pichia anomala strain* MTCC3815（AY231612）	97
6	550	*Saccharomycete sp.* jbra607（AY796125）	99
7	617	*Pichia anomala isolate* 0732-1（EU380207）	97
8	614	*Pichia anomala strain* MTCC 3815（AY231612）	97
9	601	*Pichia anomala strain* MCCL 209/2K（AY231611）	98
10	618	*Pichia anomala isolate* P19（AY349449）	97
11	521	*Williopsis beijerinckii*（AY563510）	91

4.1.2.6　固态发酵豆粕单因素实验

(1)培养时间的影响

微生物的生长要经过停滞期、对数生长期、稳定期和衰退期四个阶段。不同微生物对原料的利用情况和分解速度不同,对于较容易利用的原料,微生物可以很快经过停滞期而进入生长繁殖期,即停滞期较短;而对于一些较难分解利用的原料(纤维等结构复杂的碳水化合物),微生物的停滞期会相应延长。一般情况下,发酵初期,随着培养时间的延长,产品的蛋白含量逐渐增加,到了稳定期,产品的蛋白含量基本保持恒定,此时应停止发酵,培养时间过长,可能造成杂菌污染,影响发酵产品的品质。

Verhulat Pearl 提出,在某一特定环境条件下,应有一最大细胞质量浓度(g/L)。根据这一概念提出了 Logistic 方程。在生产发酵豆粕过程中,由于菌体的繁殖和营养物质的消耗,使得菌体不会无限制地生长,蛋白含量在某一时间达到某一最大值后不再变化。发酵过程是菌体量的增加过程,用宏观的蛋白含量变化来描述该过程是可行的,即菌体量和蛋白增加应存在某一统计学意义上的关联。采用 Logistic 方程能够恰当描述整个发酵过程的蛋白质量分数变化。应用 Origin 9.0 软件非线性方程 Slogistic3 按实验测定数据进行拟合,可以得到图 4-1。蛋白质量分数随时间增加的数学模型和动力学方程为式(4-1)和式(4-2):

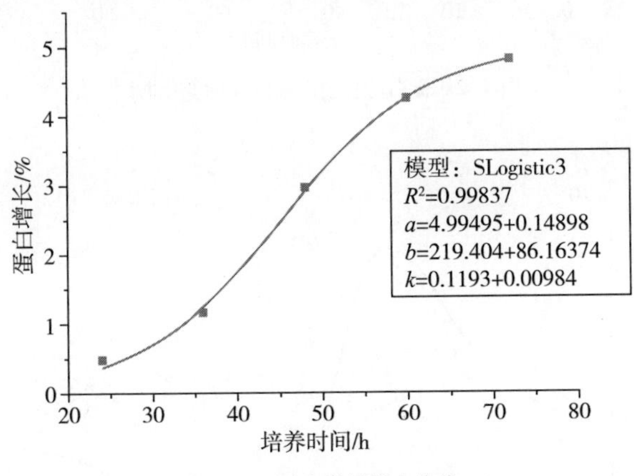

图 4-1　蛋白增长拟合曲线

$$X=\frac{4.995}{1+219.404e^{-0.1193t}} \tag{4-1}$$

$$v=\frac{\mathrm{d}X}{\mathrm{d}t}=\frac{0.5959}{1+219.404e^{-0.1193t}}\left(1-\frac{1}{1+219.404e^{-0.1193t}}\right) \tag{4-2}$$

将式(4-2)对时间求导简化得比速度[式(4-3)]：

$$\frac{\mathrm{d}v}{\mathrm{d}t}=\frac{0.071}{1+219.404\mathrm{e}^{-0.1193t}}\left(1-\frac{1}{1+219.404\mathrm{e}^{-0.1193t}}\right)\left(1-\frac{2}{1+219.404\mathrm{e}^{-0.1193t}}\right) \quad (4-3)$$

做蛋白增长速度和比速度随时间的变化曲线，结果如图 4-2、图 4-3 所示。图 4-2 直观地描述了整个发酵过程的内部变化。另外，分析可知在 40 h 左右发酵速度达到最大。在 35 h 和 55 h 时，比速度分别达到最大值、最小值。因此，可以认为在 33 h 以前为发酵延滞期，55 h 后进入发酵的减速期——静止期和衰亡期，中间时间为发酵的对数增长期和旺盛期。

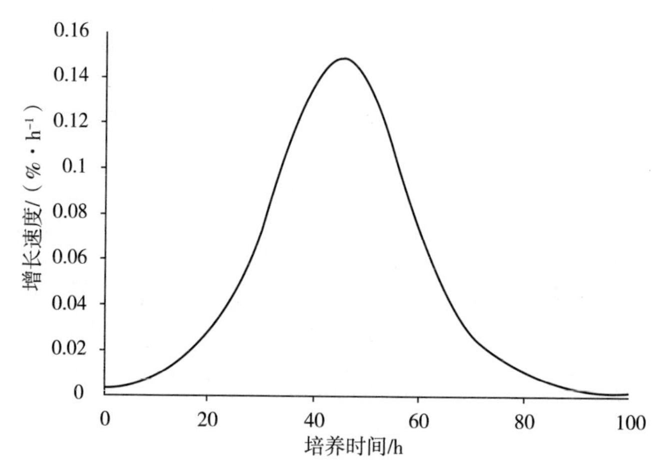

图 4-2　蛋白增长速度随时间的变化曲线

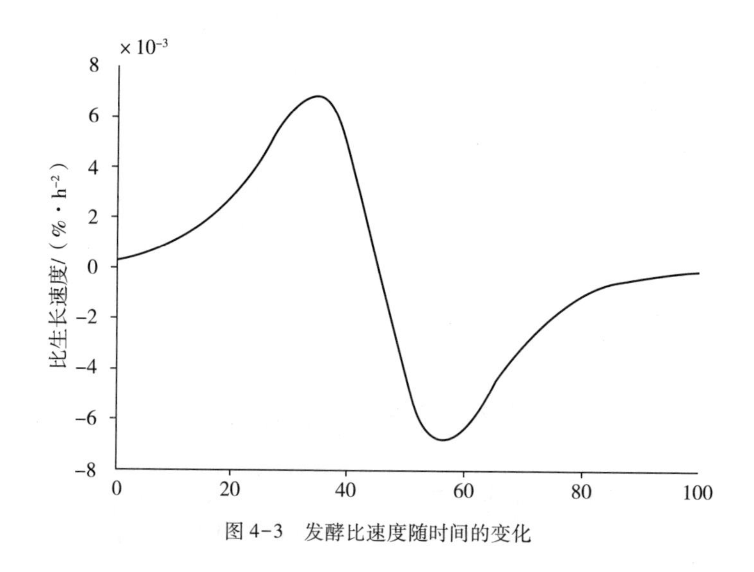

图 4-3　发酵比速度随时间的变化

对发酵豆粕蛋白增长速度随时间变化进行作图、运算，进而求出理论上关键的最大增长速率、最大比增长速率及他们的对应时间点，以此来确定所处的发酵状态，从而为确定发酵阶段、选择适宜的培养时间（60 h左右）及优化其他发酵参数提供理论依据。

（2）料水比的影响

料水比对蛋白含量的影响如图4-4所示。

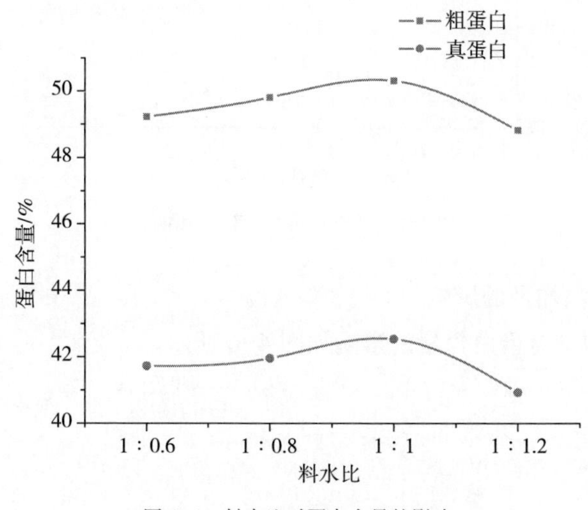

图4-4　料水比对蛋白含量的影响

固态发酵一般起始含水量为30%~75%，游离水含量过低，基质膨胀程度低，不利于菌体生长，细胞因内部水分扩散而收缩；水分过高时，细胞呼吸作用旺盛，培养基有效空隙减少，基质多孔性降低，增加了氧的传质阻力和杂菌污染的可能。因此，培养基水分过高或过低都不利于酵母的固体发酵，本实验选用1∶1的发酵料水比。

（3）接种量的影响

接种量对蛋白含量的影响如图4-5所示。

接种量是指移植的种子液体积和发酵物体积之比。接种量的多少是由发酵罐中微生物的生长繁殖速度决定的。通常采用较大的接种量可缩短微生物生长达到高峰的时间，使产物的合成提前，这是由于种子量多，有利于基质的利用。但是，如果接种量过大，也可能使菌种生长过快，培养物黏度增加，导致溶氧不足，影响产物的合成。由实验结果确定本实验的最佳接种量为4%。

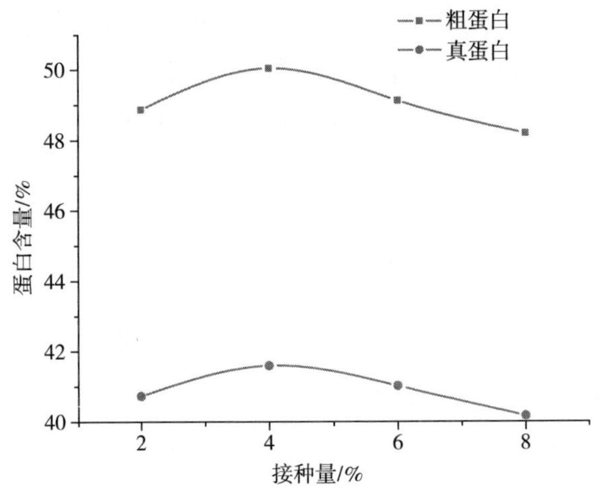

图 4-5　接种量对蛋白含量的影响

(4)葡萄糖添加量的影响

葡萄糖添加量对蛋白含量的影响如图 4-6 所示。

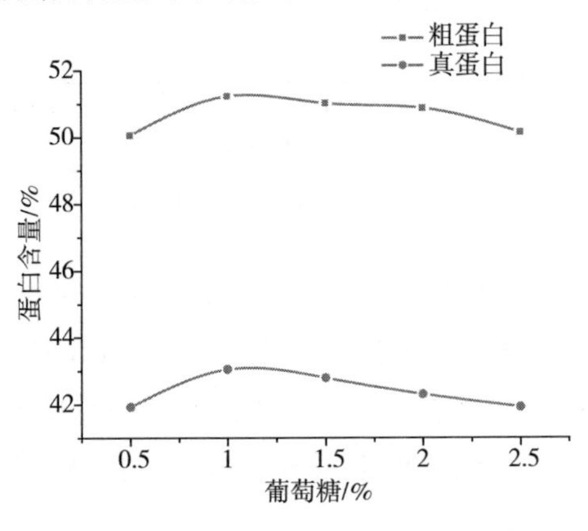

图 4-6　葡萄糖添加量对蛋白含量的影响

碳源是构成菌体碳架及微生物生长的主要能量来源,是细胞内的贮藏物质,在微生物生长和代谢过程中发挥重要作用。在发酵过程中增加豆粕培养基中的糖含量(葡萄糖)可显著提高菌体生物量,有利于菌体蛋白合成,提高豆粕产品中的蛋白含量。由图 4-6 可看出葡萄糖添加量在 1%时,发酵产品中的真蛋白含量达到最大值。当葡萄糖添加量超过 1%时,真蛋白含量开始下降。因此,葡萄糖添加量选择 1%。

(5)硫酸铵添加量的影响

硫酸铵添加量对蛋白含量的影响如图 4-7 所示。

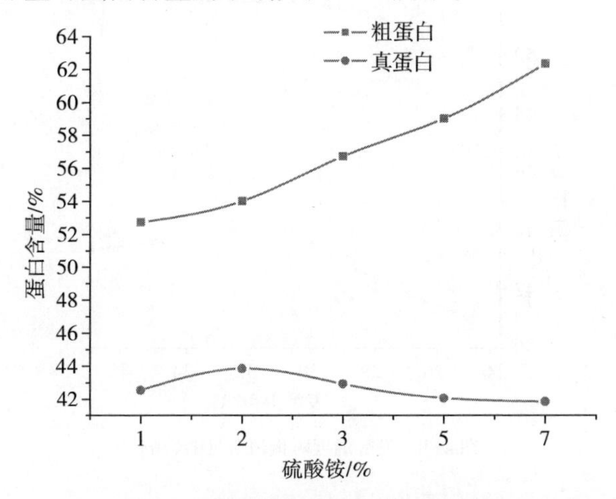

图 4-7　硫酸铵添加量对蛋白含量的影响

向发酵基质中添加氮源是提高发酵产物蛋白质含量的一种有效措施,可减少发酵原料中碳能源物质的无效消耗,且硫酸铵在发酵过程中可以很快地解离为 SO_4^{2-} 和 NH_4^+,能被微生物直接利用,SO_4^{2-} 又能降低培养料的 pH 值,有利于酵母菌体的生长。粗蛋白包括真蛋白、非蛋白有机氮和无机氮,非蛋白有机氮和无机氮对大多种饲养动物而言并不具备蛋白质的营养功能,因此以粗蛋白含量来表示真蛋白含量不能真实反映饲料蛋白的质量和数量。在固体发酵前后的物料中,往往存在着相当数量的非蛋白氮,应以真蛋白含量变化来反映蛋白质的变化。由图 4-7 看出随着硫酸铵添加量的增加,发酵豆粕中的粗蛋白含量也随之提高,但硫酸铵的添加量在 2% 时,发酵豆粕的真蛋白含量达到最大值。再增加硫酸铵的使用量,蛋白质含量又降低,其原因可能是 SO_4^{2-} 浓度过高,使发酵基质的 pH 降得太低,抑制了微生物的生长和蛋白质的合成。因此,硫酸铵添加量选择 2%。

(6)发酵温度的影响

发酵温度是影响产物蛋白质含量的一个重要因素。温度的改变常常影响微生物体内生化反应的速度,以及微生物的繁殖速度。对于某一特定的微生物菌株来说,只有在一定的温度范围内,微生物的生长速率最快,过高或过低的温度都会抑制微生物的生长。由图 4-8 可知,发酵温度为 30℃时,发酵豆粕的真蛋白含量达到最大值。因此,后续实验选择发酵温度为 30℃。

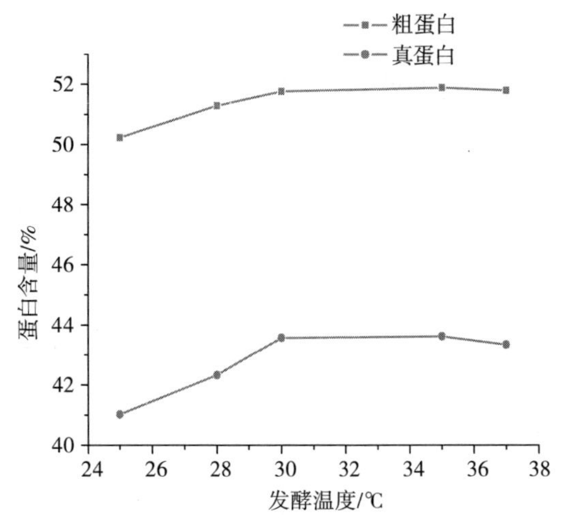

图 4-8 发酵温度对蛋白含量的影响

4.1.2.7 固态发酵豆粕中心组合设计试验

通过上述单因素实验能够确定单个发酵条件对发酵豆粕蛋白含量的影响，但不能确定各个因素之间的浓度水平及各因素之间的交互作用，采用中心组合实验设计（CCD）进一步优化发酵豆粕最优条件。本实验设计采用 6 因素 3 水平的中心组合试验设计，将每个因素（接种量、培养时间、料水比、硫酸铵添加量、葡萄糖添加量、发酵温度）进行重新编码和水平标注（见表 4-4）。

表 4-4 中心组合试验设计中变量的编码与水平

因素	名称	水平		
		-1	0	1
X_1	接种量/%	1	5	10
X_2	培养时间/h	48	60	72
X_3	料水比[a]/1∶N	1∶0.8	1∶1.0	1∶1.2
X_4	硫酸铵添加量[b]/%	1	2	3
X_5	葡萄糖添加量[b]/%	0	1	2
X_6	发酵温度/℃	28	30	37

注：a 表示料水比为物料重量与水用量的体积之比，单位为 g/mL；b 表示硫酸铵添加量和葡萄糖添加量为添加物的重量与豆粕的重量之比。

表 4-5 列出了 CCD 实验设计下 *P. anomala* 发酵豆粕蛋白的含量，其中第 49~54 次实验为 6 次重复的中心点试验，用于考察模型的误差。

表 4-5　Box-Behnken 试验设计

编号	X_1	X_2	X_3	X_4	X_5	X_6	Y/%	编号	X_1	X_2	X_3	X_4	X_5	X_6	Y/%
1	−1	−1	0	−1	0	0	40.14	28	1	0	0	−1	1	0	39.11
2	−1	−1	0	1	0	0	40.37	29	−1	0	0	1	−1	0	38.95
3	−1	1	0	−1	0	0	40.85	30	1	0	0	1	−1	0	40.56
4	−1	1	0	1	0	0	40.89	31	−1	0	0	1	1	0	38.84
5	1	−1	0	−1	0	0	39.59	32	1	0	0	1	1	0	40.66
6	1	−1	0	1	0	0	40.33	33	0	−1	0	0	−1	−1	39.21
7	1	1	0	−1	0	0	39.27	34	0	1	0	0	−1	−1	39.73
8	1	1	0	1	0	0	40.04	35	0	−1	0	0	−1	1	39.35
9	0	−1	−1	0	−1	0	40.25	36	0	1	0	0	−1	1	39.64
10	0	−1	−1	0	1	0	40.84	37	0	−1	0	0	1	−1	39.30
11	0	−1	1	0	−1	0	40.18	38	0	1	0	0	1	−1	39.46
12	0	−1	1	0	1	0	39.73	39	0	−1	0	0	1	1	40.04
13	0	1	−1	0	−1	0	40.39	40	0	1	0	0	1	1	40.79
14	0	1	−1	0	1	0	40.97	41	−1	0	−1	0	0	−1	40.25
15	0	1	1	0	−1	0	40.23	42	−1	0	1	0	0	−1	40.21
16	0	1	1	0	1	0	40.05	43	1	0	−1	0	0	−1	39.78
17	0	0	−1	−1	0	−1	39.21	44	1	0	1	0	0	−1	39.87
18	0	0	−1	−1	0	1	38.49	45	−1	0	−1	0	0	1	39.28
19	0	0	−1	1	0	−1	39.40	46	−1	0	1	0	0	1	39.37
20	0	0	−1	1	0	1	39.73	47	1	0	−1	0	0	1	40.93
21	0	0	1	−1	0	−1	40.33	48	1	0	1	0	0	1	41.20
22	0	0	1	−1	0	1	38.98	49	0	0	0	0	0	0	43.61
23	0	0	1	1	0	−1	39.91	50	0	0	0	0	0	0	43.97
24	0	0	1	1	0	1	40.97	51	0	0	0	0	0	0	43.92
25	−1	0	0	−1	−1	0	38.39	52	0	0	0	0	0	0	43.68
26	1	0	0	−1	−1	0	38.66	53	0	0	0	0	0	0	43.68
27	−1	0	0	−1	1	0	38.49	54	0	0	0	0	0	0	44.10

二次方程的拟合度可由决定系数 R^2、相关系数 R、变异系数 CV 或者 F 值来

反映。一个具有较好拟合度的二次方程模型,其 R^2 至少为0.8。通常 CV 值反映模型的置信度,即 CV 值越低模型的置信度越高。根据 Joglekar 模型的 CV 值在10以内时,就意味着其置信度较高。

对 CCD 试验设计结果进行方差分析,结果如表4-6所示,经 F 值检验显示总模型方程高度显著($P<0.001$),R^2 值为0.9324,说明93.24%的发酵豆粕蛋白含量分布在所考察的6个因子中,含量分布中仅有6.76%不能由该模型来解释。本实验设计的 CV 值为1.3266,说明模型方程能够很好地反映真实的试验数据。因此该试验设计可以通过二阶模型方程进行描述。

表4-6 回归方程各项的方差分析

方差来源	自由度	平方和	均方	F 值	$P>F$
一次项	6	5.1009	0.0464	2.97	0.0239
平方项	6	91.1656	0.8299	53.16	<0.0001
交互项	15	6.1604	0.0561	1.44	0.2025
所有项	27	102.4268	0.9324	13.27	<0.0001
总误差	26	7.4309	0.2858		

注:变异系数(CV)=1.3266;决定系数(R^2)=93.24%。

考虑显著项,发酵过程参数对发酵豆粕蛋白含量的影响可以通过以下多元回归方程进行描述:

$$Y=43.8267+0.1654X_1+0.1242X_2+0.06292X_3+0.3808X_4+0.1142X_5+0.08792X_6-1.18542X_1^2-0.7871X_2^2-0.9450X_3^2-1.6692X_4^2-1.7646X_5^2-1.5850X_6^2$$

得到发酵豆粕的最优条件分别为:接种量5.45%,培养时间61.05 h,料水比1∶1.006,硫酸铵添加量2.13%,葡萄糖添加量1.03%,发酵温度30.42℃,最终得到的发酵产品真蛋白含量达到43.87%,较原料豆粕的真蛋白含量(39.46%)提高了11.18%。为了证明模型预测的准确性,进行3次平行最优条件下的重复性实验,结果分别为:44.03%、43.92%、43.71%,平均值为43.89%,这说明模型方程真实可行,能够很好地预测实验结果。

4.1.2.8 **结论**

确定了氮源在豆粕发酵过程的最佳添加方式:氮源溶解于水后添加到豆粕中混匀,再灭菌接种发酵。

从三种氮源(尿素、硫酸铵和氯化铵)中确定发酵豆粕最适添加氮源为硫酸铵;通过发酵豆粕粗蛋白和真蛋白含量的测定试验,从 6 株不同酵母中确定最好发酵豆粕为酵母 3,鉴定结果为异常毕赤酵母。

以豆粕为发酵原料,通过单因素实验和中心组合设计试验对发酵条件进行优化,确定固态发酵豆粕的最适条件为:接种量 5.45%,培养时间 61.05 h,料水比 1∶1.006,硫酸铵添加量 2.13%,葡萄糖添加量 1.03%,发酵温度 30.42℃,最终得到的发酵豆粕真蛋白含量达到 43.87%,较原料豆粕提高了 11.18%。

4.1.3　较高赖氨酸含量酵母菌株的鉴定、诱变及固态发酵豆粕

赖氨酸是一种动物自身不能合成的第一限制性必需氨基酸,在食品和饲料中赖氨酸含量不足时,会限制其他氨基酸的吸收和利用,造成蛋白质合成能力低。含有赖氨酸的强化饲料,可加速畜禽的生长发育,而且提高瘦肉率和产卵率,缩短饲养期,提高产肉、产蛋及产奶率,增强畜禽的免疫力。因此在饲料中,赖氨酸的含量至关重要。

酵母以其生长繁殖快、蛋白质含量高、富含各种氨基酸和安全无毒等特点,已成为生物蛋白的首选菌种。但对酵母来说,由于赖氨酸生物合成体系中没有分支途径(图 4-9),也就不存在由这个体系中其他代谢产物来进行的控制,因此,想要依靠像细菌那样的营养缺陷型变异株进行筛选是不可能的,这样必须取得在遗传上解除调节控制的调节突变株。自 Aldberg 发现结构类似物抗性突变株可积累相应的氨基酸以来,筛选抗结构类似物突变株获得氨基酸高产菌株的

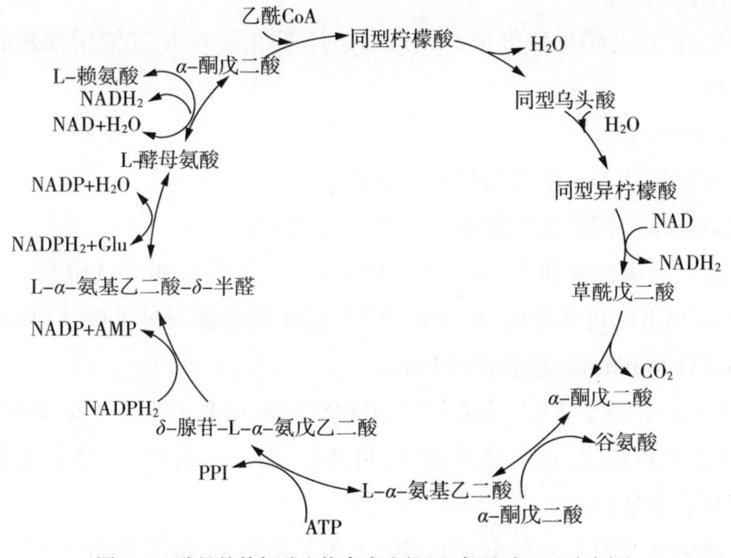

图 4-9　酵母的赖氨酸生物合成途径(α-氨基酸乙二酸途径)

方法已得到广泛应用,并已被证明是一种高效率的育种手段。其机理已被阐明:在自身严格的代谢条件控制下,微生物体内氨基酸不会过量合成。结构类似物抗性往往是正常代谢调节发生突变的结果,即抗性是氨基酸过量合成和积累所导致的对结构类似物干扰代谢作用的纠正结果。

因此,本研究尝试以 AEC 作为 L-赖氨酸的结构类似物,通过结构类似物抗性突变株筛选出胞内赖氨酸过量积累的酵母突变株,并利用筛选得到的菌株固态发酵豆粕,通过发酵过程条件优化,得到富含赖氨酸的优质蛋白饲料,提高豆粕在饲料行业的营养价值和利用率。

4.1.3.1 **实验原料**

①斜面保藏培养基(g/L)。

5°P 麦汁培养基

②AEC 梯度筛选培养基(g/L)。

酵母膏 5,蛋白胨 10,葡萄糖 20。AEC 和链霉素均在其余基质灭菌后加入,配成完整的培养基。

③初筛培养基(g/L)。

酵母膏 5,蛋白胨 10,葡萄糖 20。

④复筛培养基。

豆粕∶水=1∶0.8。

4.1.3.2 **实验方法**

(1)出发菌种筛选

固态发酵豆粕,接种酵母量 5%,30℃条件下培养 48 h,70℃干燥粉碎后测定赖氨酸含量。

(2)紫外线诱变

1)出发菌株培养与酵母菌悬液的制备

出发菌株移接新鲜斜面培养基,30℃培养 24 h。

将活化后的菌株接种于 YPD 液体培养基(三角瓶),30℃、110 r/min 振荡培养过夜(16~18 h),培养之后以 30%~50% 接种量再接到另外的 YPD 液体培养基中,30℃、110r/min 振荡培养 4~6 h。

取 4 mL 培养液于 5 mL 离心管中,10000 r/min 离心 3~5 min,弃去上清液,加 4 mL 无菌生理盐水,重新悬浮菌体,再离心,弃去上清液,重复上述步骤用生理盐水恢复成菌悬液。

将上述菌悬液倒入装有小玻璃珠的无菌三角瓶内,振荡 30 min 左右,打散细胞,制成单细胞菌悬液,备用。

2) AEC 最低抑制浓度的测定

YPD 培养基倒平板冷凝后,均匀涂布酵母菌悬液。

配制不同浓度的 AEC 溶液:1 mg/L, 50 mg/L, 100 mg/L, 250 mg/L, 500 mg/L, 750 mg/L, 1 g/L, 1.5 g/L, 2 g/L, 2.5 g/L, 3 g/L, 5 g/L。

打孔器打出若干滤纸圆片。

不同滤纸圆片蘸取不同浓度 AEC 溶液后于一张大滤纸晾一会(不要太久)后,均匀放置于 YPD 平板上,在 30℃下培养,观察酵母生长结果,滤纸片周围有抑菌圈(酵母不生长)的最小药物浓度即为出发菌株 AEC 的最低抑制浓度 $Y_{最低}$。

3) 诱变前计数

吸取菌悬液 0.5 mL 进行适当地稀释分离,取 3 个合适的稀释度,然后进行平板菌落计数。每一梯度涂布两皿,每皿加 0.2 mL 菌液,30℃倒置培养 24~36 h,培养后计菌落数,计算菌悬液的浓度。

将菌悬液进行适度稀释至细胞密度为 10^6~10^7 个/mL。

4) UV 诱变处理(紫外线诱变最适剂量的确定及诱变过程)

将紫外灯打开,预热 30 min;取直径 6 cm 的无菌培养皿(含转子),加入菌悬液 5 mL(控制细胞密度为 10^6~10^7 个/mL)。

将待处理的培养皿置于诱变箱内的磁力搅拌仪上,静止 1 min 后开启磁力搅拌,然后打开皿盖,距离 30 cm,处理一定时间(0、30、45、60、75、90、120 s),照射完毕后先盖上皿盖,再关闭搅拌和紫外灯。

绘制致死曲线,取适当致死率进行紫外诱变。

5) 诱变后培养

取 1 mL 诱变处理好的菌悬液接入 YPD 液体培养基(含 2 倍 AEC 最低抑制浓度和 50 mg/L 的链霉素),进行后培养 24~48 h,30℃、120r/min 摇瓶避光培养;对后培养的菌悬液进行平板菌落计数和血球计数。

6) 高赖氨酸含量酵母菌株的筛选

首先对后培养菌液进行血球计数板计数,了解细胞的数量级,据此数据计算合适的稀释度 A,控制培养后每皿 100~200 个菌落,即涂布的 0.2 mL 培养液中含有 100~200 个细胞。均匀涂布稀释度 A 的稀释菌液,30℃培养,挑取长势较好的菌落保藏。

7) 转接实验

用 YPD 斜面转接 5 代,分别对 5 代的酵母中赖氨酸含量进行测定,考察遗传稳定性。

(3)固态发酵条件的研究

首先采用单因素实验确定料水比、接种量、培养时间和发酵温度对赖氨酸生成的影响。然后采用SAS 8.1软件中的Box-Behnken设计来模拟响应面模型，以接种量、料水比、培养时间和发酵温度为自变量，分别记为变量X_1、X_2、X_3、X_4，以赖氨酸/绝干豆粕(%)为响应值，记为变量Y。根据Box-Behnken中心组成设计原理，设计了4因素3水平的响应面分析(RSA)试验，共27个试验点，3个中心点重复试验。

(4)赖氨酸的测定

1)酸性茚三酮法——酵母胞内赖氨酸测定

①赖氨酸标准曲线。

利用赖氨酸在pH 3以下与酸性茚三酮试剂发生特殊的颜色反应，并在475 nm波长下比色测定。

操作步骤：精确称取0.0125 g赖氨酸定容于25 mL容量瓶，浓度为0.5 g/L；从25 mL容量瓶中分别取0、0.4、0.8、1.0、1.2、1.6、2.0 mL赖氨酸于试管中，定量到2 mL；则赖氨酸的浓度分别为0、0.1、0.2、0.25、0.3、0.4和0.5 g/L。向上述试管中各加4mL茚三酮，摇匀，于沸水浴中煮沸20 min后冷却。721型分光光度计475 nm处比色，得到赖氨酸标准曲线。

②胞内赖氨酸抽提。

将液体发酵完毕的菌液取5 mL放入离心管(2支)，4000 r/min离心10 min，弃上清液，用生理盐水洗涤，再离心2次。一份干燥后称酵母干重，另一份倒掉上清液后加5 mL 60℃热水，振荡均匀，于100℃沸水中煮沸20 min，冷却后再次离心，上清液即为酵母胞内游离赖氨酸溶液。

③胞内赖氨酸测定。

取离心的上清液2 mL放入比色管中，再加4 mL茚三酮，摇匀，于沸水浴中煮沸20 min，后冷却，721型分光光度计475 nm处比色，得OD值(y)，通过标准曲线得出2 mL上清液的赖氨酸浓度，计算得到酵母胞内赖氨酸质量分数。

2)染料结合法(DBL法)——发酵豆粕赖氨酸测定

①试剂。

草酸—乙酸—磷酸盐缓冲溶液：3.3 g硫酸二氢钾和20 g草酸分别溶于热水后，转移至1000 mL容量瓶中，再加入1.7 mL 85%磷酸、60 mL乙酸、1 mL丙酸，冷却至室温，用蒸馏水定容。

3.89 mmol/L 酸性橙 12 染料溶液：准确称取 1.363 g 酸性橙 12，溶解于热的缓冲液中，再转移至 1000 mL 容量瓶中，冷却至室温，用缓冲溶液定容。

16%(w/v) 乙酸钠溶液：称取 16 g 无水乙酸钠配制成 100 mL 溶液。

②测定步骤。

准确称取粉碎至 40~60 目筛的样品 0.1000 g(A1、A2) 和 0.1600 g(B1、B2) 于 50 mL 具塞比色管中，投入一粒玻璃珠，每个瓶中加入 2 mL 乙酸钠溶液，B1、B2 瓶中加入 0.2 mL 丙酸酐，A1、A2 瓶中加入缓冲溶液 0.2 mL，将各瓶置于振荡器上振荡 20 min，此时 B1、B2 瓶中样品进行丙酰化反应。再向各瓶中加入酸性橙 12 溶液 20 mL，置于振荡器上振荡 2 h，取出倒一部分至离心管中离心沉淀，取其上清液，用缓冲液稀释后，在 482 nm 下测定其吸光度，将吸光度在标准曲线上查出对应的染料浓度，再代入公式进行计算，即得出豆粕中有效赖氨酸的含量。

③标准曲线。

对于 3.89 mmol/L 浓度染料，配制 0、0.0039、0.0097、0.019、0.039、0.058、0.078 mmol/L 标准系列，在 482 nm 下测定其吸光度。然后以吸光度为纵坐标，染料浓度为横坐标，绘制标准曲线，计算回归方程。

④结果与计算。

计算公式如式(4-4)所示：

$$\text{有效赖氨酸}(\%)=\left(\frac{3.89-1.11C_A}{W_A}-\frac{3.89-1.11C_B}{W_B}\times146.2\times10^{-3}\times20\times10^{-3}\times100\right) \tag{4-4}$$

式中：3.89——所加溶液原始浓度，mmol/L；

20——所加入的染料溶液，mL；

1.11——(20+2+0.2) 与 20 的体积比；

C_A——酰化样品的剩余染料溶液浓度，mmol/L；

C_B——不酰化样品的剩余染料溶液浓度，mmol/L；

W_A——不酰化样品的称样量，g；

W_B——酰化样品的称样量，g；

146.2——赖氨酸的分子量。

4.1.3.3　出发菌株筛选

由表 4-7 中结果可以看出，酵母 9 发酵豆粕的赖氨酸含量最高，且氨基酸的总量也较高，因此确定酵母诱变的出发菌株为：酵母 9。

表 4-7 酵母出发菌株的筛选

编号	赖氨酸/%	水分/%	(赖氨酸/绝干豆粕)/%	氨基酸总量(17 种)/%
豆粕	2.29	11.25	2.58	40.77
酵母 1	2.15	7.13	2.32	-
酵母 2	2.11	6.92	2.27	-
酵母 3	2.30	8.12	2.5	-
酵母 4	1.95	7.93	2.12	-
酵母 5	2.43	7.71	2.63	43.21
酵母 6	2.42	6.88	2.6	43.16
酵母 7	2.33	6.59	2.49	-
酵母 8	2.50	8.23	2.72	43.19
酵母 9	2.58	7.70	2.80	43.82
产朊假丝酵母	2.49	8.34	2.72	43.56

注:-表示未检测。

4.1.3.4 菌株分子鉴定结果

菌落呈卵圆形,光滑,菌落形态较大较厚,呈乳白色,表面湿润、黏稠,易被挑起。

以提取的酵母基因组 DNA 为模板,采用真菌通用引物 ITS1 和 ITS4 扩增 ITS 序列,PCR 产物经试剂盒纯化后插入 *p*UC*m*-T 载体转入 JM109 大肠杆菌感受态细胞中,提取质粒后送样于上海生工测序部测序。

将所得的酵母 ITS 序列与 GeneBank 数据库中已发表、并被承认的 11 条序列进行了核酸的同源性比对,表 4-8 中列出了相似序列的菌株名称、登录号及相似性。从相似性分析可以看出与 9 号酵母的 ITS 序列的相似性达 99%的是 *Kluyveromyces marxianus*,表明 9 号酵母与 *Kluyveromyces marxianus* 的亲缘性最近。因此,综合形态鉴定和分子鉴定,对 9 号酵母命名为马克斯克鲁维酵母(*Kluyveromyces marxianus*)。

表 4-8 相似序列的菌株名称、登录号及相似性

菌株名称	ITS 片段长度/bp	相似菌株(登录号)	相似百分比/%
1	721	*Kluyveromyces marxianus isolate*VA 116042-03(AY939806)	99
2	721	*Kluyveromyces marxianus isolate* AS2.1549(EU019227)	98
3	676	*Kluyveromyces marxianus strain* ATCC 4135(DQ249191)	98

续表

菌株名称	ITS 片段长度/bp	相似菌株(登录号)	相似百分比/%
4	683	*Kluyveromyces marxianus* ATCC:66028(EU266570)	97
5	636	*Kluyveromyces aestuarii*(AY046210)	88
6	632	*Kluyveromyces dobzhanskii*(AJ401722)	96
7	631	*Kluyveromyces lactis*(AY626023)	96
8	630	*Kluyveromyces lactis strain* UWO79-169(AY628331)	95
9	635	*Kluyveromyces wickerhamii*(AY046212)	93
10	673	*Lachancea meyersii*(AY645661)	94
11	373	*Candida atlantica*(EF065169)	97

4.1.3.5　紫外线诱变结果

(1)紫外线诱变致死曲线

研究了马克斯克鲁维酵母紫外线照射时间与致死率的关系,得到了紫外线对酵母诱变的致死率,结果如表 4-9 所示。

表 4-9　紫外照射时间与致死率的关系

照射时间/s	30	45	60	75	90	120
致死率/%	33.33	80	90.6	99.93	99.98	99.99

确定酵母诱变的紫外照射时间为 60 s。

(2)AEC 对待试菌株最低抑制浓度的确定

观察结果发现,对照滤纸片 16 h 周围有很多菌落长出,堆积在滤纸片周围,且菌落生长较旺盛;而添加有 AEC 梯度浓度的滤纸片周围出现菌落的时间较晚,菌落数量也少。在 1000 mg/L AEC 筛选滤纸片上,约在 30 h 时,抑菌圈形成且较清晰;2000 mg/L　AEC 筛选滤纸片在 48h 形成较清晰较大抑菌圈。结果见表 4-10。

表 4-10　AEC 对酵母菌生长性状的影响

AEC 浓度/($mg \cdot L^{-1}$)	对照	1	50	100	250	500	750	1000	1500	2000	2500	3000	5000
培养时间/h	16	16	24	24	24	30	30	30	48	48	60	72	72
抑菌圈大小	——	——	——	——	-	-	-	±	+	+	+	++	++

注:++表示抑菌圈大;±表示有抑菌圈;——表示抑菌圈小;-表示抑菌圈更小。

由表中数据确定 1000 mg/L AEC 浓度为出发菌株的生长最低抑制浓度。但在挑选抗性突变株或抗性增强突变株时，为安全起见，中间培养摇瓶和选择性平板内含有的 AEC 浓度选定在 2000 mg/L。

(3)突变株初筛和复筛

采用初筛液体培养基进行摇瓶振荡培养，相同发酵条件下测定不同诱变酵母菌株(共 110 株)胞内赖氨酸的变化情况，采用 SPSS 实验设计软件对数据进行频数分析，见图 4-10。

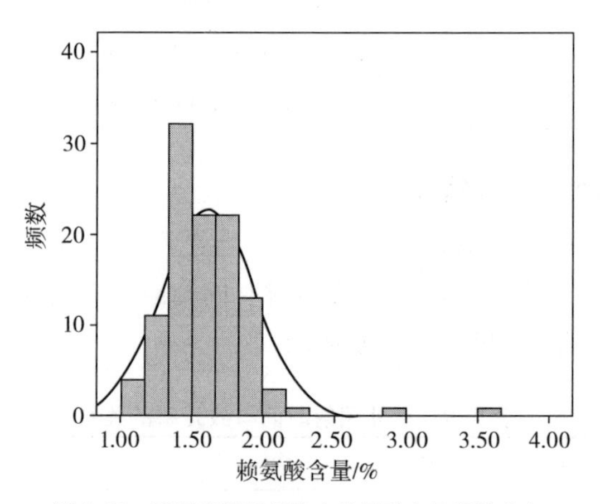

图 4-10 摇瓶发酵酵母胞内赖氨酸含量频数分布

为尽可能筛选到胞内赖氨酸含量提高幅度较大的突变株，从初筛结果中挑选出胞内赖氨酸含量最高的 8 株酵母进行固态发酵豆粕复筛实验，每次实验重复 3 次，测定赖氨酸后计算平均值，得到结果见表 4-11。

表 4-11 紫外线诱变菌株固态发酵豆粕复筛结果

菌株	赖氨酸含量*/%	菌株	赖氨酸含量*/%	菌株	赖氨酸含量*/%
豆粕	2.56	K_{15}	2.97	K_{30}	2.81
K_{37}	2.91	K_{70}	2.82	K_{86}	2.83
K_{90}	2.83	K_{93}	2.80	K_{102}	2.80

注：* 表示本实验中赖氨酸含量均为扣除水分之后绝干豆粕中赖氨酸含量，后同。

由表 4-11 复筛结果得到两株高产突变株 K_{15} 和 K_{37}，发酵豆粕赖氨酸含量分别达到 2.97% 和 2.91%，较豆粕赖氨酸含量 2.56% 分别提高了 16.02% 和 13.67%。

(4)遗传稳定性研究

经紫外线诱变筛选出的抗AEC(2000 mg/L)突变菌株 K_{15} 和 K_{37},经转接试验5次,AEC抗性突变株菌落生长快,固态发酵豆粕测定产品中赖氨酸含量分别稳定在3.01%和2.93%,见表4-12。由转接实验结果确定发酵豆粕的首选菌株为马克斯克鲁维酵母 K_{15}。

表4-12　转接试验结果

转接次数/次	K_{15} 发酵豆粕赖氨酸含量/%	K_{37} 发酵豆粕赖氨酸含量/%
1	3. 10	2. 97
2	3. 02	3. 00
3	2. 99	2. 93
4	2. 96	2. 86
5	3. 00	2. 90
平均值	3. 01	2. 93

4. 1. 3. 6　固态发酵豆粕单因素实验

(1)接种量的影响

接种量对发酵豆粕中的赖氨酸含量的影响见图4-11,可以看出接种量为8%时可以达到最大的赖氨酸含量(2. 97%)。

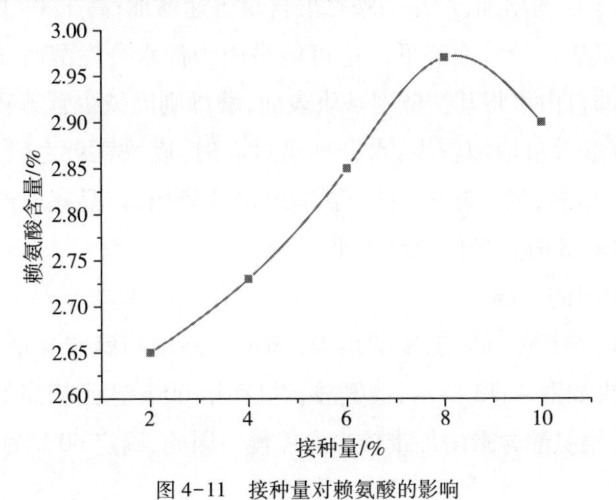

图4-11　接种量对赖氨酸的影响

实验结果表明,接种量从2%增加到8%时,赖氨酸含量明显提高,继续增加接种量,影响不大,甚至有略为下降趋势,所以,8%的接种量即可。

(2)料水比的影响

固态发酵过程中,料水比在细胞生长和酶的合成方面发挥了重要作用。水的添加可以促进基质溶胀,有利于微生物生长利用,但是水的最适添加量要视不同发酵系统情况而定。由图 4-12 看出当发酵基质的料水比为 1∶0.8 时,发酵豆粕的赖氨酸含量达到最大值(2.95%)。

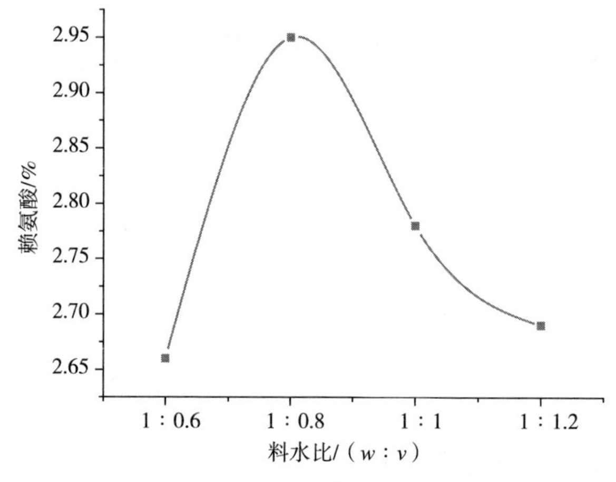

图 4-12　料水比对赖氨酸含量的影响

结果表明,底物中水分含量对产品赖氨酸含量影响显著。当料水比小于 1∶0.8 时,随着料水比的增加,产品的赖氨酸含量迅速增加;高于 1∶0.8 时,随着料水比的增加赖氨酸含量反而降低。这可能是因为低水分发酵时,底物中的营养物质没有足够的自由水将其扩散到基质表面,酵母则因缺少营养物质,繁殖受到限制,产品赖氨酸含量增加较少;水分含量过高时,底物颗粒之间没有足够的空隙度,物料相互粘黏,酵母呼吸困难,影响酵母的繁殖,产品赖氨酸含量较低,因此料水比为 1∶0.8 时是最佳的料水比。

(3)培养时间的影响

采用豆粕培养基进行固态发酵培养,测定产品中赖氨酸含量随培养时间的变化情况。结果如图 4-13 所示,赖氨酸含量在第 60 h 达到较高值(2.98%),随着时间的延长,赖氨酸含量增加量较少且缓慢。因此,确定 60 h 为发酵豆粕的适宜时间。

(4)发酵温度的影响

温度通过影响蛋白质、核酸等大分子的结构与功能,以及细胞结构(如细胞膜的流动性及完整性)来影响微生物的生长、繁殖和代谢。过高的环境温度会导致蛋白质或核酸的变性失活，菌体生长受到抑制；而过低的温度会导致菌体分裂生长过于缓慢，酶作用效果很差。在不同的发酵温度下，赖氨酸含量也不同。从图 4-14 中可以看出，当发酵温度为 30℃时，产物有较高的赖氨酸含量。

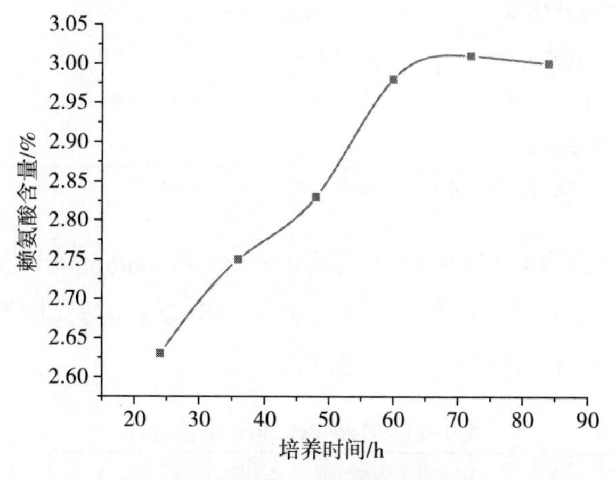

图 4-13　培养时间对赖氨酸含量的影响

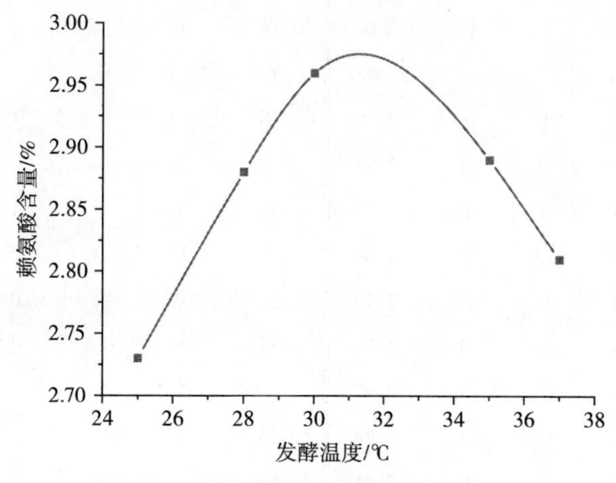

图 4-14　发酵温度对赖氨酸含量的影响

4.1.3.7　固态发酵豆粕中心组合设计试验

通过上述单因素实验能够确定单个发酵条件对发酵豆粕赖氨酸含量的影响，但不能确定各个因素之间的浓度水平以及各因素之间的交互作用，采用中心组合试验设计（CCD）进一步优化发酵豆粕最优条件。本试验设计采用 4 因素 3 水平的中心组合试验设计，将每个因素接种量、料水比、培养时间和发酵温度重新编码和进行水平标注（表 4-13）。

表 4-13 试验设计因素水平表

因素	名称	水平		
		-1	0	1
X_1	接种量/%	6	8	10
X_2	料水比[a]	1∶0.6	1∶0.8	1∶1
X_3	培养时间/h	48	60	72
X_4	发酵温度/℃	28	30	37

注：a 表示料水比为物料重量与水用量的体积之比，单位为 g/mL。

表 4-14 列出了 CCD 实验设计下 *Kluyveromyces marxianus* K_{15} 发酵豆粕赖氨酸的含量，其中第 25～27 次试验为 3 次重复的中心点试验，用于考察模型的误差。表 4-15 为回归方程各项的方差分析。

表 4-14 Box-Behnken 试验设计

编号	X_1	X_2	X_3	X_4	Y/%	编号	X_1	X_2	X_3	X_4	Y/%
1	-1	-1	0	0	2.69	15	0	1	-1	0	2.76
2	-1	1	0	0	2.60	16	0	1	1	0	2.86
3	1	-1	0	0	2.68	17	-1	0	-1	0	2.73
4	1	1	0	0	2.79	18	-1	0	1	0	2.83
5	0	0	-1	-1	2.82	19	1	0	-1	0	2.80
6	0	0	-1	1	2.87	20	1	0	1	0	2.91
7	0	0	1	-1	2.68	21	0	-1	0	-1	2.76
8	0	0	1	1	2.79	22	0	-1	0	1	2.85
9	-1	0	0	-1	2.79	23	0	1	0	-1	2.72
10	-1	0	0	1	2.90	24	0	1	0	1	2.90
11	1	0	0	-1	2.88	25	0	0	0	0	3.15
12	1	0	0	1	3.01	26	0	0	0	0	3.19
13	0	-1	-1	0	2.70	27	0	0	0	0	3.15
14	0	-1	1	0	2.80						

表 4-15 回归方程各项的方差分析

方差来源	自由度	平方和	均方	F 值	$P>F$
一次项	4	0.0657	0.1173	2.59	0.09
平方项	4	0.4052	0.7236	15.99	< 0.001
交互项	6	0.01305	0.0233	0.34	0.9005

续表

方差来源	自由度	平方和	均方	F 值	$P>F$
所有项	14	0.4839	0.8643	5.46	0.0028
总误差	12	0.0760	0.0063		

注:变异系数 (CV) = 2.8048;决定系数 (R^2) = 86.43%。

如表 4-15 所示,经 F 值检验显示总模型方程高度显著($P<0.001$),R^2 值为 0.8643,说明 86.43%的发酵豆粕赖氨酸含量分布在所考察的 4 个因子中,含量分布中仅有 13.57%不能由该模型来解释。本试验设计的 CV 值为 2.8048,说明模型方程能够很好地反映真实的实验数据。因此该试验设计可以通过二阶模型方程进行描述。考虑显著项,发酵过程参数对发酵豆粕蛋白含量的影响可以通过以下多元回归方程进行描述:

$$Y=3.1633+0.04417X_1+0.1250X_2+0.01583X_3+0.05583X_4-0.2396X_2^2$$

分析得到发酵豆粕赖氨酸含量最高的最优条件为:接种量 8.27%,料水比 1∶0.81,培养时间 60.6 h 和发酵温度 31.5℃,最终得到的发酵产品的赖氨酸含量达到 3.17%,较原料豆粕提高了 23.83%。

为了证明模型预测的准确性,进行 3 次平行最优条件下的重复性实验,结果分别为:3.20%、3.17%、3.19%,平均值为 3.19%,这说明模型方程真实可行,能够很好地预测实验结果。

4.1.3.8　结论

确定胞内赖氨酸含量较高的一株酵母为出发菌株,鉴定该菌为马克斯克鲁维酵母。

通过抗结构类似物紫外线诱变马克斯克鲁维酵母,选育出一株高含量赖氨酸酵母,该菌株定名为 *Kluyveromyces marxianus* K_{15},遗传稳定性研究显示该菌发酵豆粕后赖氨酸含量较原料豆粕提高了 17.58%,达到 3.01%。

以豆粕为发酵原料,通过单因素实验(接种量、料水比、培养时间和发酵温度)和中心组合设计实验对发酵条件进行优化,确定固态发酵豆粕的最适条件为:接种量 8.27%,料水比 1∶0.81,培养时间 60.6 h 和发酵温度 31.5℃,最适条件下得到发酵豆粕中赖氨酸含量达到 3.17%,较原料豆粕提高了 23.83%。

4.1.4　微生物群落固态发酵豆粕的制备及其应用

酵母单菌种固态发酵豆粕生产微生物蛋白饲料具有发酵周期短、工艺简单和产品性能好的优点,但目的产物营养成分较单一,设想用马克斯克鲁维酵母和异常毕赤酵母混合发酵，既能较好地达到同化碳源及无机氮源、繁殖速度快、蛋白含量高的目的，又能使发酵豆粕中的赖氨酸含量提高一定水平，以开发出高赖氨酸、高蛋白发酵豆粕。这样的产品具有增加有益氨基酸、平衡饲料氨基酸水平、有效提高原料利用率的优点，对于解决蛋白饲料短缺和减少饲料蛋白资源的浪费都具有重要意义。

4.1.4.1 实验方法

(1)固态发酵豆粕实验设计

首先采用单因素实验确定接种比例、接种量、培养时间、料水比、硫酸铵添加量、葡萄糖添加量和发酵温度分别对发酵豆粕蛋白和赖氨酸含量的影响。然后采用 SAS8.1 软件中的 Box-Behnken 设计来模拟响应面模型，以接种比例、接种量、培养时间、料水比、硫酸铵添加量、葡萄糖添加量和发酵温度为自变量，分别记为变量 X_1、X_2、X_3、X_4、X_5、X_6，X_7，以真蛋白/绝干豆粕(%)、赖氨酸含量为响应值，分别记为变量 Y_1、Y_2。根据 Box-Behnken 中心组成设计原理，设计了 7 因素 3 水平的响应面分析(RSA)试验，共 62 个试验点，6 个中心点重复试验。

(2)动物饲喂实验

以普通豆粕为对照，用日粮研究发酵豆粕的饲喂效果，日粮参考 NRC1998 年版仔猪营养需要进行配制，日粮组成见表 4-16。实验在养殖场进行 2 次实验。每次实验分 2 个处理，每个处理 4 次重复，每个重复 12 头猪。选择(34±1)日龄断奶的杜长大三元杂交猪，以正大仔猪料进行适应性饲养，观察猪的排粪、排尿、采食规律及其精神状况，适应期 3 天，淘汰不正常的猪。适应期后，所有猪只称重，按性别和体重一致的原则分成 2 组，然后随机分配给 2 个处理，分组后饲以相应的实验日粮，实验期为 11 天。

表 4-16 实验日粮配方表

组别	玉米粉	普通豆粕	发酵豆粕	小麦淀粉	其他预混料
对照组/%	68	16	0	12	4
实验组/%	68	0	16	12	4

(3)测定方法

氨基酸测定：柱前衍生—高效液相色谱法。

①试剂配制。

流动相 A：0.8 g 结晶乙酸钠加入 800 mL 烧杯中，加入 500 mL 水搅拌至溶解，再加入 90 μL 三乙胺，搅拌并滴加 2% 醋酸，将 pH 调到 7.20；加入 2.9 mL 四氢呋喃,混合后过滤,备用。

流动相 B:0.8 g 结晶乙酸钠加入 800 mL 烧杯中,加入 100 mL 水搅拌至溶解,搅拌并滴加 2% 醋酸,将 pH 调到 7.20;将此溶液加入 200 mL 乙腈和 200 mL 甲醇,混合后过滤,备用。

衍生化试剂: 50 mg 邻苯二甲醛(OPA)和 1 mL 甲醇,加入 10 mL 0.4 mol/L 硼酸钠溶液,用氢氧化钠调至 pH10,最后加入 40 μL 巯基乙醇,混匀,4℃保存。每隔一天加 10 μL 巯基乙醇,每周重新配制。

硼酸钠溶液:0.4 mol/L。

赖氨酸标样的配制:称取赖氨酸标准品 7.3095 mg,溶解后定容至 500 mL。

②蛋白质样品的前处理。

称取 200 mg 左右样品,加入 8 mL 6 mol/L HCl,充氮气 1min,105℃烘箱水解 24 h。取出冷却,过滤至 25 mL 烧杯,氢氧化钠调节 pH 为 4~5,用水定容至 25 mL。吸取 1 mL 于离心管中,14000 r/min 离心 15 min,吸取适量上清液待用。

③衍生。

吸取处理后的样品液 100 μL,加入 100 μL 衍生试剂,反应 1 min 后,进样 20 μL 测定。

④色谱条件。

柱温:40℃;流速:1.0 mL/min;紫外检测器:338 nm、262 nm。

⑤液相的洗脱程序为表 4-17。

表 4-17　液相的洗脱程序

时间/min	A/%	B/%	流速/($mL \cdot min^{-1}$)
0	100	0	1
17	50	50	1
20	0	100	1.5
20.1	0	100	1.5
24.0	100	0	1
24.1	100	0	1

4.1.4.2　微生物群落固态发酵豆粕实验

(1)接种比例的影响

将马克斯克鲁维酵母和异常毕赤酵母按照 3∶1、2∶1、1∶1、1∶2、1∶3 不同的比例接入培养基进行发酵,结果如图 4-15 所示。结果表明,接种比例不同的发酵产物中的真蛋白、赖氨酸含量有明显的差异，当接种比例为 1∶2 时，发酵产物的真蛋白和赖氨酸均达到最高。

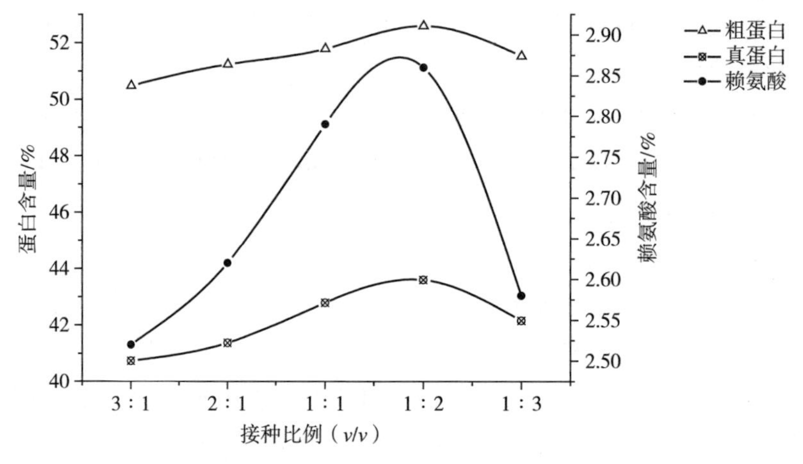

图 4-15　接种比例对蛋白和赖氨酸含量的影响

（2）接种量的影响

将两株菌按照一定的比例，以 4%、6%、8%、10%、12% 接种总量接入进行发酵，结果如图 4-16 所示。结果表明，接种量在 6%时发酵豆粕的真蛋白、赖氨酸含量达到最高。

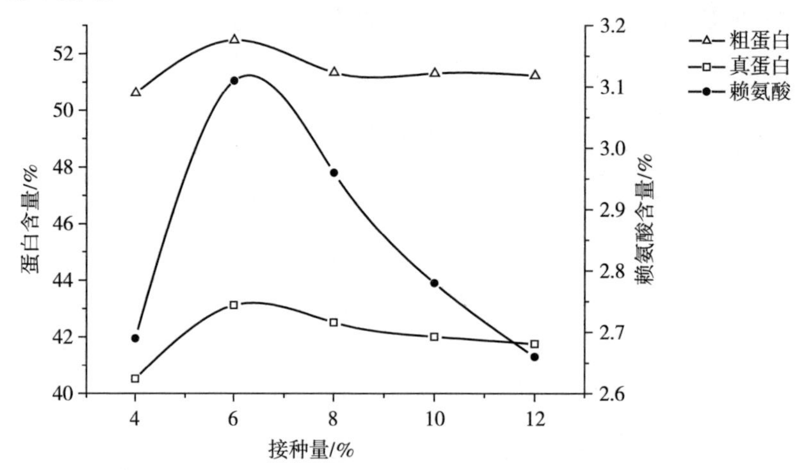

图 4-16　接种量对蛋白和赖氨酸含量的影响

（3）培养时间的影响

发酵豆粕实验分别培养 24、36、48、60、72 h，结果如图 4-17 所示。结果表明当培养到 48 h 左右时真蛋白含量达到最高，到 60 h 时赖氨酸含量达到最高。

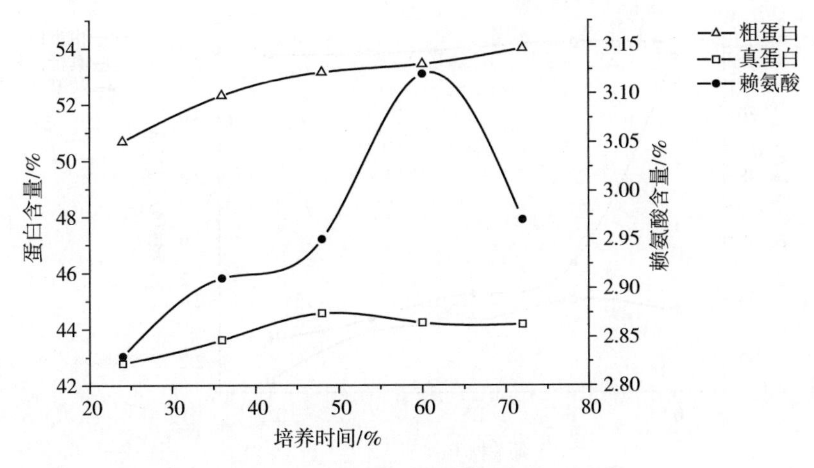

图 4-17　培养时间对蛋白和赖氨酸含量的影响

(4)料水比的影响

以豆粕与水的不同比例 1∶0.6、1∶0.8、1∶1、1∶1.2 进行培养基的配制，接入微生物进行发酵豆粕实验，结果如图 4-18 所示。结果表明，料水比在 1∶0.8 时真蛋白、赖氨酸含量达到最高。

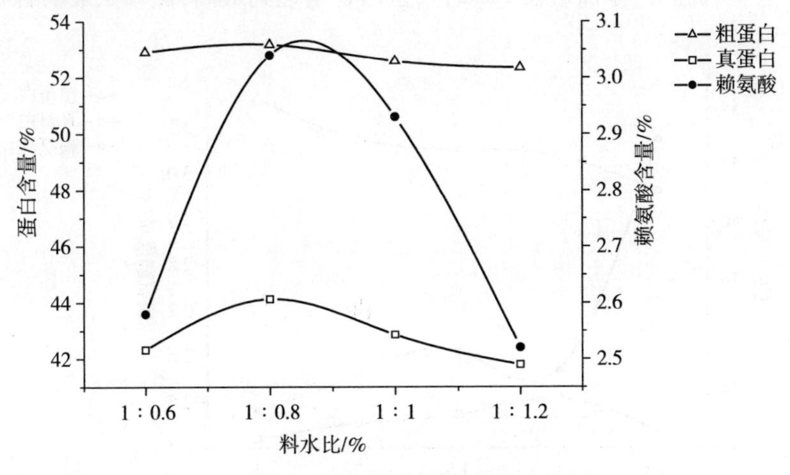

图 4-18　料水比对蛋白和赖氨酸含量的影响

(5)葡萄糖添加量的影响

在培养基中加入不同含量的葡萄糖 0.5%、1%、1.5%、2%、2.5%接入微生物进行发酵豆粕实验，结果如图 4-19 所示。结果表明，葡萄糖的添加对粗蛋白含量的影响不大，添加量在 1%时真蛋白含量达到最高，而赖氨酸的量开始降低。

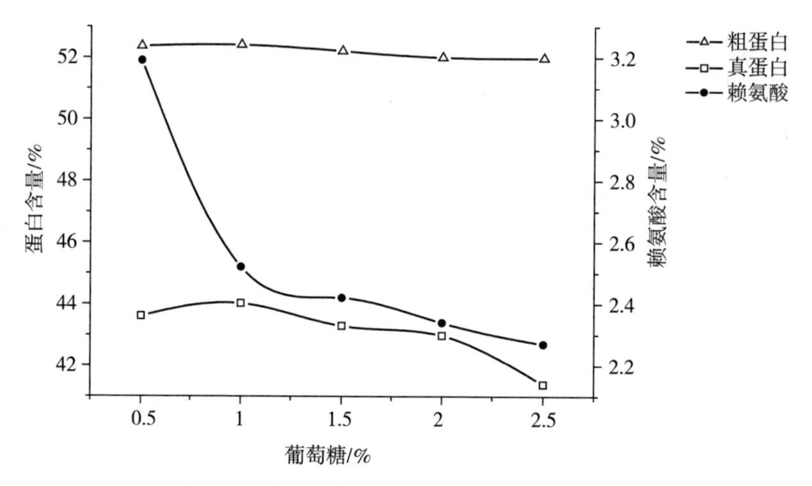

图 4-19　葡萄糖添加量对蛋白和赖氨酸含量的影响

(6)硫酸铵添加量的影响

在培养基中加入不同含量的硫酸铵 0.5%、1%、1.5%、2%、3%接入微生物进行发酵豆粕实验,结果如图 4-20 所示。结果表明,随着硫酸铵的添加,粗蛋白含量呈一直上升趋势,添加量在 1% 时真蛋白含量达到最高,而赖氨酸的含量开始降低。

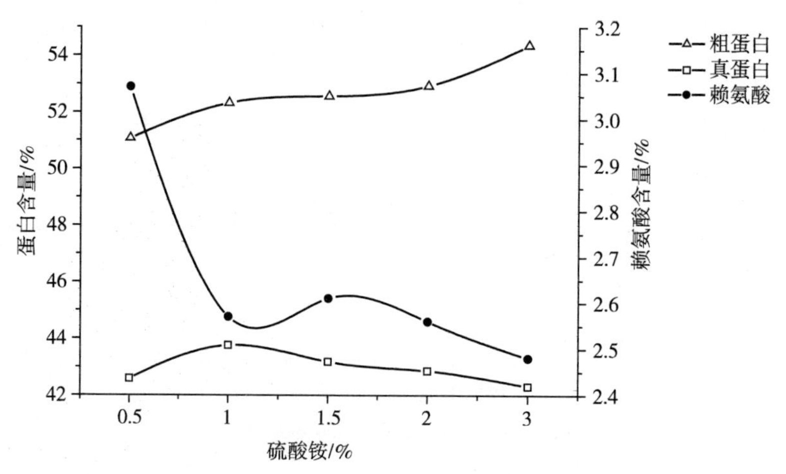

图 4-20　硫酸铵添加量对蛋白和赖氨酸含量的影响

(7)发酵温度的影响

每种微生物都有其最适的生长温度,混合菌株发酵的最适温度不一定是各菌种单独生长、发育的最适温度,所以本实验目的在于确定混合菌株发酵的最适温度。

分别采用25、28、30、35、37℃进行发酵豆粕实验，结果如图4-21所示。结果表明在30℃时真蛋白和赖氨酸含量达到最高。

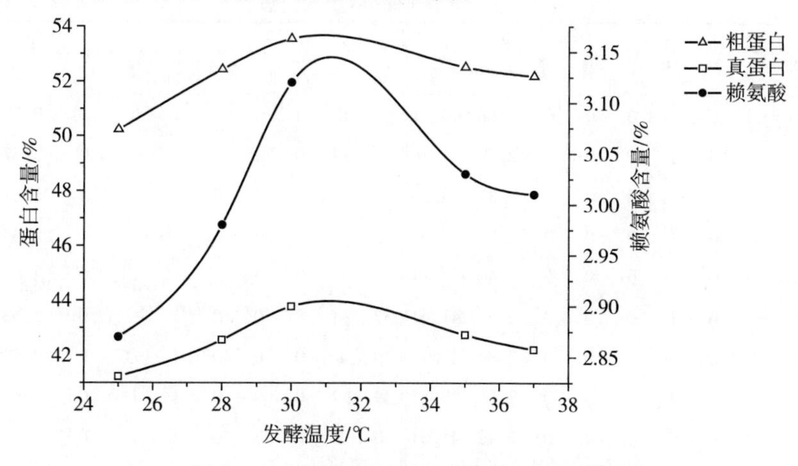

图4-21　发酵温度对蛋白和赖氨酸含量的影响

4.1.4.3　微生物群落固态发酵豆粕中心组合设计试验

通过上述单因素实验能够确定单个发酵条件对发酵豆粕蛋白和赖氨酸含量的影响，但不能确定各个因素之间的浓度水平及各因素之间的交互作用，采用中心组合实验设计进一步优化发酵豆粕最优条件。本试验设计采用7因素3水平的中心组合试验设计，将每个因素接种比例、接种量、培养时间、料水比、葡萄糖添加量、硫酸铵添加量和发酵温度进行重新编码和进行水平标注（见表4-18）。

表4-18　中心组合试验设计中变量的编码与水平

因素	名称	水平		
		-1	0	1
X_1	接种比例	1∶1	1∶2	1∶3
X_2	接种量/%	4	6	8
X_3	培养时间/h	36	48	60
X_4	料水比	1∶0.8	1∶1.0	1∶1.2
X_5	葡萄糖添加量/%	0	1	2
X_6	硫酸铵添加量/%	1	2	3
X_7	发酵温度/℃	28	30	37

表4-19列出了CCD试验设计下发酵豆粕真蛋白和赖氨酸含量，其中第

57~62 次试验为 6 次重复的中心点试验，用于考察模型的误差。

表 4-19 Box-Behnken 试验设计

编号	X_1	X_2	X_3	X_4	X_5	X_6	X_7	Y_1/%	Y_2/%
1	-1	-1	0	-1	0	0	0	2.68	40.41
2	-1	-1	0	1	0	0	0	2.77	41.76
3	-1	1	0	-1	0	0	0	2.87	43.26
4	-1	1	0	1	0	0	0	2.79	42.06
5	1	-1	0	-1	0	0	0	2.46	37.11
6	1	-1	0	1	0	0	0	2.76	41.61
7	1	1	0	-1	0	0	0	2.80	42.21
8	1	1	0	1	0	0	0	2.64	39.81
9	0	-1	-1	0	-1	0	0	2.72	41.01
10	0	-1	-1	0	1	0	0	2.87	43.26
11	0	-1	1	0	-1	0	0	2.69	40.56
12	0	-1	1	0	1	0	0	2.60	39.21
13	0	1	-1	0	-1	0	0	2.78	41.91
14	0	1	-1	0	1	0	0	2.92	44.01
15	0	1	1	0	-1	0	0	2.81	42.36
16	0	1	1	0	1	0	0	2.73	41.16
17	0	0	-1	-1	0	-1	0	2.67	40.26
18	0	0	-1	-1	0	1	0	2.72	41.01
19	0	0	-1	1	0	-1	0	2.65	39.96
20	0	0	-1	1	0	1	0	2.60	39.21
21	0	0	1	-1	0	-1	0	2.79	42.06
22	0	0	1	-1	0	1	0	2.68	40.41
23	0	0	1	1	0	-1	0	2.58	39.91
24	0	0	1	1	0	1	0	3.01	45.36
25	0	0	0	-1	-1	0	-1	2.55	39.46
26	0	0	0	-1	-1	0	1	2.64	39.81
27	0	0	0	-1	1	0	-1	2.70	40.71
28	0	0	0	-1	1	0	1	2.63	40.66
29	0	0	0	1	-1	0	-1	2.82	42.51
30	0	0	0	1	-1	0	1	2.86	43.11
31	0	0	0	1	1	0	-1	2.45	39.96
32	0	0	0	1	1	0	1	2.79	42.06
33	-1	0	0	0	-1	-1	0	2.57	39.76
34	1	0	0	0	-1	-1	0	2.61	40.36
35	-1	0	0	0	-1	1	0	2.63	40.66
36	1	0	0	0	-1	1	0	2.66	40.11
37	-1	0	0	0	1	-1	0	2.62	41.51
38	1	0	0	0	1	-1	0	2.59	40.06
39	-1	0	0	0	1	1	0	2.63	40.66
40	1	0	0	0	1	1	0	2.86	43.11
41	0	-1	0	0	0	-1	-1	2.72	41.01
42	0	1	0	0	0	-1	-1	2.70	40.71
43	0	-1	0	0	0	-1	1	2.50	39.71
44	0	1	0	0	0	-1	1	2.55	39.46
45	0	-1	0	0	0	1	-1	2.53	39.16
46	0	1	0	0	0	1	-1	2.59	40.06
47	0	-1	0	0	0	1	1	2.79	42.06
48	0	1	0	0	0	1	1	2.91	43.86
49	-1	0	-1	0	0	0	-1	2.88	43.41
50	-1	0	1	0	0	0	-1	2.93	44.16
51	1	0	-1	0	0	0	-1	2.80	42.21
52	1	0	1	0	0	0	-1	2.87	43.26
53	-1	0	-1	0	0	0	1	2.92	44.01
54	-1	0	1	0	0	0	1	2.91	43.86
55	1	0	-1	0	0	0	1	2.83	42.66
56	1	0	1	0	0	0	1	2.90	43.71
57	0	0	0	0	0	0	0	3.27	44.26
58	0	0	0	0	0	0	0	3.28	44.41
59	0	0	0	0	0	0	0	3.25	43.96
60	0	0	0	0	0	0	0	3.22	44.51
61	0	0	0	0	0	0	0	3.23	44.66
62	0	0	0	0	0	0	0	3.27	44.26

将表 4-19 中数据,采用 SPSS 软件对蛋白和赖氨酸含量进行相关性分析,计算结果如表 4-20 所示。

表 4-20　蛋白和赖氨酸含量相关分析

	蛋白		
	相关系数 r	P	个数(N)
赖氨酸	0.900	0.000	62

从结果可以看出,蛋白和赖氨酸的相关系数 $r=0.900$,P 值 $=0.000$,在 $\alpha=0.01$ 水平下线性关系显著。

因此,在优化实验过程中,选择赖氨酸为主要优化指标,在赖氨酸达到最大值的同时,真蛋白含量也达到最大。

对 CCD 试验设计结果进行方差分析,结果如表 4-21 所示。经 F 值检验显示总模型方程高度显著($P<0.001$),R^2 值为 0.9091,说明 90.91%的发酵豆粕赖氨酸含量分布在所考察的 7 个因子中,含量分布中仅有 9.09%不能由该模型来解释。本试验设计的 CV 值为 3.3700,说明模型方程能够很好地反映真实的实验数据。因此该试验设计可以通过二阶模型方程进行描述。

表 4-21　回归方程各项的方差分析

方差来源	自由度	平方和	均方	F 值	$P>F$
一次项	7	0.1283	0.0513	2.10	0.0803
平方项	7	1.8245	0.7298	29.80	<0.0001
交互项	21	0.3200	0.1280	1.74	0.0896
所有项	35	2.2728	0.9091	7.42	<0.0001
总误差	26	0.2274	0.0087		

注:变异系数 (CV) = 3.3700; 决定系数 (R^2) = 90.91%。

考虑显著项,发酵过程参数对发酵豆粕蛋白含量的影响可以通过以下多元回归方程进行描述:

$$Y=3.2533-0.01750X_1+0.04167X_2+0.005833X_3+0.02208X_4+0.002083X_5+0.04417X_6+0.02875X_7-0.1384X_1^2-0.1884X_2^2-0.08340X_3^2-0.2053X_4^2-0.2165X_5^2-0.2522X_6^2-0.1515X_7^2$$

得到发酵豆粕的最优条件为:接种比例 1 : 0.965,接种量 6.22%,培养时间 49.08 h,料水比 1 : 1.016,葡萄糖添加量 1%,硫酸铵添加量 2.14%,发酵温度

31.19℃，最终得到的发酵产品中赖氨酸含量达到 3.26%，较原料豆粕提高了 27.34%。为了证明模型预测的准确性，进行 3 次平行最优条件下的重复性实验，赖氨酸含量结果分别为 3.29%、3.27%、3.30%，平均值为 3.29%，这说明模型方程真实可行，能够很好地预测实验结果。在此条件下发酵豆粕真蛋白含量结果分别为：45.03%、44.92%、44.91%，平均值为 44.95%。

4.1.4.4 产品指标测定

氨基酸的组成决定蛋白质的营养。在氨基酸中，以赖氨酸、甲硫氨酸最为重要。动物体内利用其他各种氨基酸合成体蛋白时，都要受它们的制约。如日粮中缺少了赖氨酸、甲硫氨酸中任何一种，都会降低其他氨基酸的有效利用率。利用氨基酸仪来测定豆粕发酵前后氨基酸组成和含量的变化，结果如表 4-22 所示。

表 4-22 豆粕发酵前后氨基酸组成的变化

组成	发酵前/%	发酵后/%	组成	发酵前/%	发酵后/%
赖氨酸	2.58	3.30	甘氨酸	1.89	2.02
甲硫氨酸	0.59	0.71	苏氨酸	1.47	1.72
天冬氨酸	5.10	5.46	精氨酸	2.24	2.50
谷氨酸	9.11	9.40	丙氨酸	1.94	2.12
丝氨酸	2.48	2.56	酪氨酸	1.56	1.63
组氨酸	1.02	1.19	半胱氨酸	0.28	0.19
亮氨酸	2.66	3.00	缬氨酸	2.00	2.25
脯氨酸	1.82	1.95	苯丙氨酸	2.12	2.40
异亮氨酸	1.81	1.97	总计	40.67	44.37

结果表明发酵豆粕中的赖氨酸含量提高了 27.91%，甲硫氨酸含量提高了 20.34%，其他氨基酸都相应有所提高，提高了豆粕饲料的营养价值及在饲料行业的利用率。

4.1.4.5 动物饲喂实验

发酵豆粕可以有效地提高豆粕的品质和氨基酸含量（特别是赖氨酸含量），但是经这些作用得到的发酵豆粕是否有利于提高动物对该产品的消化和利用，是否有利于改善动物的健康还需进行动物饲养实验，饲养结果如表 4-23 所示。

表4-23　动物实验结果表

	头数/头	日龄/d	初重/kg	末重/kg	平均增重/kg	料肉比	下痢率
实验组	48	34	8.36	13.35	4.99	1.16	无
对照组	48	34	8.32	12.99	4.67	1.35	11.50%

从表4-23可以看出,实验组猪的日增重比对照组有一定的增加,料肉比低,说明饲料转化率有所提高,这说明发酵豆粕对仔猪平均日增重和饲料转化效率有提高作用。

4.1.4.6　结论

以豆粕为发酵原料,通过单因素实验(接种比例、接种量、培养时间、料水比、葡萄糖添加量、硫酸铵添加量和发酵温度)和中心组合设计实验对发酵条件进行优化,确定固态发酵豆粕的最适条件为:接种比例1∶0.965,接种量6.22%,料水比1∶1.016,培养时间49.08 h,葡萄糖添加量1%,硫酸铵添加量2.14%,发酵温度31.19℃,最终得到的发酵产品中赖氨酸含量达到3.26%,较原料豆粕提高了27.34%。在此条件下的真蛋白含量达到44.95%,较原料豆粕提高了13.91%。

产品指标测定结果表明:发酵豆粕的氨基酸含量较发酵前有较大提高,特别是赖氨酸和甲硫氨酸含量,赖氨酸含量达到3.30%,较原料豆粕提高了27.91%;甲硫氨酸含量达到0.71%,较原料豆粕提高了20.34%。

动物饲喂实验表明,发酵豆粕与普通豆粕相比,日增重有一定的增加,料肉比降低,说明饲料转化率有所提高,而且下痢率也所有降低。

4.2　发酵麸皮

4.2.1　概述

小麦麸皮是小麦麦粉厂主要的加工副产品,每年加工出的小麦麸皮2000万吨以上,但大多数没有进行深加工和再利用。小麦麸皮中的营养成分经过检测分析,结果见表4-24,不过麸皮成分因小麦品种、品质、制粉工艺条件和面粉出率的不同而有所差异。在养殖业中,麸皮长期以来仅作为初级饲料原料直接加入其他饲料中饲喂畜禽,由于含粗纤维在10%以上,且热能含量低,限制了其在饲料上的添加量。小麦麸皮所含的抗营养成分可降低饲料消化利用率,增加消化道食糜黏性,引起畜禽生产性能、胴体质量下降。黑曲霉(*Aspergillus-niger*)是最早研究的具有水解半纤维素酶的丝状真菌,在该菌发酵液中含有大量的木聚糖降解酶系,可降解小麦麸皮以降低饲料黏度。抗生素在饲料中的广泛应用导致严重危害人和动物的健康,以及造成环境污染等问题,因此研究和开发能够克服抗生素不利因素、又具有防病治病的生物活性制剂——纳豆芽孢杆菌、粪链球菌等益生菌成为新的热点。

表 4-24 小麦麸皮营养成分

指标	水分	碳水化合物	粗纤维	蛋白质(绝干)	脂肪	灰分
含量/%	12.2	53.6	10.5	16.1	3.9	3.7

4.2.2 微生物群落固态发酵麸皮的制备

本研究以麸皮为发酵基质进行黑曲霉(*Aspergillus niger*)、纳豆芽孢杆菌(*Bacillus natto*)、粪链球菌(*Fecal streptococcus*)和酿酒酵母(*Saccharomyces cerevisiae*)等微生物的培养,旨在降低麸皮中抗营养因子,积累大量有益微生物菌群,提高麸皮的营养价值和利用价值。

4.2.2.1 实验原料

霉菌培养基(PDA 土豆培养基):土豆 500 g,葡萄糖 20.0 g。配制方法:称取 500 g 土豆,去皮切成丁,立即加入 1000 mL 水,充分煮沸(大约 20 min),用棉布过滤。滤液用水定容至 1000 mL,再加入其他成分。

细菌培养基(牛肉膏蛋白胨培养基):牛肉膏 3 g,蛋白胨 10 g,氯化钠 5 g,水 1000 mL,pH 值 7.4~7.6。

酵母培养基(YPD 培养基):蛋白胨 10 g,酵母膏 5 g,葡萄糖 20 g,水 1000 mL,pH 值自然。

乳酸菌培养基(MRS 培养基):蛋白胨 10 g,牛肉膏 10 g,酵母膏 5 g,葡萄糖 20 g,吐温-80 1 mL,柠檬酸二铵 2 g,硫酸锰 0.25 g,磷酸氢二钾 2 g,水 1000 mL,pH 值 6.2~6.4。

4.2.2.2 发酵麸皮制备

采用实验室筛选保存的微生物进行麸皮固态发酵,在 37℃ 发酵 48 h,发酵结束后在 80℃ 下烘干,随后粉碎保存。

4.2.2.3 试验设计

比较装料量和料水比单因素对发酵麸皮蛋白含量的影响,以确定最适装料量和料水比。以黑曲霉、纳豆芽孢杆菌、粪链球菌和酿酒酵母的接种量为因素，选择 4 个因素中的合适水平进行 L9(3^4)正交试验设计，见表 4-25。测定 37℃下固态发酵 48 h 后的蛋白质含量，以此来确定固态发酵最佳接种比例。

表 4-25　正交试验因素水平表

水平	因素			
	黑曲霉/%	纳豆芽孢杆菌/%	粪链球菌/%	酿酒酵母/%
1	0.5	2	2	5
2	1	3	4	10
3	1.5	4	6	15

4.2.2.4　装料量的影响

按照发酵容器体积的 1/2 和 1/1 进行装料发酵实验，比较装料量(含氧量的不同)对发酵麸皮的影响，结果见表 4-26。

表 4-26　装料量对发酵麸皮的影响

组别	装料量	蛋白含量/(%绝干)	pH 值
1	1/2	19.30	4.69
2	1/1	20.33	4.46

由表 4-26 结果可以看出：较低溶氧的情况下，微生物在麸皮上可较好生长，发酵麸皮蛋白含量较高。其原因可能是在反应过程中黑曲霉首先生长造成发酵系统进入厌氧环境，同时其分泌的纤维素酶、木聚糖酶等又可分解培养基的大分子营养物质而促进酿酒酵母、纳豆芽孢杆菌和粪链球菌的生长，积累大量蛋白质，产生有机酸，造成 pH 值下降。因此选择低溶氧环境更有利于发酵的进行。

4.2.2.5　料水比的影响

按照料水比 1∶1、1∶0.9、1∶0.8、1∶0.7、1∶0.6、1∶0.5 分别进行发酵麸皮实验，比较不同料水比对发酵麸皮的影响，结果见表 4-27。

表 4-27　料水比对发酵麸皮的影响

组别	料水比	蛋白含量/(%绝干)	pH 值
1	1∶1	19.86	4.13
2	1∶0.9	20.03	4.25

续表

组别	料水比	蛋白含量/(%绝干)	pH 值
3	1 : 0.8	20.21	4.21
4	1 : 0.7	19.00	4.35
5	1 : 0.6	18.81	4.46
6	1 : 0.5	18.37	5.09

固态发酵基质含水量的变化会对微生物的生长及代谢能力产生重要影响。由表 4-27 结果可以看出,随着初始含水量的增大,发酵产品的蛋白含量呈先增加后减少的趋势,并在料水比为 1 : 0.8 时达到最大(20.21)。这是因为低水分将降低营养物质传输、抑制微生物生长、降低酶稳定性和减少基质膨胀,导致菌体生产缓慢;高水分将导致颗粒结块、通气不畅,导致原料相互粘黏,不利于发酵的进行,也会限制菌体的生长繁殖,蛋白合成受阻。因此在其他条件一致的情况下,选择最适料水比 1 : 0.8,发酵麸皮的蛋白含量较高,基质降解较彻底。

4.2.2.6 正交试验设计结果与分析

以黑曲霉、纳豆芽孢杆菌、粪链球菌和酿酒酵母的不同接种量为试验因素,以麸皮发酵过程中产品蛋白含量为考察指标,试验数据结果见表 4-28。正交试验方差分析如表 4-29 所示。

表 4-28 发酵麸皮正交试验统计结果

处理组	因素				蛋白含量/(%绝干物料)
	黑曲霉/%	纳豆芽孢杆菌/%	粪链球菌/%	酿酒酵母/%	
1	0.5	2	2	5	20.04
2	1	2	4	10	17.27
3	1.5	2	6	15	19.41
4	0.5	3	6	10	19.30
5	1	3	2	15	20.01
6	1.5	3	4	5	19.76
7	0.5	4	4	15	20.69
8	1	4	6	5	20.04
9	1.5	4	2	10	19.33
K_1	20.010	18.907	19.793	19.947	
K_2	19.107	19.690	19.240	18.633	
K_3	19.500	20.020	19.583	20.037	
R	0.903	1.113	0.553	1.404	

表 4-29　正交试验的方差分析表

因素	偏差平方和	自由度	F	$F_{0.05(2,8)}$
纳豆芽孢杆菌	1.962	2	1.066	4.460
黑曲霉	1.231	2	0.669	
酿酒酵母	3.702	2	2.011	
粪链球菌	0.468	2	0.254	
误差	7.36	8		

从极差 R 值的大小可以看出:各因素的主要次序是酿酒酵母>纳豆芽孢杆菌>黑曲霉>粪链球菌,其中酿酒酵母和纳豆芽孢杆菌是影响发酵麸皮蛋白含量的主要因子。确定最佳的接种比例为酿酒酵母∶纳豆芽孢杆菌∶黑曲霉∶粪链球菌=10∶4∶0.5∶2。由 F 检验可以看出酿酒酵母对发酵麸皮的蛋白含量影响非常显著。

4.2.2.7　**验证试验及产品指标分析**

在最优工艺条件下进行固态发酵,即装料量为 1/1,料水比为 1∶0.8,接种比例为酿酒酵母∶纳豆芽孢杆菌∶黑曲霉∶粪链球菌=10∶4∶0.5∶2,发酵温度为 37℃,发酵时间为 48 h。对最优工艺下的发酵产品进行产品指标分析,结果见表 4-30。由实验结果可看出,麸皮粗纤维得到一定程度的降解,达到 5.32%,蛋白含量较原料麸皮提高了 42.78%,达到 20.97%,有益微生物数目达到 10^9 个/g 干物料,蛋白质溶解度达到 81.67%。

表 4-30　产品指标分析

指标	水分/%	粗纤维/%	蛋白质/(%绝干)	微生物数目/(个/g 干物料)	蛋白质溶解度/%	灰分/%
发酵麸皮	11.3	5.32	20.97	10^9	81.67	8.23

4.2.2.8　**结论**

采用微生物固态发酵法处理麸皮成本低,可以提高其蛋白含量,增加饲料中的有益微生物群落,降解动物难以消化利用的抗营养物质。

通过正交试验设计对发酵过程的四种微生物接种比例进行优化,得到最优接种比例为酿酒酵母∶纳豆芽孢杆菌∶黑曲霉∶粪链球菌=10∶4∶0.5∶2,在此条件下发酵麸皮可使其蛋白含量达到 20.97%,有益微生物数目达到 10^9 个/g 干物料,粗纤维降低到 5.32%,蛋白质溶解度达到 81.67%,极大提高了麸皮在饲料行业的营养价值和利用率。

参考文献

[1]赵韦璇. 豆粕与发酵豆粕的加工及利用[J]. 农产品加工, 2006(11):41-42.

[2]OKAZAKI T T, NOGUCHI K, IGARASHI Y, et al. Gizzerosine, a new toxic substance in fishmeal causes severe gizzard erosion in chicks[J]. Journal of the Agricultural Chemical Society of Japan, 1983, 47:2949-2952.

[3]余伯良. 微生物饲料生产技术[M]. 北京:中国轻工业出版社, 1993.

[4]郭维烈. 新型蛋白饲料[M]. 北京:化学工业出版社, 2003.

[5]陈敏. 发酵稻草生产饲料蛋白优良菌种的筛选[J]. 饲料研究, 1999, 9:32-34.

[6]张常书. 生态型低成本高效益养殖技术[J]. 湖南饲料, 2000 (1):15-18, 29-30.

[7]ESMAIL SALAB H M, 凌育炎. 单细胞蛋白质在家禽营养中的作用[J]. 国外畜牧科技, 1999, 26 (5):21-23.

[8]谢玺文, 张翠霞, 陈丽媛, 等. 饲用微生物的应用及研究现状[J]. 微生物学杂志, 2001, 21(1):47-49.

[9]王旭明, 陈宗泽, 袁毅. 益生菌作用机理的研究进展[J]. 吉林农业科学, 2002, 27(1):50-53.

[10]HANG Y D, WOODAMS E E. Apple pomace: a potential substrate for ptoduction of β- glucosidase by *Aspergillus foetldus* [J]. LWT - Food Science and Technology, 1994, 27(6):587-589.

[11]NGAD I O, CORREIA L R. Kinetics of solid state ethanol fermentation from apple pomace[J]. Journal of Food engineering, 1993, 17(2):97-116.

[12]GUPTA L K, PATHAK G, TIWARI R P. Effect of nutrition variables on solid state alcoholic fermentation of apple pomace by yeast [J]. Journal of the Science of Food and Agriculture, 1990, 50(1):55-62.

[13]ROBERT A, SWICK. 测定豆粕的价值[J]. 饲料工业, 2004, 25 (1):59-62.

[14]ZAMORA R G, VEUM T L. Whole soybeans fermented with *Aspergillus oryzae* and *Rhizopus oligosporus* for growing pigs[J]. Journal of Animal Science, 1979, 48:63-68.

[15] HONG K J, LEE C H, KIM S W. *Aspergillus oryzae* GB-107 fermentation improves nutritional quality of food soybeans and feed soybean meals [J]. Journal of Medicinal Food, 2004, 7:430-435.

[16] FRIEDMAN M, BRANDON D L. Nutritional and health benefits of soy proteins [J]. Journal of Agricultural and Food Chemistry, 2001, 49:1069-1086.

[17] HIRABAYASHI M, MATSUI T, YANO H, et al. Fermentation of soybean meal with Aspergillus usamii reduces phosphorus excretion in chicks [J]. Poultry Science, 1998, 77(4):552-556.

[18] 顾建洪. 一种蛋白饲料及其制备方法[P]. 中国专利. 1530022A, 2004-9-22.

[19] 梁运祥. 一种发酵法消除豆粕中抗营养因子的方法[P]. 中国专利. 1555719A, 2004-12-22.

[20] 康立新. 发酵法去除豆粕中抗营养因子及提高其营养价值的研究[D]. 武汉:华中农业大学, 2003.

[21] 刘春雪, 李绍章, 黄少文, 等. 发酵豆粕配制抗断奶应激仔猪料饲养试验[J]. 湖北畜牧兽医, 2005, 5, 15-17.

[22] 陈文静. 新型发酵豆粕在乳仔猪饲粮中应用效果研究[D]. 扬州:扬州大学, 2004.

[23] SANDS D C, LESTER H. Selecting lysine-excreting mutants of *Lactobacilli* for use in food and feed enrichment [J]. Applied Microbiology, 1974:523-524.

[24] 吕刚. 用蛋白酶体外酶解豆粕的酶解参数及饲喂效果研究[D]. 成都:四川农业大学, 2005.

[25] FENG J, LIU Y Y, XU Z R, et al. Effects of *Aspergillus oryzae* 3.042 fermented soybean meal on growth performance and plasma biochemical parameters in broilers [J]. Animal Feed Science and Technology, 2007, 134:235-242.

[26] 方华. 绍兴黄酒麦曲中微生物的初步研究[D]. 无锡:江南大学, 2006.

[27] 贺克勇, 薛泉宏, 司美茹, 等. 苹果渣发酵饲料蛋白质含量的影响因素研究[J]. 西北农林科技大学学报, 2004, 32 (4):83-88.

[28] HENIKA R G. Simple and effective system for use with response surface methodology[J]. Cereal Science Today, 1972, 17:309-334.

[29] JOGLEKAR A M, May A T. Product excellence through design of experiments [J]. Cereal Foods World, 1987, 32:857-868.

[30]罗钧秋，陈代文．赖氨酸对蛋白质代谢的影响及其可能调控机制[J]．饲料工业，2006，27，(16):40-43.

[31]梁运祥，李兆文，郝勃．以抗结构类似物筛选高产 L-赖氨酸酵母突变株[J]．微生物学杂志，1999，19(4):15-16.

[32]潘中明，徐昀，应向贤，等．乳酸发酵短杆菌中的赖氨酸代谢调控发酵[J]．粮食与饲料工业，2000，(5):26-27.

[33]冯容保．发酵法生产的赖氨酸[M]．北京:中国轻工业出版社，1986.

[34]齐秀兰．L-赖氨酸高产菌株选育的研究[J]．微生物学杂志，1997,17 (2):12-13.

[35]国家质检总局．GB 4801—1984 谷物籽粒赖氨酸测定法[S]．北京:中国标准出版社,1984.

[36]KIM J H，HOSOBUCHI M，RYU D D Y．Cellulase production by solid state culture system[J]．Biotechnology Bioengineering，1985，27，1445-1450

[37]HAN Y W，GALLAGHER D J，WILFRED A G．Phytate production by *Aspergillus ficuum* on semisolid substrate [J]．Journal of Industrial Microbiology，1987，195-200.

[38]北京大学生物系生物化学教研室．生物化学实验指导[M]．北京:高等教育出版社,1979.

[39]王旭峰，何计国，陶纯洁，等．小麦麸皮的功能成分及加工利用现状[J]．粮食与食品工业，2006(1):19-22.

[40]程艳丽，郭俊英，孙秀丽．小麦麸皮在食品中的应用初探[J]．黑龙江粮油科技，2001(1):32-33.

[41]崔朝霞,林东康．小麦中的抗营养因子——阿拉伯木聚糖的研究进展[J]．饲料研究，2006，8:53-55.

[42]沈萍．微生物学试验(第三版)[M]．北京:高等教育出版社，1999.

[43]GOWTHAMAN M K，KRISHNA C，MOO-YOUNG M．Fungal solid state fermentation - an overview [J]．Applied Mycology and Biotechnology，2001:305-352.

[44]杨旭，蔡国林，曹钰，等．固态发酵提高豆粕蛋白含量的条件优化研究[J]．中国酿造，2008(5):17-21.

第5章　混菌发酵技术在生物基化学品中的应用与创新

5.1　菌藻混合培养生产生物油脂和色素

5.1.1　概述

目前,产油微生物种类包括细菌、酵母、霉菌和微藻,产油微生物的油脂组成与大豆油非常相似,具有合成生物柴油的潜力,因此被广泛研究。粘红酵母(*Rhodotorula glutinis*)作为一种高产油脂的菌株,可以利用含糖废水中的COD合成油脂,且粘红酵母在产油脂的同时,自身还可以合成色素,其中β-胡萝卜素为主要成分。光照条件下,可以刺激此类产色素微生物做出相应反应,影响其生长、油脂含量和色素含量。粘红酵母进行好氧生长时,生长速率较快,能够利用一些廉价底物培养获得较高的生物量,生长过程中需要消耗大量的O_2,排放出CO_2;如果O_2供给不足,酵母会产生0.042~0.130 mol/L的可溶性CO_2,甚至含量更高,势必会进行无氧呼吸,产生大量的挥发性小分子有机酸,浪费营养物质。一般来说,酵母生长的最佳pH值为6.0左右,小分子有机酸的产生使pH值能快速下降至4.0左右,从而进一步抑制酵母的生长,由于小分子有机酸较无机酸具有更好的细胞膜通透性,更容易进入胞内,进而改变胞内pH环境,影响菌体代谢生长。

随着温室气体排放量的增加,能利用CO_2合成油脂的产油微藻越来越被研究者重视。有些微藻不仅能够进行光合自养生长,而且可以利用有机碳源进行异养生长或兼养(自养和异养同时进行),在兼养条件下能够获得最大的生物量和油脂产量。小球藻(*Chlorella vulgaris*)作为一类高产油脂藻种,能够利用废水中高浓度N、P和其他离子,在光照的条件下进行生长,同时放出O_2。当培养体系中溶氧含量达到20%以上时,藻类的自养代谢就会受到限制;当环境中浓度下降到1%~3%时,光合作用加强。另外,小球藻在利用CO_2进行光合自养时,CO_2

首先溶解于水溶液中,生成 HCO^{3-},当被小球藻利用时,HCO^{3-}又分解成 CO_2 和 OH^-,使溶液 pH 值升高,而小球藻最佳生长 pH 值范围为 6.5~7.0,最佳油脂合成 pH 值在 7.0~8.5 之间。所以,当小球藻培养一段时间后,pH 会自动升高而抑制小球藻生长。

近年来,随着经济的迅猛发展和生活质量的提升,全世界都面临着各种工业、农业及生活废水大量产生和处理的问题,对于仍处于发展中国家的中国,对各种废水的污染防治和处理系统的建设尚处于滞后时期,从而导致我国水污染问题比较严重,现在在我国保护环境和控制水体污染成为必然趋势。

水污染问题频频发生,甚至导致许多湖泊、江河由于高氮高磷的排放出现水体富营养化,海洋出现赤潮。导致水体富营养化的关键因素之一就是含氮废水,含氮废水中的主要含氮化合物有 4 种形式:氨氮、硝态氮盐、亚硝态氮盐和有机氮。其中高氮废水的排放,大多与工业废水和生活污水密不可分。如何有效处理高氮废水、避免排放的废水加重水体环境污染程度,是我们面临的一项重要任务。

生物法处理上述水污染主要是通过微生物的新陈代谢过程,以达到净化废水的目的,是目前应用较为简单便捷、应用较广的处理工艺,其中处理方法包括饲料酵母法、好氧生物处理法、厌氧生物处理法及菌—藻共生法。在传统生物法处理技术不断升级优化下,菌—藻共生技术有着更为高效经济的优势,通过在特定废水中利用异养微生物的代谢与藻类协同培养,能够获得菌藻的同时除氮除磷。废水中的含氮物质主要以氨氮(NH_4^+—N)、硝态氮(NO_3^-—N)、亚硝态氮(NO_2^-—N),以及有机氮几种形式存在。粘红酵母和小球藻的菌—藻共生体系之所以能够达到很好的除氮效果,部分依赖于生物硝化与反硝化作用,这几种形态在整个菌藻代谢活动中能够相互转化,并以生物惰性气体 N_2 返回大气,因此能够处理多种含氮化合物,且不产生二次污染。

反应过程如下:

$$2NH_4^+ + 3O_2 \rightarrow 2H_2O + 4H^+ + 2NO_2^-$$

$$NO_2^- + H_2O \rightarrow NO_3^- + 2H^+$$

$$C_6H_{12}O_6 + 12NO_3^- \rightarrow 12NO_2^- + 6CO_2\uparrow + 6H_2O$$

$$8NO_3^- + 5CH_3COOH \rightarrow 4N_2\uparrow + 10CO_2\uparrow + 6H_2O + 8OH^-$$

综上所述,产油酵母和微藻两种生物在气体互利、物质互利及调节 pH 值等方面存在着理论上的互补性。本节主要围绕粘红酵母和小球藻混合培养,在基础培养基中首先确定出两者的最佳混合培养方式,通过设计气升式双体系光照培养反应器,确定两者之间物质互利和气体互利关系,证明两者之间在产油时的协同互利关系。通过考察两种微生物间协同代谢不同氮源的能力,进一步分析培养体系中氮源存在形式,揭示在高含氮培养液中菌藻共生培养氮源协同代谢的规律,为处理含氮废水提供理论依据。最后以工业有机废水为原料,尝试基于菌藻混合培养生产生物油脂和色素的工艺开发。

5.1.2 粘红酵母和小球藻混合培养协同代谢机制初步研究

5.1.2.1 实验原料

(1)菌种

粘红酵母(*R. glutinis*)Rh16 由本实验室前期菌种筛选驯化所得。

小球藻(*C. vulgaris*)为本实验室异养驯化筛选出的藻种,能够利用有机碳源。

(2)培养基

粘红酵母培养基及配方如下:

固体培养基:葡萄糖 20%,尿素 0.2%,酵母膏 0.4%,琼脂 2%,配制后 pH 为 4.5。

基础培养基:葡萄糖 4%,KH_2PO_4 0.7%,$(NH_4)_2SO_4$ 0.2%,Na_2SO_4 0.2%,$MgSO_4 \cdot 7H_2O$ 0.15%,酵母粉 0.15%,配制后调节 pH 至 5.5。

小球藻培养基为 BG11 培养基,具体如表 5-1 所示。

表 5-1 BG11 培养基中储备液配制方法

名称	各成分添加量
储备液 1(100 mL)	柠檬酸 0.3 g;柠檬酸铁氨 0.3 g;EDTA 二钠 0.05 g
储备液 2(1000 mL)	$NaNO_3$ 30 g; $MgSO_4 \cdot 7H_2O$ 1.5 g;$K_2HPO_4 \cdot 2H_2O$ 1.021 g
储备液 3(100 mL)	$CaCl_2$ 1.21 g
储备液 4(100 mL)	Na_2CO_3 2.00 g
储备液 5(1000 mL)	H_3BO_4 2.86 g;$CuSO_4 \cdot 5H_2O$ 0.079 g;$MnCl_2 \cdot 4H_2O$ 1.81 g; $Co(NO_3)2 \cdot 6H_2O$ 0.049 g;$ZnSO_4 \cdot 7H_2O$ 0.222 g;$Na_2MoO_4 \cdot 2H_2O$ 0.391 g

上述 5 种储存液配置好后置 4℃冰箱保存,使用时按照储备液 1 2 mL、储备液 2 50 mL、储备液 3 2 mL、储备液 4 1 mL、储备液 5 1 mL 将储存液混合,定容到 1 L,调 pH 值为 6.5~7.5。

粘红酵母—小球藻混合培养基:配置好的缺氮混合培养基后,按照 100 mL 的装液量分装至 3 个锥形瓶内,并向每瓶分别加入 1.5 g/L 的硫酸铵、硝酸钠、亚硝酸钠,贴上标签后灭菌。灭菌温度为 121℃,灭菌时间为 20 min。

(3)检测试剂的配制

碱性过硫酸钾溶液:称量 40.0 g 过硫酸钾置于烧杯中,加入去离子水溶解,60℃水浴锅加热,使其完全溶解,标为溶液 A。称量 15.0 g 的氢氧化钠溶解于 100 mL 去离子水中,标记为溶液 B。将 A 液与 B 液分别静置冷却至室温,随后混合均匀,再稀释定容至 1000 mL,将 AB 混合液储备于棕色瓶内备用。

(1+9)盐酸:先量取 1 体积的市售浓盐酸,再量取 9 体积的新制去离子水,混合均匀,贮藏备用。

无氨水:1000 mL 去离子水中滴加 0.1 mL 的浓硫酸,对其进行重蒸馏,将前 50 mL 的馏出液弃之,收集后续馏出液,贮藏备用。

氨标准储备液:将定量的硫酸铵样品放置在烘箱中,100℃下烘干 4 h,称取 4.72 g 烘干样品,添加少许无氨水至完全溶解,移至 1000 mL 容量瓶内稀释定容至 1000 mL,此时该氨标准储备液中每毫升含有 1 mg 氨氮,将其储存在烘干的洁净玻璃容器中备用,此试剂可稳定放置 6 个月。

氨标准中间液:量取 50.00 mL 的配置好的氨标准储备液,移至 500 mL 容量瓶内定容到 500 mL,此时该氨标准中间液每毫升含 100 μg 氨氮,玻璃瓶储存备用。

氨标准使用液:取 10 mL 的上述已配制好的氨标准储备液,至 500 mL 容量瓶中,用无氨水稀释定容至 500 mL,此时该氨标准使用液每毫升含 1 μg 氨氮。注意,此氨标准使用液现配现用。

显色液 1:称量 50 g 水杨酸置于烧杯中,加入 100 mL 左右的无氨水进行溶解,再加入 150 mL 浓度为 2 mol/L 的氢氧化钠溶液,搅拌至全部溶解。称取 50 g 酒石酸钾钠($NaKC_4H_4O_6 \cdot 4H_2O$)溶于 500 mL 无氨水,再与上述溶液混合并稀释定容至 1000 mL,本显色液可保存 30 d 以上。注意,若酒石酸钾钠不能完全溶解,可再加入少许氢氧化钠溶液,直到溶液完全溶解为止,最后溶液的 pH 在 6.0~6.5。

次氯酸钠溶液:取出在药品橱柜中保存的次氯酸钠溶液,用氢氧化钠溶液进行稀释,标定稀释液中含有效氯浓度为 0.35%,游离碱浓度为 0.75 mol/L(以氢氧化钠计)。将其贮藏于棕色瓶中备用,本试剂可稳定保存 7 d。

亚硝基铁氰化钠(硝普纳)溶液:精准称量 0.5 g 亚硝基铁氰化钠,用少量无氨水溶解并定容至 50 mL,混合均匀,该试剂要现配现用。

无亚硝态氮去离子水:称量少许高锰酸钾,加入新制去离子水进行溶解,加入少量 $Ca(OH)_2$ 使其呈碱性,对其进行重蒸馏,将前 50 mL 的馏出液弃之不用,将蒸馏馏出液贮藏于玻璃容器中备用。

亚硝态氮标准储备液:称量烘干 24 h 后的亚硝酸钠晶体 1.232 g,加去离子水完全溶解,稀释定容至 1000 mL,装棕色瓶内,加入 1 mL 的分析纯三氯甲烷,注意冰箱内冷藏保存。

亚硝态氮标准中间液:量取 10.00 mL 的已经配制好的亚硝态氮标准储备液,移至 50 mL 的容量瓶中,用无亚硝态氮去离子水稀释定容至标线上,最后将其转移至棕色玻璃瓶储存,低温保存。

亚硝态氮标准使用液:量取 20.00 mL 的亚硝态氮标准储备液,将其移至 1000 mL 容量瓶中,再用无亚硝态氮去离子水稀释定容至 1000 mL,定容好后转移至干净的棕色瓶内。注意,该使用液要保存在冰箱内,此时使用液中每毫升中含有 1 μg 亚硝态氮。

亚硝态氮显色液:称量 20 g 氨基苯磺酰胺、1g *N*-1 萘基苯磺酸至烧杯中,加入 250 mL 无亚硝态氮去离子水溶解,再量取 50 mL 磷酸,混合均匀后稀释定容至 500 mL,将其储备棕色瓶内备用。

无硝态氮去离子水:称量少许高锰酸钾,加入新制去离子水进行溶解,此时所得为红色溶液,在每 1000 mL 新制去离子水中滴加 1 mL 浓硫酸,混合均匀,然后进行蒸馏,舍弃前 50 mL 的初馏出液,将后期馏出液贮藏在洁净的玻璃容器中备用。

硝酸钾标准储备液:取少量硝酸钾晶体放入烘箱内 24 h,用精准天平称量已烘干的 0.7218 g 的样品,加入少许无亚硝态氮去离子水使其全部溶解,然后定容至 1000 mL,加入 2 mL 氯仿作保护剂,冰箱低温保存。

硝态氮标准使用液:取 10 mL 配制好的硝酸钾标准储备液,用无硝态氮去离子水稀释定容至 1000 mL,将其转移至干净的棕色瓶内。稀释好的使用液要在冰箱低温保存,此时该使用液中每毫升含有 1 μg 硝态氮。

氨基磺酸溶液:称量 0.8 g 分析纯氨基磺酸,添加 50 mL 无硝态氮去离子水至完全溶解,静置到室温,移至 100 mL 容量瓶内用无硝态去离子水定容,混合均匀,将其转移至干净的玻璃瓶内,在冰箱内冷藏。

显色剂 2:称量 20 g 分析对氨基苯磺酸,1 g 盐酸萘乙二胺,再量取 50 mL 市售磷酸,添加 250 mL 无亚硝态氮去离子水至全部溶解,冷却至室温,移至 500 mL

容量瓶内，用无亚硝态去离子水稀释定容至 500 mL，混合均匀，将其转移至干净的棕色瓶内，在冰箱内冷藏。

(4)其他试剂和仪器

除了上述培养基所用试剂外，实验还用到油脂测量试剂（详见磷酸香草醛测油脂含量）、pH 计、光度测量仪、LED 灯管、离心机、天平、SBA-40C 型生物传感分析仪、电热鼓风干燥箱、回转恒温调速摇瓶柜、5 L 发酵罐、MAX300-LG 在线尾气质谱仪等仪器。

5.1.2.2 **实验方法**

粘红酵母与小球藻混合培养实验设计方案（图 5-1）、混合气体互利和 pH 调节实验设计方案（图 5-2）、混合培养底物互利验证实验设计方案（图 5-3）如下所示。

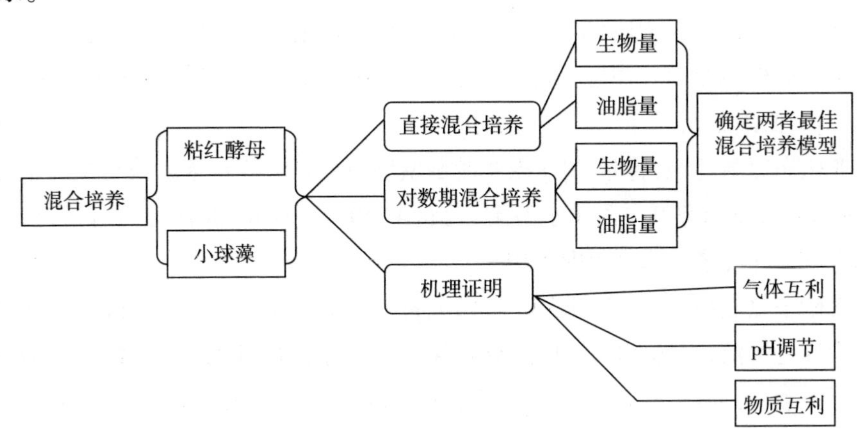

图 5-1 粘红酵母与小球藻混合培养实验设计方案

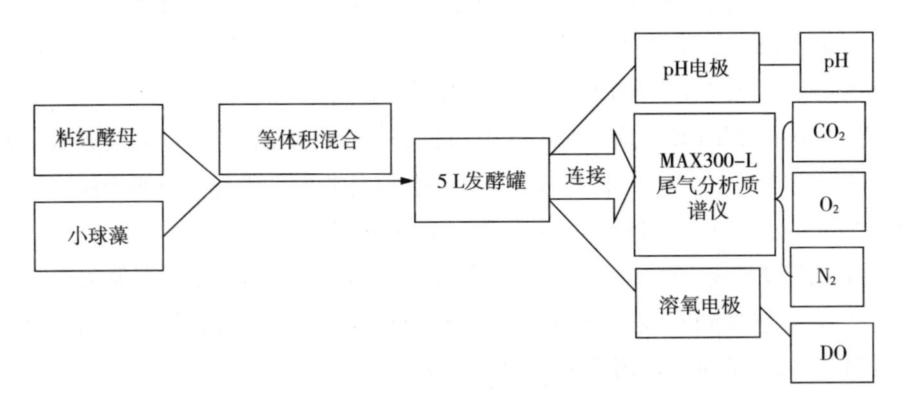

图 5-2 粘红酵母与小球藻混合培养气体互利和 pH 调节实验设计方案

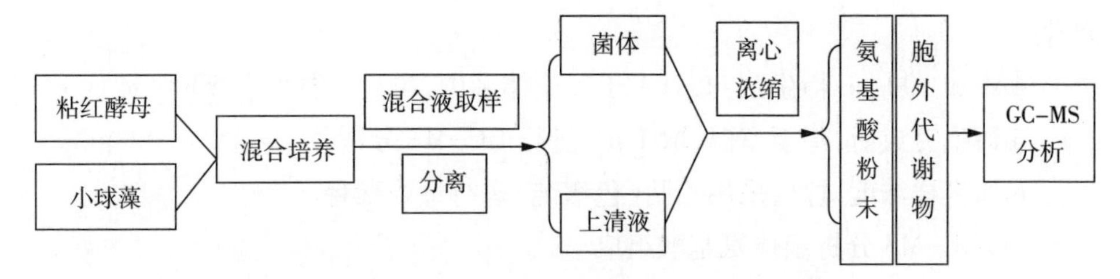

图5-3　粘红酵母与小球藻混合培养底物互利验证实验设计方案

(1)直接混合培养

在粘红酵母基础培养基的基础上,添加小球藻基础培养基的成分,最终保证培养基中既有粘红酵母基础培养基的成分和浓度,同时含有小球藻基础培养基的成分和浓度。装液量和接种比例:500 mL摇瓶装液量为150 mL;接种比例有3组,分别为:3%(*v*/*v*)酵母单独培养,3%(*v*/*v*)酵母和3%(*v*/*v*)小球藻(1∶1),3%(*v*/*v*)酵母和6%(*v*/*v*)小球藻(1∶2)。培养条件:3根LED光照[100 μmol/(m^2·s)]的摇床,28℃、180 r/min转速条件下培养。

(2)对数期等体积混合培养

采用混合培养基将粘红酵母和小球藻分别单独培养至对数生长期(酵母培养72 h,小球藻培养120 h),然后等体积混合培养,考察混合后生物量和油脂产量的变化。

(3)间接混合培养

同直接混合培养所用培养基相同,采用双体系培养系统,培养体系中间选用2.6 μm过滤膜将两种微生物培养分开,实现培养基成分互相交换,而菌体不混合,从而更有利于观察2种产油生物单独生长及油脂合成的情况。

(4)GC-MS分析胞外产物

为了探索酵母和藻类混合培养代谢物质互利情况,对混合前后的发酵液进行GC-MS(岛津GC-MS-QP2010)分析,寻找之间的差异。胞外代谢样品制备方法:

①取样品发酵液1 mL,12000 r/min离心15 min去菌体沉淀,0.26 μm滤膜过滤上清液。

②采用离心浓缩仪将离心后的上清液进行离心浓缩,30℃条件下离心浓缩过夜,得干燥后的代谢物粉末。

③将干燥后的代谢物粉末50℃烘箱充分干燥后,添加配制好的2 g/L的甲氧胺吡啶溶液100 μL震荡混匀,30℃恒温反应2 h,间歇吸浮几次,防止沉淀

产生。

④添加 100 μL 衍生剂 MSTFA 于反应体系中,30℃恒温衍生 6 h。

⑤衍生完成后,降至室温,取 1 μL 进行 GC-MS 分析。

⑥如进样浓度过高,采用乙腈(色谱纯)进行适当稀释。

(5)GC-MS 分析菌体氨基酸组成

微生物吸收^{13}C全标记的葡萄糖作为碳源时,^{13}C首先会合成细胞中某些中间代谢物,以此为基础再合成氨基酸,从而作为合成菌体蛋白的前提。因此,在进行^{13}C标记葡萄糖分析物质交换互利之前,需要建立合适的菌体氨基酸成分的分析方法。结合本实验的目的,初步确定了菌体组成氨基酸分析方法如下。

①取稳定期发酵液 1 mL 于 EP 管中,8000 r/min 离心 15 min 去上清,菌体用去离子水悬浮离心 2 次。

②取约 20 mg 湿菌体于 5 mL 离心管中,加入 1 mL 6 mol/L 的盐酸后,盖子封口固定,置于 90℃水浴锅中 24 h,使菌体蛋白充分酸水解。

③酸水解后,采用去离子水稀释 10 倍,用 0.22 μm 滤膜过滤。

④采用离心浓缩仪将过滤后的 1 mL 水解液进行离心浓缩,30℃条件下离心浓缩过夜,得干燥后的氨基酸粉末。

⑤将干燥后的代谢物粉末 50℃烘箱充分干燥后,添加配制好的 2 g/L 甲氧胺吡啶溶液 100 μL 震荡混匀,30℃恒温反应 2 h,间歇吸浮几次,防止沉淀产生。

⑥添加 100 μL 衍生剂 MSTFA 于反应体系中,30℃恒温衍生 6 h。

⑦衍生完成后,降至室温,取 1 μL 进行 GC-MS 分析。

⑧如进样浓度过高,采用乙腈(色谱纯)进行适当稀释。

酸水解后,最多可以检测到 16 种氨基酸,某些氨基酸不能被 GC-MS 检测到,原因是:该过程中,天冬酰胺和谷氨酰胺分别转化为天冬氨酸和谷氨酸,色氨酸和半胱氨酸被酸破坏。

(6)扫描电镜观察细胞表面

①取小球藻培养液 12000 r/min、4℃离心 10 min,收集细胞。

②固定:用 0.1 mol/L、pH 7.2 的戊二醛磷酸缓冲液(2.5%)4℃条件下固定 24 h。

③脱水:固定好后的小球藻细胞用磷酸缓冲液漂洗 3 次以上,依次采用 50%、70%、89%、95%和 100%的丙酮逐级脱水 10 min。

④干燥:吸取含有样品细胞的 100%丙酮,滴于盖玻片进行临界点干燥。

⑤镀金:将干燥后的盖玻片固定于样品台,离子溅射喷金。

⑥观察：置于扫描电镜下观察拍照。

(7)混合培养总氮(TN)的测定

本实验使用过硫酸钾氧化紫外分光光度法测定水中总氮。

建立标准曲线：

①用移液管取 0.00、0.50、1.00、2.00、3.00、5.00、7.00、8.00 mL 的硝酸钾标准使用液，移至 25 mL 清洗干净的具塞玻璃比色管内。

②添加无氨水至 10 mL，加入 5 mL 的碱性过硫酸钾溶液，塞紧磨口塞，用纱布封严，绳子系紧，从而避免磨口塞弹出。

③将具塞比色管放于高压蒸汽灭菌锅内，定时 30 min，加热至安全阀冒气，然后关闭阀门，升温至 120~124℃，开始计时，继续加热 30 min，等待灭菌锅降温，打开阀门放气，然后取出具塞比色管，冷却至室温。

④在每个管内加入 1 mL 的(1+9)盐酸溶液，添加无氨水定容到 25 mL，盖上塞子倾斜几次混匀。

⑤打开紫外分光光度计，预热 20 min，用无硝化态去离子水作为参比，在波长为 220 nm 和 275 nm 测量吸光度，制作标准曲线。(注意：测量吸光度时用 10 mm 石英比色皿)

⑥以总氮的含量为 X 轴、校正吸光度 $A(A_{220}-A_{275})$ 为 Y 轴，得到的数据(表 5-2)和标准曲线(图 5-4)如下。

表 5-2　总氮(TN)的校正吸光度

标签	总氮含量/(mg·L^{-1})	A_{220}/nm	A_{275}/nm
1	0	0.030	0.008
2	0.25	0.251	0.059
3	0.5	0.352	0.069
4	1.0	0.499	0.07
5	1.5	0.714	0.069
6	2.5	0.946	0.068
7	3.5	1.202	0.068
8	4.0	1.437	0.065

利用绘图软件 Originpro 作出 TN 标准曲线图，其相关系数 R^2=0.98742。

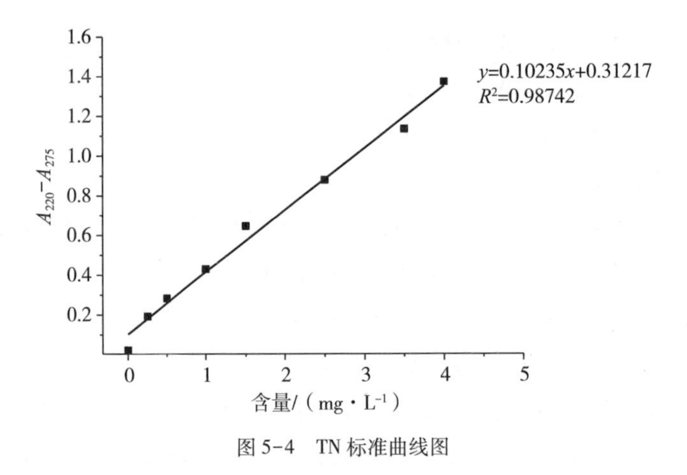

图 5-4　TN 标准曲线图

样品测定:将样品移到 25 mL 具塞玻璃比色管中,按照与制作标准曲线相同的步骤测量吸光度,按标准曲线方程($y=a+bx$)计算样品中总氮的含量。公式如式 (5-1)所示。

$$TN(mg/L)=\frac{A_{220}-A_{275}-a}{bV}\times f \tag{5-1}$$

式中:A_{220}——220 nm 处的吸光度值;

A_{275}——275 nm 处的吸光度值;

a——标准曲线的截距;

b——标准曲线的斜率;

V——样品体积,mL;

f——稀释倍数。

(8)水杨酸盐—次氯酸盐分光光度法测定样品中氨氮

制作标准曲线:

①用移液管量取 0.00、1.00、2.00、4.00、6.00、8.00 mL 的氨标准使用液,移入 6 支做过标记的 10 mL 的清洗干净并烘干的具塞玻璃比色管中。

②添加无氨水至 8 mL 左右,再加入 0.1 mL 的显色液 1,用滴管添加 2 滴亚硝基铁氰化钠和 2 滴配制好的次氯酸钠溶液,定容至标线,混合均匀,静置 1 h。

③打开紫外分光光度计,预热 20 min,用无氨水作参比,在波长为 697 nm 测量吸光度,制作标准曲线。(注意:测量吸光度时用 10 mm 比色皿)

④以氨氮的含量为 X 轴、吸光度 A_{697} 为 Y 轴开始绘图,得到的数据(表 5-3)和标准曲线图(图 5-5)如下。

表 5-3　氨氮的校正吸光度

标签	氨氮含量/(mg·L^{-1})	A_{697}
1	0	0.011
2	1	0.176
3	2	0.261
4	4	0.436
5	6	0.588
6	8	0.787

利用绘图软件 OriginPro 作出氨氮标准曲线图,其相关系数 $R^2=0.98823$。

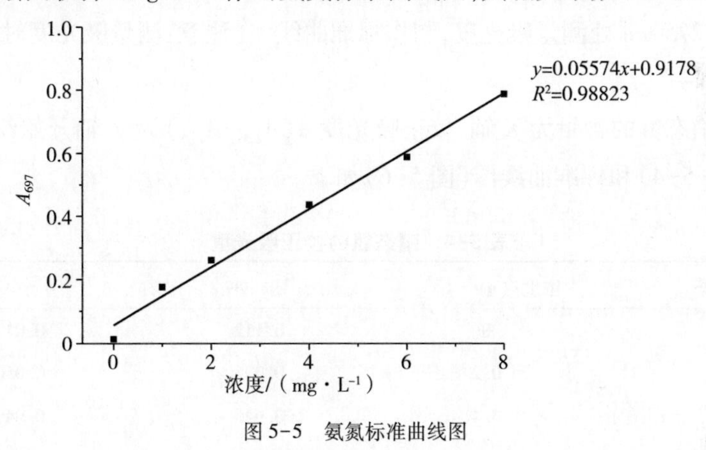

图 5-5　氨氮标准曲线图

样品检测:将每天取的样品置于 10 mL 具塞玻璃比色管中,按照与制作标准曲线相同的步骤测量吸光度,按标准曲线方程 $y=a+bx$ 来计算样品中氨氮的含量。公式如式(5-2)所示。

$$氨氮(mg/L)=\frac{A_{697}-a}{bV}\times d \tag{5-2}$$

式中:A_{697}——697 nm 处的吸光度值;

a——标准曲线的截距;

b——标准曲线的斜率;

V——样品体积,mL;

d——稀释倍数。

(9)混合培养硝酸盐氮的测定

本实验使用紫外分光光度法测定水中硝态氮。

硝酸盐在波长 220 nm 处有明显吸收作用，在波长为 275 nm 处不具有紫外吸收作用，因此，通过使用紫外分光光度计测量 275 nm 和 220 nm 波长处的吸光度，可计算出校正吸光度 A。

制作标准曲线：

①用移液管取 0.00、0.20、0.40、0.60、0.80、1.00 mL 的硝态氮标准使用液，移入 6 只贴好标签的 25 mL 清洗干净的具塞玻璃比色管中。

②添加新制去离子水定容至 25 mL，再加入 0.5 mL 的(1+9)盐酸溶液，用润洗过的移液管添加 0.05 mL 的氨基磺酸溶液，混合均匀。

③打开紫外分光光度计，预热 20 min，用新制去离子水作参比，在波长为 220 nm 和 275 nm 处测量吸光度，制作标准曲线。(注意：测量吸光度时用 10 mm 石英比色皿)

④以硝态氮的含量为 X 轴、校正吸光度 $A(A_{220}-A_{275})$ 为 Y 轴开始绘图，得到的数据(表 5-4)和标准曲线图(图 5-6)如下。

表 5-4　硝态氮的校正吸光度

标签	浓度/(mg·L^{-1})	A_{220}/nm	A_{275}/nm
1	0	0.112	0.049
2	0.2	0.335	0.050
3	0.4	0.646	0.049
4	0.6	0.908	0.052
5	0.8	1.195	0.056
6	1.0	1.308	0.050

利用绘图软件 OriginPro 作出硝化盐氮标准曲线图，其相关系数 $R^2=0.98686$。

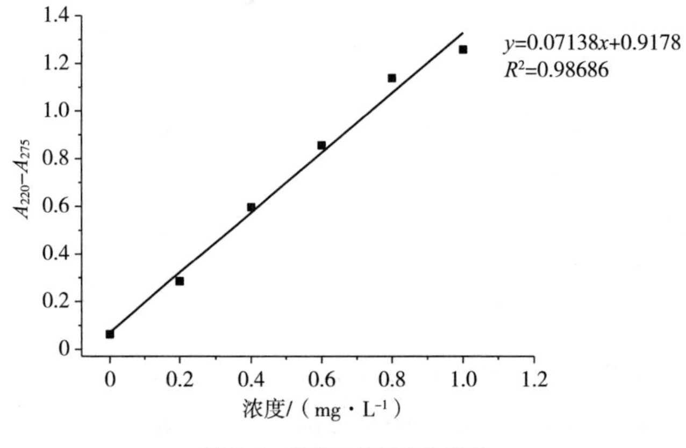

图 5-6　硝态氮的标准曲线图

样品检测:将每天取的样品做好标记,放入 25 mL 具塞玻璃比色管内,通过与制作标准曲线相同的顺序测量吸光度,依照标准曲线方程 $y=a+bx$ 来计算所取样品中硝态氮的含量。公式如式(5-3)所示。

$$\text{硝化态氮含量(mg/L)}=\frac{A_{220}-A_{275}-a}{bV}\times n \tag{5-3}$$

式中:A_{220}——220 nm 处的吸光度值;

A_{275}——275 nm 处的吸光度值;

a——标准曲线的截距;

b——标准曲线的斜率;

V——样品体积,mL;

n——稀释倍数。

(10)混合培养亚硝酸盐氮的测定

本实验使用盐酸萘乙二胺法测定水中亚硝酸盐氮。

在以磷酸为介质的弱酸性条件下,亚硝酸盐与对氨基苯磺酸发生反应,使其重氮化,生成的物质与盐酸萘乙二酸再次反应,获得紫红色物质,这种紫红色物质在波长为 540 nm 时具有明显的紫外吸收作用。

制作标准曲线:

①用移液管取 0.00、0.50、1.50、2.50、3.50、5.00 mL 的亚硝态氮标准使用液,将其移入 6 只已经做好标签的 25 mL 干净具塞玻璃比色管内。

②加入无亚硝态去离子水进行稀释,定容到 25 mL,用润洗过的移液管取 1.00 mL 已配的显色液 2 加入比色管内,盖紧磨口塞,轻轻摇晃使比色管内的溶液混合均匀,静置 20 min。

③打开紫外分光光度计,预热 20 min,以无硝态去离子水为参比,在波长为 540 nm 时测量吸光度,制作标准曲线。(注意:测定吸光度时用 10 mm 石英比色皿)

④以无亚硝态氮的含量为 X 轴、吸光度 A_{540} 为 Y 轴开始绘图,得到的数据(表 5-5)和标准曲线图(图 5-7)如下。

表 5-5　无亚硝态氮的校正吸光度

标签	含量/(mg·L^{-1})	A_{540} nm
1	0	0
2	0.004	0.212

续表

标签	含量/(mg · L⁻¹)	A_{540} nm
3	0. 012	0. 394
4	0. 020	0. 603
5	0. 024	0. 716
6	0. 040	1. 084

利用绘图软件 OriginPro 作出亚硝酸盐氮标准曲线图,其相关系数 R^2 = 0. 98663。

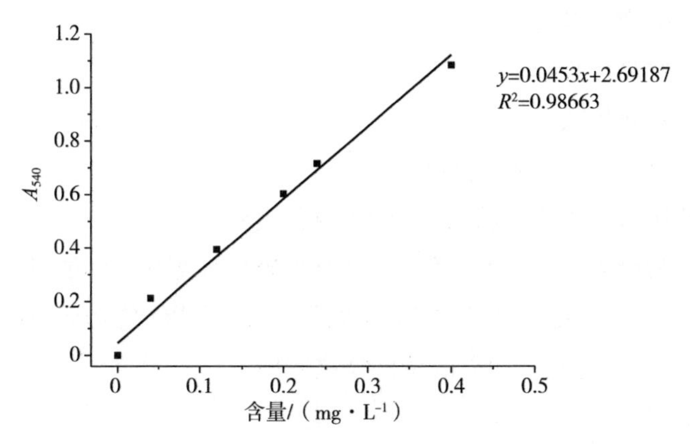

图 5-7　亚硝态氮标准曲线图

将样品做好标记放入 25 mL 的具塞玻璃比色管中,按照与制作标准曲线相同的步骤测量吸光度,按标准曲线方程 $y=a+bx$ 来计算样品中亚硝态氮的含量。计算公式如式(5-4)所示。

$$亚硝态氮含量(mg/L)=\frac{A_{540}-a}{bV}\times m \tag{5-4}$$

式中:A_{540}——540 nm 处的吸光度值;

a——标准曲线的截距;

b——标准曲线的斜率;

V——样品体积,mL;

m——稀释倍数。

5. 1. 2. 3　**粘红酵母和小球藻直接混合培养**

考虑到酵母在混合培养基中的生长速率远远大于小球藻,等比例接种对数生长期的种子液时,培养体系的颜色主要为酵母的红色,故主要设置酵母单独培养对照组,以考察小球藻的添加对酵母生长的影响。结果如图 5-8 所示。经摇瓶实验发现,两组不同接种比例的直接混合培养,在前 60 h 糖的利用速率明显高于对照组(酵母单独培养),而生物量的增长趋势却与葡萄糖的利用情况相反。酵母和小球藻接种比例为 1 : 2 时,前期糖利用速率最快,而对应生物量最低;酵母单独培养与接种比例为 1 : 1 时的生物量接近,后者略高于前者。发酵后期(72 h 之后),对照组生物量趋于稳定,而混合培养组在经历短暂(60~84 h)稳定后,生长速率有较明显的提高。96 h 之后,混合培养组生物量超过对照组,培养 120 h 时,接种比例为 1 : 1、1 : 2 和对照组的生物量分别达到 10.3、8.7 和 8.1 g/L,葡萄糖的利用率分别为 87.5%、70% 和 75%。

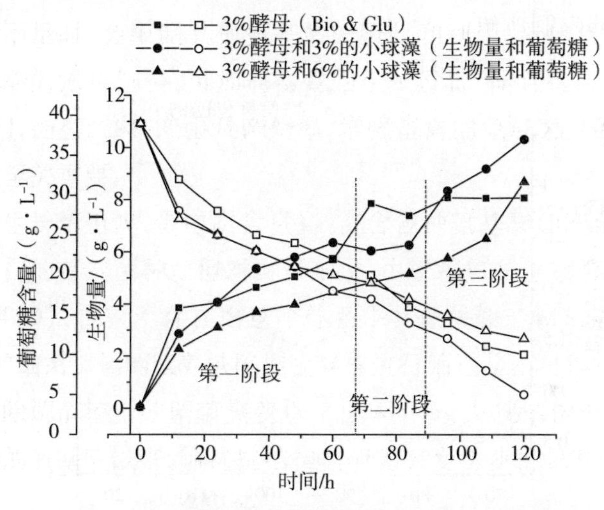

图 5-8　直接混合培养与酵母单独培养生长情况比较

综合比较,小球藻的添加对粘红酵母生长具有一定的影响,可以划分为 3 段:第一段(0~65 h),小球藻的添加有利于提高糖的利用率,特别是添加比例为 1 : 1 的组;第二段(65~90 h),3 组都出现短暂的菌体生长稳定期;第三段(90~120 h),添加有小球藻的组出现第二次生长,而对照组进入生长稳定期,推测是小球藻在第二段时期适应培养基环境后,开始生长,为酵母生长提供某些营养物质,特别是氮源。

总之,直接混合培养时,小球藻的添加对粘红酵母的生长有一定作用,特别是发酵后期,可以为粘红酵母提供一些次级代谢产物作为营养物质,刺激粘红酵母出现第二次生长,考虑发酵时间和葡萄糖利用,接种比例为 1 : 1 时效果最好。

以上实验证明,小球藻的添加在发酵后期对提高生物量起到一定作用,也提高了葡萄糖的利用率,最佳接种比例为 1 : 1 时效果最好。生物量只是考察的首要参数,油脂作为目的产物,同时也是需要保证的。图 5-9 为该培养过程后期油脂积累情况。结果表明,培养 120 h 时,两种比例接种直接混合培养组的油脂含量及油脂总量低于单纯酵母培养,酵母单独培养组、接种比例 1 : 1 培养组、接种比例 1 : 2 培养组最高油脂含量和油脂总量分别为 20. 8%和 1. 68 g/L、15. 1%和 1. 56 g/L、11. 8%和 1. 02 g/L。培养 72 h 之前,接种比例 1 : 2 培养组的油脂含量最高,油脂总量与单纯酵母培养接近。同时,从图 5-9 可以看出,72 h 时,混合培养组的油脂含量和油脂总量都出现降低,该培养时间酵母生长正好进入稳定期,虽然此时糖浓度仍然较高(18 g/L 左右),推测是其他营养元素的限制所致。

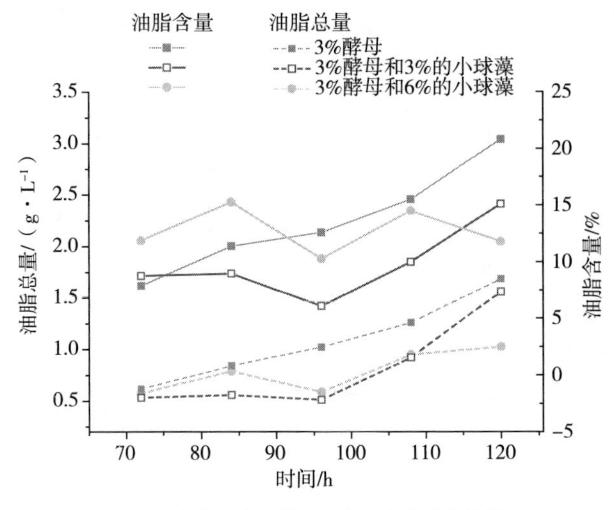

图 5-9　直接混合培养对油脂合成及总脂的影响

综上所述,直接混合培养时,根据酵母生长情况可以划分为 3 段,取每段最具代表性特征时间点分析,分别为 72 h、96 h 和 120 h。由图 5-10 可以看出,第一阶段(72 h)每个培养组的生物量与油脂含量成反比例关系,小球藻的添加抑制生物量的生长,但却明显提高油脂含量,小球藻的作用能力与其接种量成正比例关系;第二阶段(96 h),对照组生物量进入稳定期,同时,油脂含量开始提高,而混合培养组生物量浓度仍略有增长,油脂含量却开始下降;第三阶段(120 h),混合培养生物量和油脂含量较第二阶段都有明显提高,对照组的生物量稳定,油脂含量明显提高,1 : 1 接种比例的总油脂产量为 1. 56 g/L,接近于对照组的 1. 68 g/L,1 : 2 接种比例的总油脂产量最低,为 1. 02 g/L。

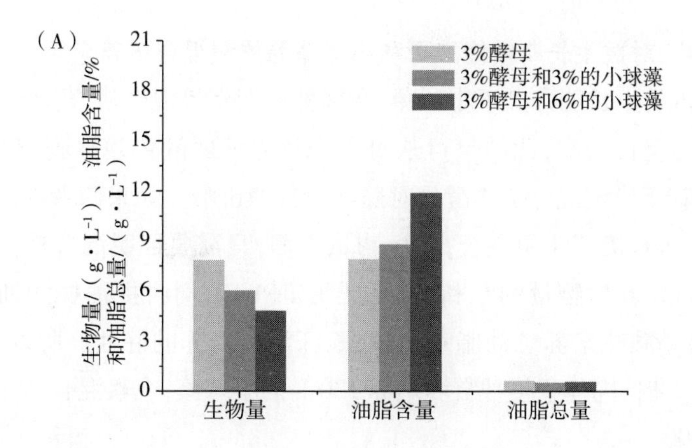

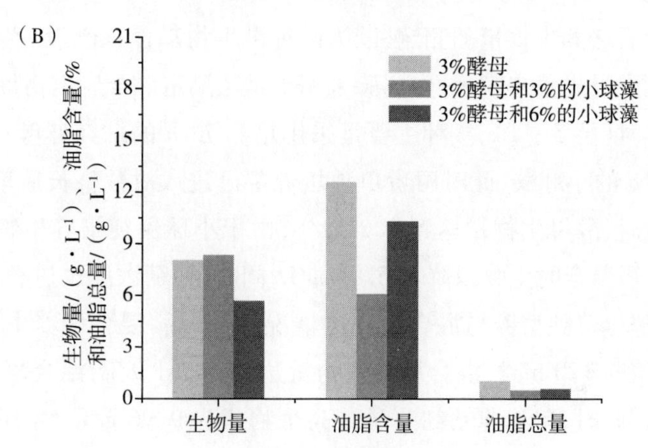

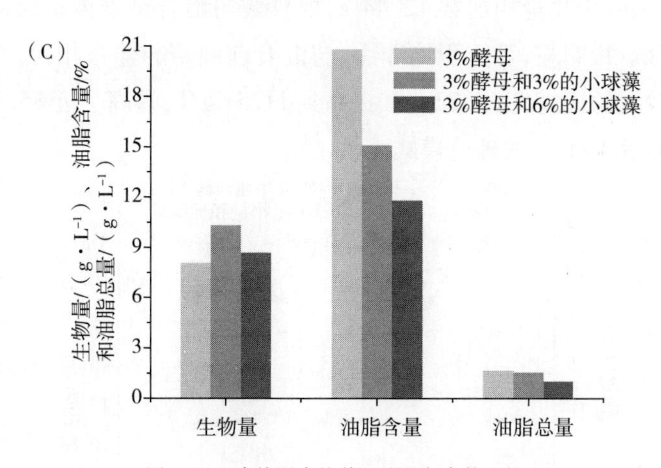

图 5-10　直接混合培养 3 阶段各参数比较

(A) 72 h；(B) 96 h；(C) 120 h

5.1.2.4 对数生长期粘红酵母和小球藻等体积混合培养

由于酵母的生长能力大于小球藻，在接种初期直接混合后，整个混合培养阶段几乎以酵母生长为主，此结果可从过程中培养液的颜色观察到（以淡红色为主），这将不利于确定混合培养酵母对藻类生长的影响。如果两者都培养至对数生长期，然后再直接等体积混合，在生物量方面，只需要证明混合后生物量总量大于混合前纯培养生物量的总和，即可证明 1+1>2，同时提油检测油脂总生产量，并与两者单独纯培养总油脂量比较，验证混合培养的好处。所以，采用酵母摇瓶培养 72 h 时，同体积接种自养培养 120 h 的小球藻，观察混合后生物量和油脂产量的变化。

有关混合后培养生物量的测定，因为两种微生物都含有色素，混合后就不能采用单纯的测定吸光值来表示，本实验采用干重法测定混合后生物量。

混合培养时（图 5-11），接种主要是采用培养 72 h 的粘红酵母，同体积接种自养培养 120 h 的小球藻，此时两者单独培养都已进入对数生长后期，生物量接近稳定。混合时，酵母生物量达到 8. 21 g/L，由于小球藻纯培养生物量较低（2. 07 g/L），等体积混合时生物量降至 5. 14 g/L，同时，残糖浓度也进行了稀释。继续培养，比较酵母单独培养与混合培养的情况，84 h 后，混合培养生物量超过单纯酵母生长；培养 120 h 时，混合培养生物量达到 11. 51 g/L，混合培养体系生物量共 23. 02 g。此时，单独纯粘红酵母最高生物量为 9. 96 g/L，纯小球藻生物量为 2. 48 g/L，两者生物量相加共 12. 44 g，换算成与混合培养体积相同菌体浓度值为 6. 22 g/L。很明显，等体积培养后，与混合前纯培养体系相比，总生物量产量明显得到较大的提高，由 6. 22 g/L 提高到 11. 51 g/L，提高了近 85. 1%，生物量实现了混合前后 1+1>2 的理论模式。

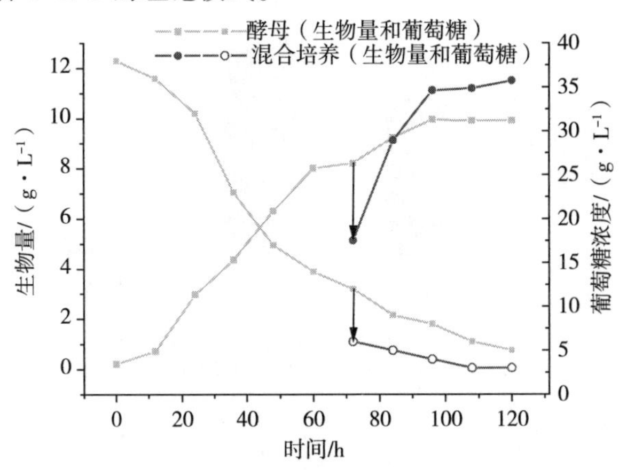

图 5-11 对数期等体积直接混合培养结果

有关混合培养物油脂含量及产量的计算,本实验采用菌体干燥后研磨破壁,经有机溶剂萃取、烘干称重法测量。选取混合培养 24 h 和 48 h 时测定油脂产率,对比单独继续培养的酵母和小球藻油脂总产量之和,证明 1+1>2 的理论模式,结果如图 5-12 所示。实验结果表明:混合培养 24 h 和 48 h 时,混合培养体系油脂含量(分别为 18.8%和 22.4%)较单纯酵母培养体系的油脂含量(分别为 21.6%和 26.3%)略低,较纯小球藻培养体系的油脂含量(分别为 14.7%和 20.2%)略高[图 5-12(A)];由于生物量不同,相同体积下,混合培养体系总油脂产量分别为 2.091 g/L 和 2.578 g/L,对应纯培养组总油脂之和的量分别为 1.242 g/L 和 1.555 g/L[图 5-12(B)],分别提高了 68.3%和 65.8%。相同体积下,混合培养明显比两种微生物单独培养的总油脂产量高,总油脂产量实现了混合前后 1+1>2 的理论模式。

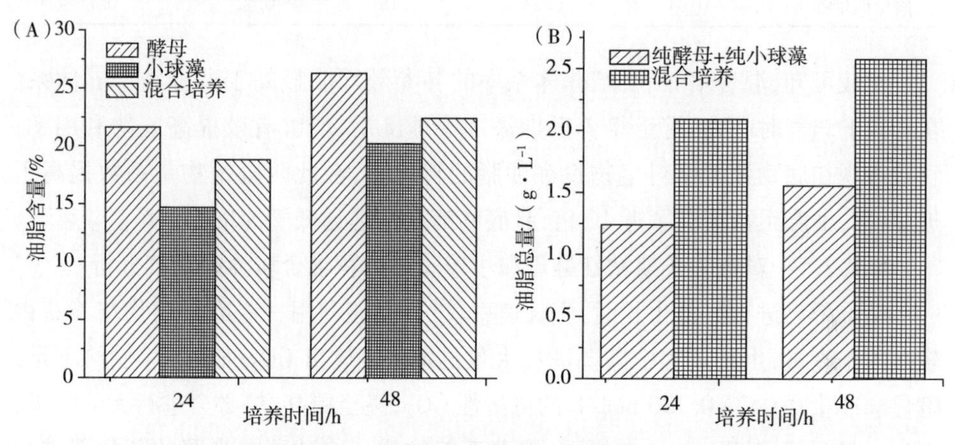

图 5-12　纯培养与对数期等体积直接混合培养油脂含量(A)和总油脂量(B)比较

生物量产率、生物量系数、油脂产率、油脂系数和底物利用速率分别根据式(5-5)、式(5-6)、式(5-7)、式(5-8)和式(5-9)计算得出。

$$P_X = (X_i - X_0)/(t_i - t_0) \tag{5-5}$$

$$Y_{X/S} = (X_i - X_0)/(S_i - S_0) \tag{5-6}$$

$$P_{lip} = (X_i \times \%FA_i - X_0 \times \%FA_0)/(100 \times (t_i - t_0)) \tag{5-7}$$

$$Y_{L/S} = (X_i \times \%FA_i - X_0 \times \%FA_0)/(S_i - S_0) \tag{5-8}$$

$$r_s = (S_i - S_0)/(t_i - t_0) \tag{5-9}$$

式中:P_X——生物量产率,g/(L·h);

$Y_{X/S}$——生物量系数,g/g 葡萄糖;

P_{lip}——油脂产率,g/(L·h);

$Y_{L/S}$——油脂系数，g/g 葡萄糖；

r_s——底物利用速率，g/(L·h)；

X_i、X_0——分别为在培养时间为 t_i 和 t_0 时的生物量浓度，g/L；

S_i、S_0——分别为在培养时间为 t_i 和 t_0 时的底物葡萄糖浓度，g/L；

$\%FA_i$、$\%FA_0$——分别为在培养时间为 t_i 和 t_0 时的油脂含量，%。

混合培养阶段(72~120 h)混合培养体系和纯酵母培养体系的各参数见表5-6。

表 5-6 混合培养阶段(72~120 h)混合培养体系和纯酵母培养体系的各参数

组别	P_X	$Y_{X/S}$	P_{lip}	$Y_{L/S}$	r_s
混合培养组	0.13	4.25	2.24	1.07	0.02
酵母纯培养组	0.04	0.23	1.18	0.12	0.11

比较可知，混合培养后，培养体系中的各参数均明显高于酵母纯培养体系。在相同的培养时间内，酵母培养后期添加小球藻后，能够有效提高底物利用率，直接表现在底物葡萄糖对生物量和油脂的转化率，在此阶段生物量系数提高了近 20 倍，油脂系数提高了近 10 倍，且底物消耗量远远低于纯培养体系。

5.1.2.5 对数生长期粘红酵母和小球藻等体积混合培养的尾气分析

粘红酵母进行好氧生长时，生长速率较快，能够利用一些廉价底物培养获得较高的生物量，生长过程中需要消耗大量的 O_2，排放出 CO_2；如果 O_2 供给不足，酵母会产生 0.042~0.130 mol/L 的可溶性 CO_2，甚至更高，势必会进行无氧呼吸，产生大量的挥发性小分子有机酸，浪费营养物质。小球藻在光照的条件下进行自养代谢，同时放出 O_2，当培养体系中溶氧含量达到 20%以上时，藻类的自养代谢就会受到限制。为证明两者之间的气体互利关系，将发酵罐尾气连接 MAX300-LG 在线尾气质谱仪，对发酵过程中尾气实行动态监测，获得相关尾气成分的动态变化趋势，结果如图 5-13 所示。

图 5-13 为尾气中 O_2 的动态监测变化图，0~20 h 之间为酵母延迟期，O_2 的体积百分含量变化趋势不明显；当酵母进入对数生长期(20~48 h)时，由于酵母有氧呼吸利用了空气中的 O_2，使尾气中 O_2 含量下降，从 20.4%下降至 20.1%左右；结束对数生长后，含量明显上升，从 20.1%升高至 20.5%左右。培养至 72 h 时，接种等体积处于生长旺盛的小球藻培养液，尾气中 O_2 含量有短暂的上升(上升至 20.6%)，随后急速下降至 20%左右，证明小球藻的添加能够促进酵母进一步生长。分析原因主要是发酵液细胞浓度被小球藻培养液稀释后，促使酵母再

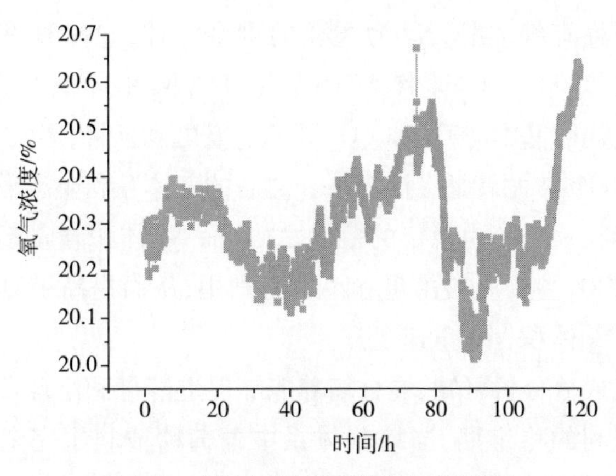

图 5-13　尾气中氧气体积浓度的动态监测

次生长。当细胞浓度与酵母对照组接近时，尾气中 O_2 含量上升，且在 108 h 之前处于一个稳定值，推测为酵母和小球藻在气体互利方面已经实现动态平衡。继续培养，O_2 含量上升，这主要是葡萄糖利用完全、酵母停止生长，而小球藻继续进行光合自养，两者共同作用，排放出较多的 O_2。

有关发酵过程尾气中 CO_2 体积变化动态曲线如图 5-14 所示。混合前期（72 h 前），尾气中 CO_2 体积浓度随着酵母的生长而不断上升，由初始 0.03%上升至最高（0.28%左右），酵母停止生长，尾气中 CO_2 体积浓度开始下降。混合培养后，CO_2 变化趋势和 O_2 变化趋势一致，都出现一段稳定期（84～106 h），即酵母和小球藻在气体互利方面实现动态平衡期。之后酵母再次停止生长，而小球藻继续生长，表现在尾气中 O_2 浓度上升，CO_2 急速下降。

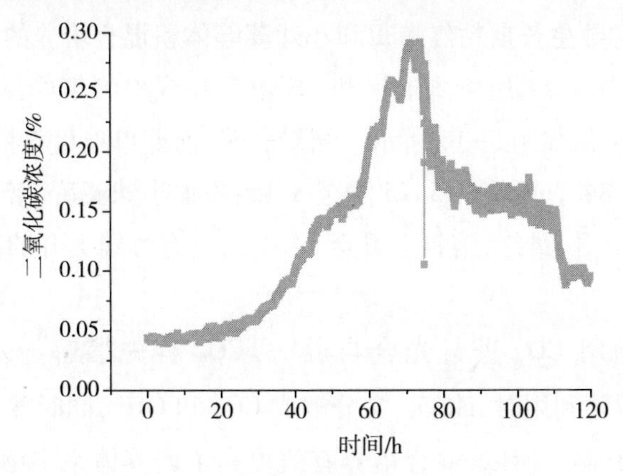

图 5-14　尾气中二氧化碳体积浓度的动态监测

尾气中除了稀有气体外，N_2 为主要的剩余气体，忽略稀有气体，N_2、O_2 和 CO_2 体积含量之和约为 100%。图 5-15 为尾气中 N_2 的体积含量动态变化曲线，其体积含量变化规律基本与 O_2 和 CO_2 体积含量之和互补，尾气中的动态变化总体积浓度约为 100%。尤其是在混合培养之后的气体互利动态平衡期，O_2 和 CO_2 体积含量均保持在一个较为稳定的范围之内，而 N_2 体积含量却急速上升，证明在此阶段 O_2 和 CO_2 主要是被酵母和小球藻利用，从而提高了 O_2 和 CO_2 的利用效率，使尾气中 N_2 体积含量急速上升。

从发酵尾气成分分析可知，混合培养能够促进酵母和小球藻的生长，且能够实现一个气体互利的稳定期，当培养体系中葡萄糖被利用完全后，酵母停止生长，此时生物量的继续升高主要是小球藻的继续生长。

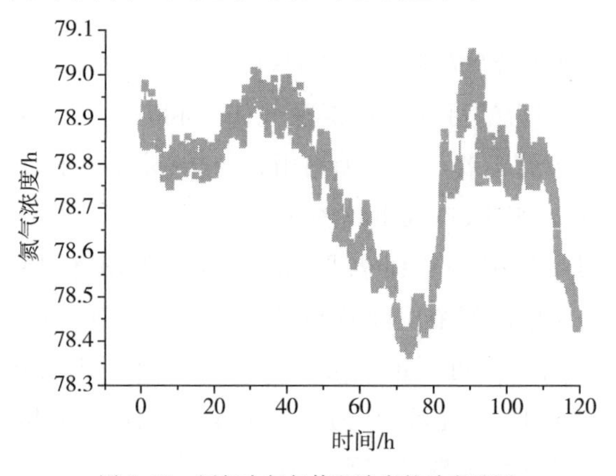

图 5-15　尾气中氮气体积浓度的动态监测

5.1.2.6　**对数生长期粘红酵母和小球藻等体积混合培养的溶氧和 pH 变化**

混合培养过程中，采用溶氧电极和 pH 电极在线检测培养体系的溶氧（DO）和 pH 变化规律结果如图 5-16 所示。结果表明，前期单独培养粘红酵母时，溶氧从 100%降至 50.8%，pH 值从 5.75 降至 3.15；添加小球藻后，培养体系中的溶氧和 pH 值均明显上升，最终，溶氧上升至 74.4%，且有继续上升的趋势，pH 值稳定于 4.89 左右。

小球藻在利用 CO_2 进行光合自养时，CO_2 首先溶解于水溶液中，生成 HCO_3^-，当被小球藻利用时，HCO_3^- 又分解成 CO_2 和 OH^-，同时放出 O_2，使培养基中溶氧和 pH 值升高。所以，混合培养有效提高了培养体系中溶解氧，使粘红酵母进行有氧呼吸能力加强，pH 值的提高降低了小分子有机酸对酵母生长的抑制作用。

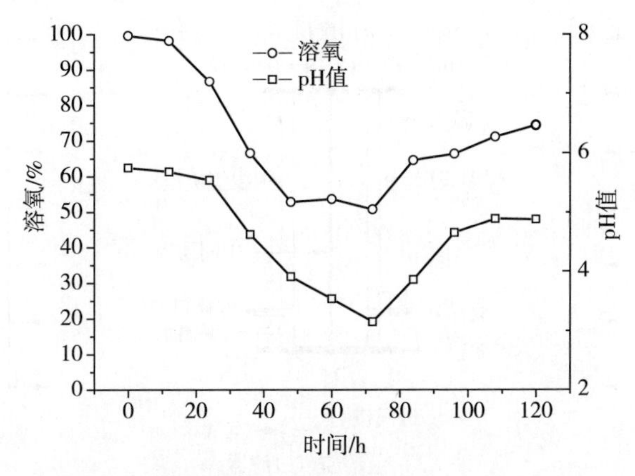

图 5-16　对数期等体积直接混合培养溶氧和 pH 动态监测

5.1.2.7　气升式双体系生物光反应器培养

(1)气升式双体系生物光反应器设计

在证明了粘红酵母和小球藻直接混合培养能提高生物量及油脂含量的基础上,为了进一步探索每种产油微生物在混合后单独的生长及油脂合成情况,设计了气升式双体系生物光反应器(图 5-17)。该反应器应用于粘红酵母和小球藻的混合培养方面主要有以下优势:能够实现水溶性气体之间的交换和利用;能够实现一些小分子营养物质的互溶利用和检测(设置对照组);培养基混合利用的时候,能够间接证明两种微生物单独生长及油脂合成情况。图 5-18 为该反应器工作示意图。

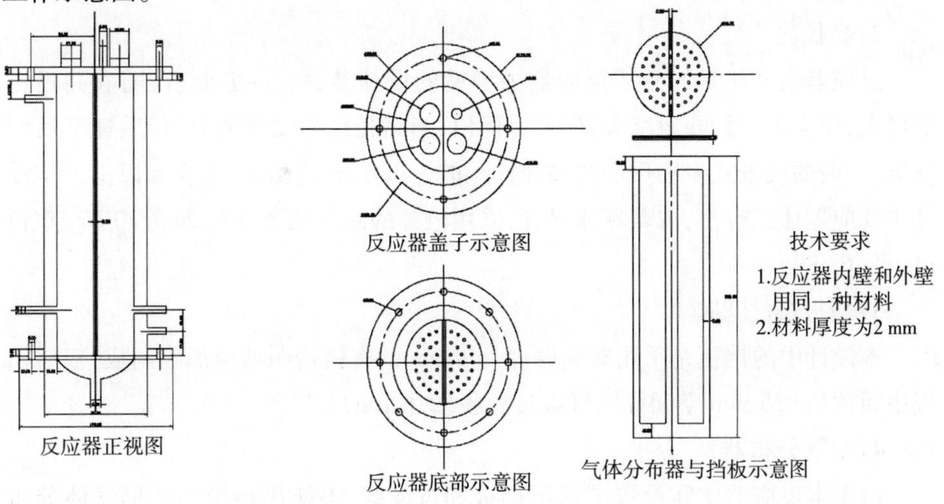

图 5-17　气升式双体系生物光反应器

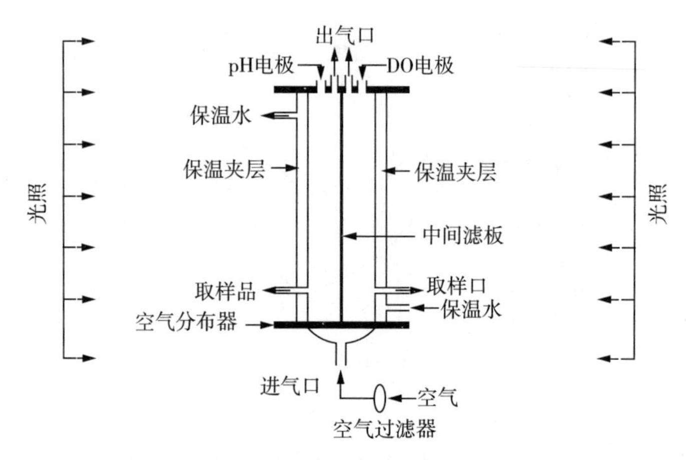

图 5-18　气升式双体系光反应器培养酵母和小球藻工作示意图

反应器的结构参数包括反应器的大小、高径比、空气分布器、过滤膜的选择和内外部件等。根据本实验的目的和要求，对上述各因素整体设计及优化，确立合适的结构参数。

1）反应器大小

考虑到下一步准备用^{13}C标记葡萄糖培养微生物，以做机理研究，通常选用一碳标记（$1-^{13}C$）葡萄糖和全标记（$U-^{13}C$）葡萄糖，这两种葡萄糖价格较贵，从降低实验成本考虑，生物反应器容积应尽量小，而反应器容积太小，系统的稳定性较差。有关小体积培养系统，通常体积在 600~2000 mL 之间。因此，综合考虑实验成本及培养系统稳定性，最终确定设计的反应器总体积为 560 mL、有效体积为 500 mL。

2）高径比

反应器高径比是气升式反应器关键性的设计参数。一般而言，随着高径比的增大，反应器的传质也增大，但存在优值，当高径比继续增大时，传质速率反而降低，一般的气升式生物反应器高径比小的为 1.6，大的高达 12.5 或以上。本设计中反应器体积较小，忽略环流设计，采用较高的高径比 20∶6，即高 20 cm、直径（内径）6 cm。

3）挡板及过滤膜

本设计中的挡板是采用双层厚度为 1 mm 的有机透明玻璃加工制成，双层挡板中间预留 0.5 mm 空间插入纤维过滤膜（2.6 μm）。

4）空气分布器

由于本反应器中间设置了双层挡板和过滤膜，不能用传统的环形气体分布器，采用 CFD 模拟气体与水之间的传质情况，保证气含率一定即可（0.04）。模拟设计每个半球含3排,孔径为0.3 mm(共21孔)的圆盘式空气分布器,模拟与实测结果如图5-19所示。

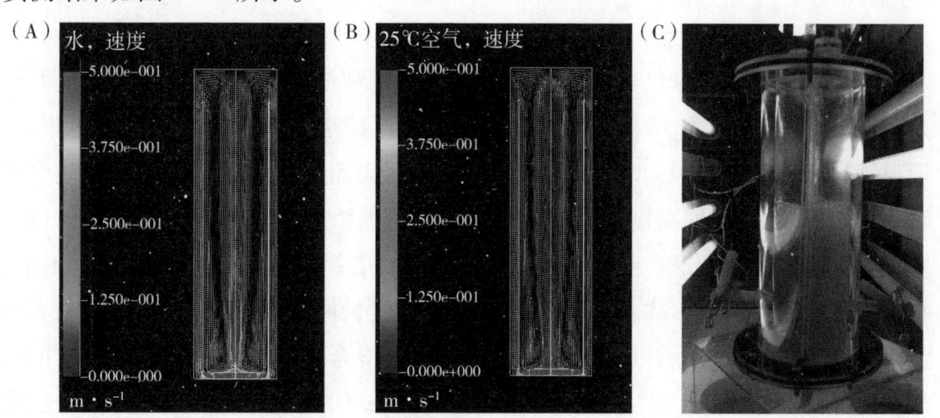

图5-19　CFD模拟与实际培养比较(0.1VVM)
(A)模拟的液相速度流场;(B)模拟的气相速度流场;(C)实际培养情况

5)保温层

本设计中反应器的罐壁材料为厚度3 mm的有机玻璃。反应器内外壁中间留1 cm宽的空间,通过恒温水浴锅里的水循环流动加热,达到保温效果,其中保温层的入水口和出水口直径均为8 mm。

6)反应器内外部件

反应器外部件包括入气口、出气口(两个)、接种口、加料口和电极插口等。采用控制两个反应体系对应的出气口的开关,形成双体系培养液面之间的压力差,实现气体和液体过膜交换。

①进气口:空气入口直径为8 mm。

②出气口:气体出口直径为8 mm。

③接种口和加料口:盖子上挡板两侧的位置各设置一个口,直径均为15 mm,用来接种及补料。

④电极插口:考虑培养过程中需要检测体系的溶氧和pH值,有必要设置一个电极插口,其直径为20 mm。

⑤取样口:每个培养系统底部设置取样口,直径均为8 mm。

(2)气升式双体系生物光反应器培养情况

反应器装液量共200 mL,每半个反应体系100 mL,分别接种小球藻和粘红酵母;由于培养体系为不灭菌状态,为了减小体系中杂菌污染的可能,提高接种量为

50%(v/v);考虑到小球藻对葡萄糖的耐受性及本实验的目的,培养基初糖浓度为40 g/L,接种50%种子液后,培养体系糖浓度为20 g/L左右;通气量0.1 vvm;其他条件与(1)相同。对照组采用中间为实心挡板代替滤膜。实验结果如下:

酵母和小球藻混合培养可以有效提高生物量和油脂产量的结果已被证明,但是,在混合培养体系中,两种微生物独自生长曲线不容易获得,也很少有文献报道。通过计数的方法误差较大,气升式双体系光照反应器的应用正好能够解决这个问题。可以看出,采用提高接种量及降低发酵葡萄糖浓度,在不灭菌的情况下,可以实现粘红酵母和小球藻在双体系光照培养系统的培养。图5-20和图5-21分别为粘红酵母和小球藻在双体系模拟混合培养时的生长曲线,对照组为双体系培养系统中间以实心玻璃板隔开培养组。结果表明,在混合培养体系中,发酵前24 h,酵母为优势菌,发酵48 h时,酵母生物量达到18.9 g/L,比对照组高出3.7 g/L,提高了22.3%。在此之间的36~48 h中,酵母出现了二次生长现象,之后便进入衰退期。油脂含量在培养60 h时最高,约15.2%,比对照组提高了0.7个百分点。

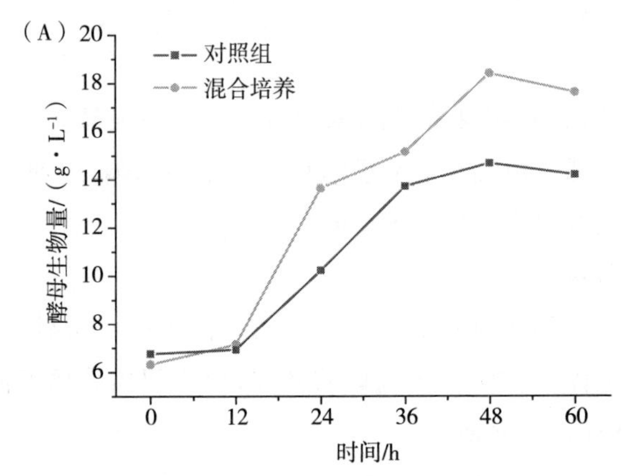

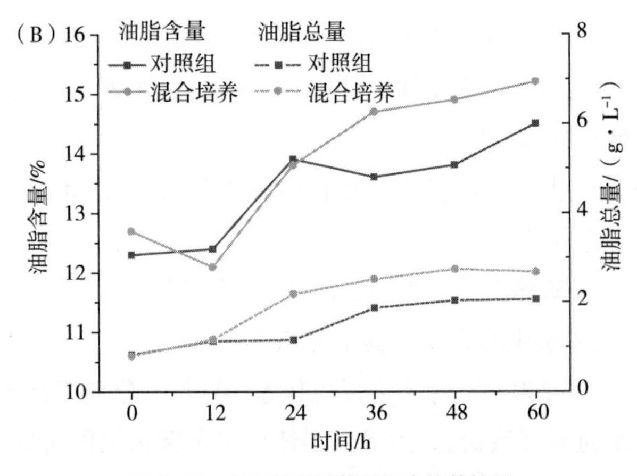

图5-20　粘红酵母双体系混合培养情况

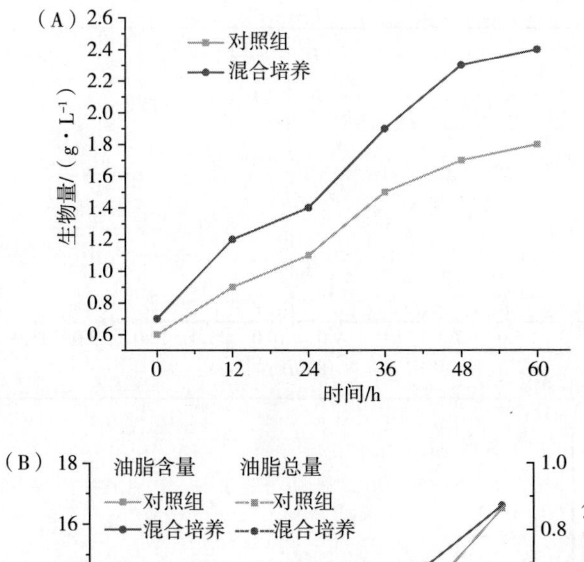

图 5-21　小球藻双体系混合培养情况

小球藻在发酵中期逐渐适应培养环境，开始进入对数生长期，到发酵结束时，生物量达到 2.4 g/L，比对照组高出 0.6 g/L，提高了 25%，油脂含量与对照组相比，变化不明显。最终，混合培养体系中两种微生物各自生物量与纯培养相比，分别提高了 22.3%和 25.2%。

5.1.2.8　对数期直接混合培养胞外产物的利用情况

混合培养体系中，除了气体互利和 pH 调节能力外，底物之间交换可能也存在着互利关系。采用 GC-MS 对粘红酵母和小球藻混合前的纯培养液、混合初期及混合培养 48 h 后的培养液进行胞外物质分析，比较混合前后发酵上清液中各种物质种类的变化，以期寻找哪些物质的存在和利用有利于混合培养生物量和油脂含量的提高。样品经过一系列处理衍生之后，进 GC-MS，各个培养组分析结果如下(图 5-22、图 5-23)。

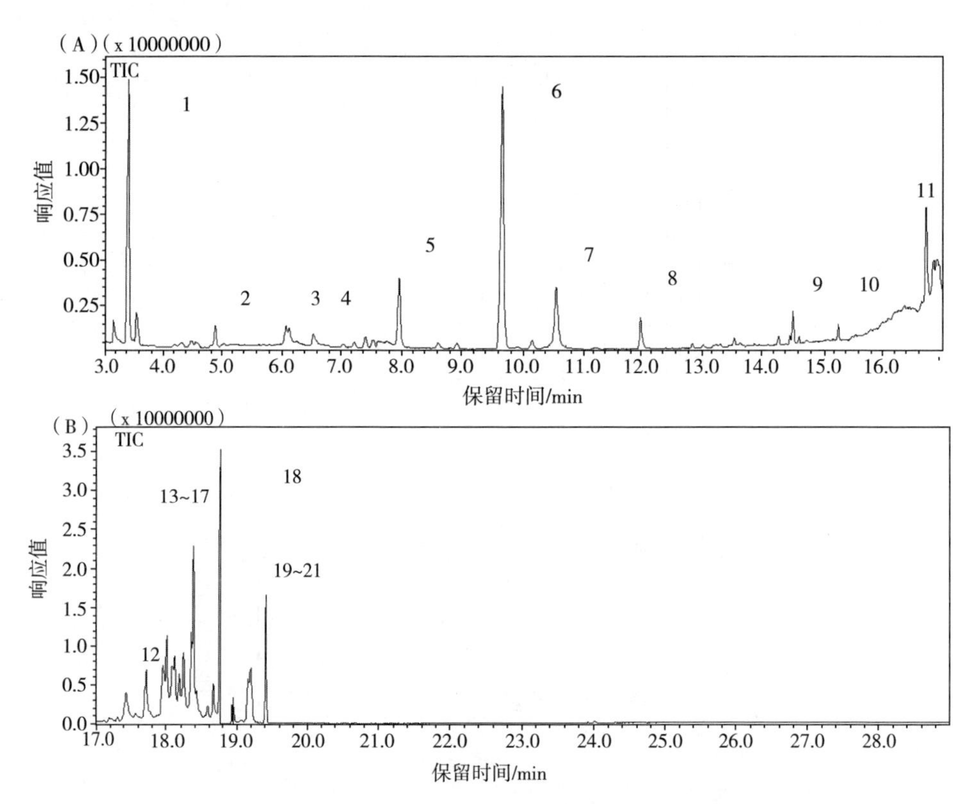

图 5-22 酵母对数生长期(3 d)胞外代谢物 GC-MS 图谱

(A)保留时间(3.0~17.0 min);(B)保留时间(17.0~28.0 min)

1—丙酸 2—甘油 3—乙酸 4—丁烷 5—甘氨酸 6—甘油醚 7—棕榈酸 8—脯氨酸 9—赤藓糖 10—阿拉伯糖 11—半乳糖 12—丁酸 13—2-脱氧核糖 14—葡萄糖呋喃 15—半乳糖 16—葡糖酸 17—D-木糖 18—葡萄糖 19—糖苷 20—D-阿拉伯糖 21—吡喃葡萄糖

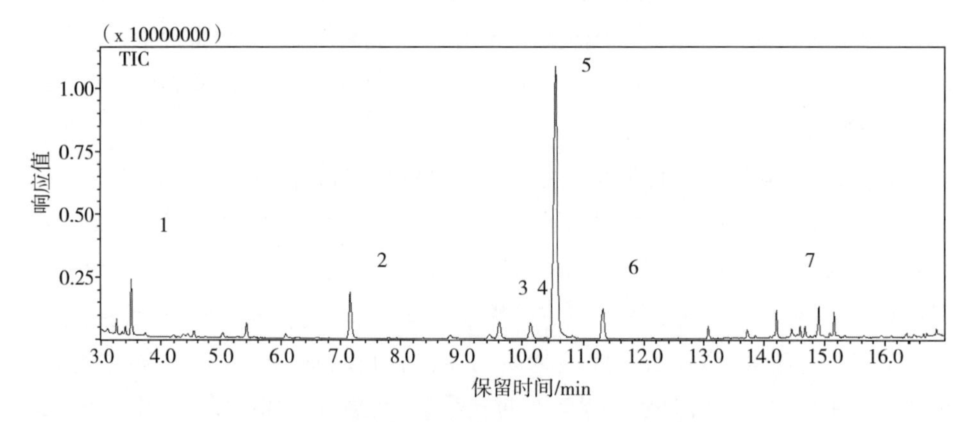

图 5-23 小球藻对数生长期(3 d)胞外代谢物 GC-MS 图谱

1—丙酸 2—甘氨酰胺 3—甘油醚 4—硼酸 5—棕榈酸 6—乙酰胺 7—丁胺

图5-22和图5-23分别为单独培养粘红酵母和小球藻时的GC-MS分析结果。经过数据库对比，粘红酵母单纯培养可以检测出的物质共有21种（见图5-22）；小球藻培养液中的成分相对简单，大约有7种（见图5-23），且含量普遍较低，检测时间超过16 min后基本没有检测出物质。

比较两种发酵液中物质种类的差异可以看出：酵母培养液中含有甘油、乙酸、甘氨酸和脯氨酸及后续一些糖的衍生物质，而小球藻的纯培养中没有；小球藻中含有的甘氨酰胺和乙酰胺在酵母培养体系中没有检测到。同时，酵母培养液中甘油醚含量明显高于小球藻培养液中的含量，而小球藻培养液中的棕榈酸含量明显高于粘红酵母培养液中的含量。

对比混合培养初期（图5-24）和培养48 h（图5-25）时的GC-MS图谱发现：混合培养后，发酵液中小分子有机酸含量降低（丙酸、乙酸和丁酸），甘油醚（9.6 min处）及棕榈酸（10.6 min处）含量明显降低；甘氨酸（8 min处）、脯氨酸（12 min处）含量明显上升。提示：除了糖代谢外，混合培养有利于降低小分子有机酸的产生，有利于酵母利用小球藻产生的棕榈酸，有利于小球藻利用酵母产生的甘油醚，在各种物质互利的基础上，提高生物量，表现为氨基酸含量的增加。

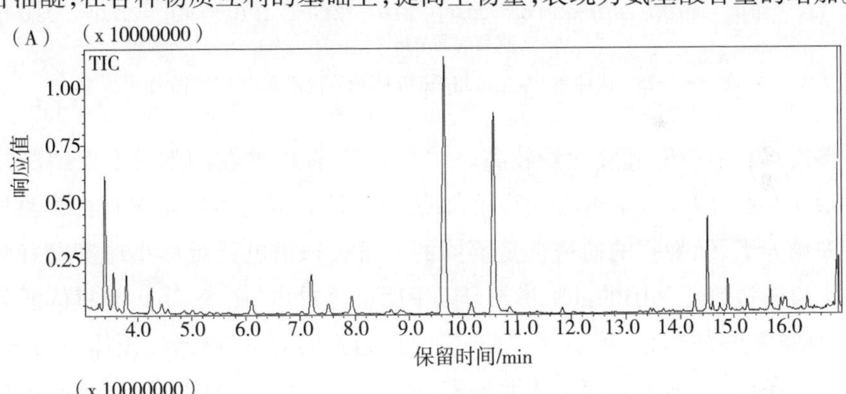

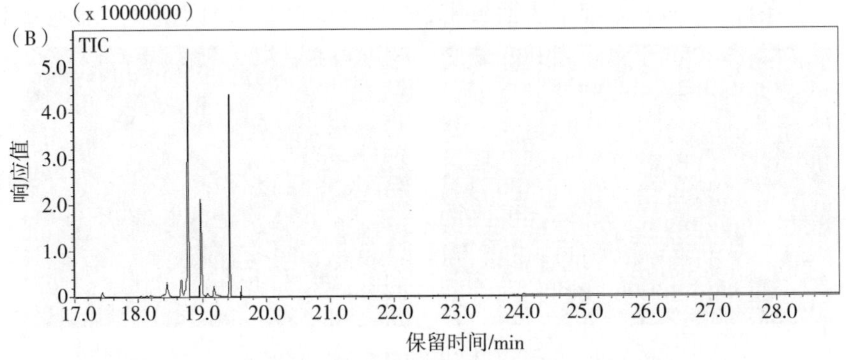

图5-24　两种微生物对数生长等体积混合初期胞外代谢物GC-MS图谱
（A）保留时间（3.0~17.0 min）；（B）保留时间（17.0~28.0 min）

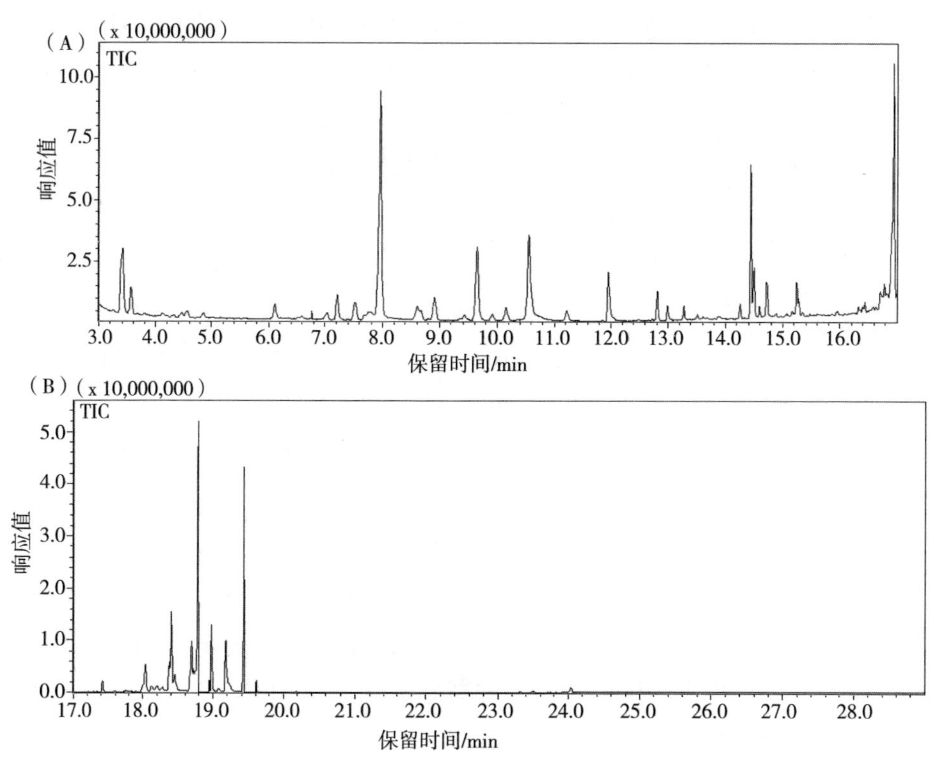

图 5-25　两种微生物混合培养(48 h)胞外代谢物 GC-MS 图谱

藻类培养液中棕榈酸含量较高。一般而言,棕榈酸在细胞膜上以磷脂棕榈酸的形式存在,胞膜含量越高,细胞的通透性越低。可见小球藻在有机碳源与无机碳源培养下,细胞膜的通透性是不同的。通过扫描电镜观察小球藻在有机碳源和无机碳源培养基中的细胞形态可以很明显地看出(图 5-26):有机碳源条件下,小球藻胞膜较疏松,形态多样化,说明细胞膜的通透性较好,藻体容易破壁;无机碳源条件下,小球藻细胞表面致密,能够维持较好的细胞形态,细胞壁不易

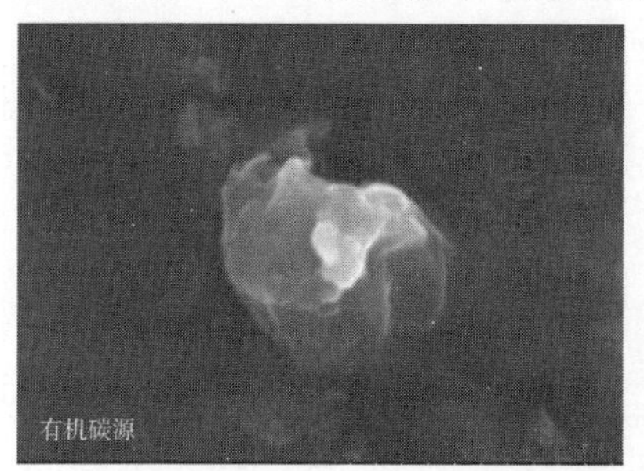

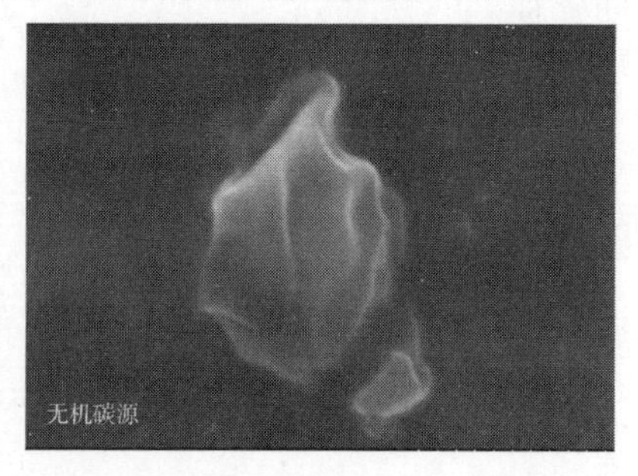

图 5-26　小球藻在不同碳源培养下的细胞形态比较

破坏。这也解释了小球藻在含糖纯培养发酵液中棕榈酸含量较高的原因。

5.1.2.9　两种微生物菌体氨基酸检测

菌体蛋白充分酸解后,衍生处理进行 GC-MS 分析,得到氨基酸及其他物质峰,经 GC-MS 自带图谱库手动检索,选择匹配度在 85%以上,可以确定出 15 种氨基酸(图 5-27)。出峰顺序依次为丙氨酸(Ala,9.627)、甘氨酸(Gly,9.891)、缬氨酸(Val,11.030)、亮氨酸(Leu,11.497)、异亮氨酸(Ile,11.847)、脯氨酸(Pro,12.251)、甲硫氨酸(Met,13.131)、丝氨酸(Ser,13.883)、苏氨酸(Thr,14.548)、苯丙氨酸(Phe,15.070)、天冬氨酸(Asp,15.486)、谷氨酸(Glu,16.073)、赖氨酸(Lys,17.100)、组氨酸(His,18.115)和酪氨酸(Tyr,21.611),如图 5-27 所示。

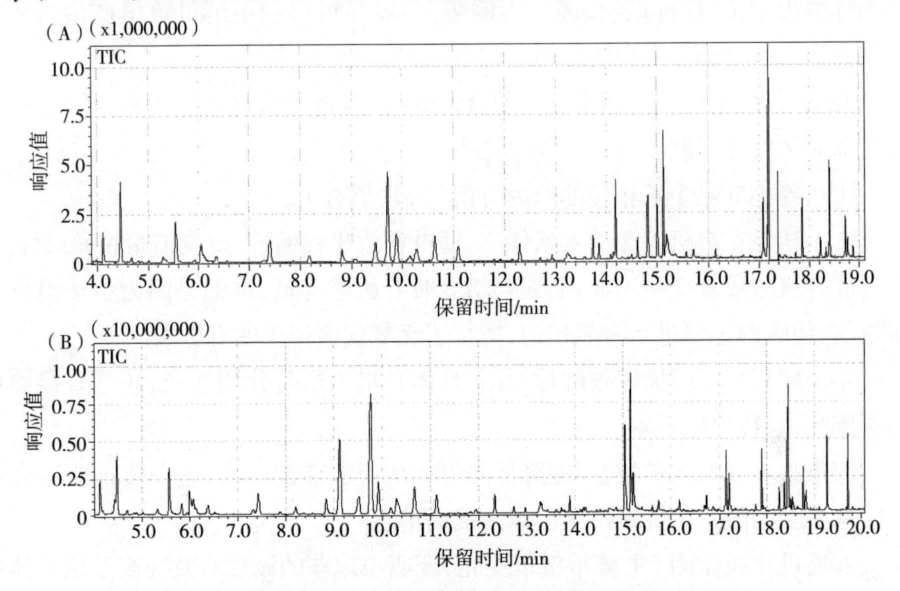

图 5-27　粘红酵母(A)和小球藻(B)菌体蛋白氨基酸 GC-MS 检测

菌体蛋白氨基酸的检测成功,为下一步证明物质交换互利提供了有利的实验基础。采用^{13}C全标记葡萄糖培养粘红酵母,待酵母生长进入稳定期后,无菌条件下离心发酵液,获得菌体后采用无菌生理盐水洗涤酵母菌体 3 次,小球藻培养基悬浮菌体并超声破碎,然后接种于初始酵母培养液体积相同的、不含葡萄糖的小球藻培养系统。培养 2 d 后,系统中分离小球藻菌体,检测小球藻菌体蛋白氨基酸,如果含有^{13}C标记 C,说明小球藻利用了酵母的代谢产物。^{13}C标记物检测目前主要采用核磁共振和质谱两种方法检测,其中,质谱检测样品需求量小,被广泛应用。通过采用^{12}C葡萄糖培养对照组与^{13}C培养组比较,进一步为混合培养物质交换提供证据,实验结果如图 5-28 所示。

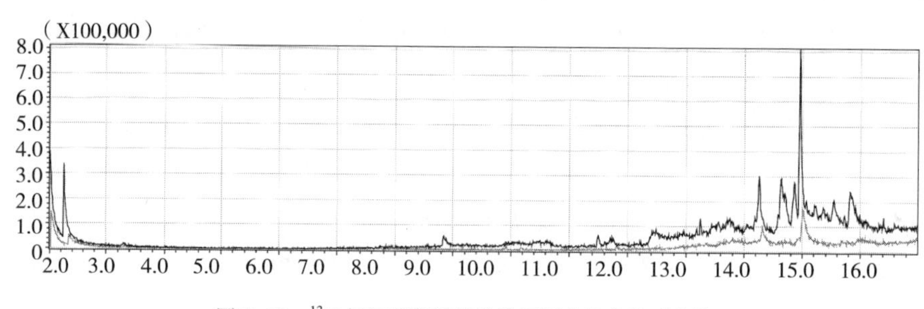

图 5-28　^{13}C 标记葡萄糖培养验证混合培养物质交换

实验结果表明,采用^{13}C 标记葡萄糖培养酵母接种小球藻混合培养后,小球藻菌体内出现了^{13}C 标记物,进一步证明:小球藻可以利用酵母菌体产生的一些代谢物合成自身菌体蛋白等物质。

综上所述,粘红酵母和小球藻混合培养时,两者是协同互利关系。混合培养时从物质和气体互利方面证明如下几点:

①培养小球藻生长较慢的原因可能与 pH 值有关。

②小球藻在有机碳源培养条件下,通过释放出棕榈酸,改变细胞膜通透性。

③有机酸成分变化不大,而混合培养时有机酸降低,推测是因为小球藻提高了溶氧,使碳源主要进入有氧代谢,减小了无氧代谢产生的有机酸。

④小球藻棕榈酸能够被酵母利用,具体是进入酵母代谢途径,还是直接组成酵母胞膜,有待验证。

⑤单独小球藻培养液,不能降低酵母产生有机酸的能力,进一步证明混合培养时有机酸的降低主要是由于小球藻提高溶氧。

⑥通过在线监测 5 L 罐溶解氧变化,证明小球藻的添加有效提高了培养体系溶解氧和 pH 值。

5.1.3　菌藻混合培养氮源协同代谢研究

5.1.3.1　菌藻混合培养对不同氮源协同代谢能力的确定

由图 5-29 和图 5-30 可以看出,粘红酵母和小球藻均在以硫酸铵为单一氮源时生长趋势最好,即在硫酸铵混合培养液中,粘红酵母和小球藻协同代谢能力达到最佳。此两者的生物量均达到最大值,分别为 45.5 g/L、339.5 mg/L。在 4~6 d 内,粘红酵母和小球藻的生物量增长率均为最快,推测此时菌藻到达了对数生长期,生长最为旺盛。

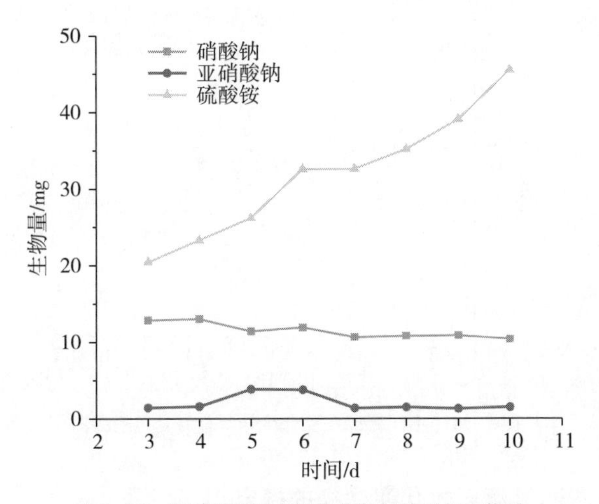

图 5-29　不同氮源混合培养中粘红酵母的生物量

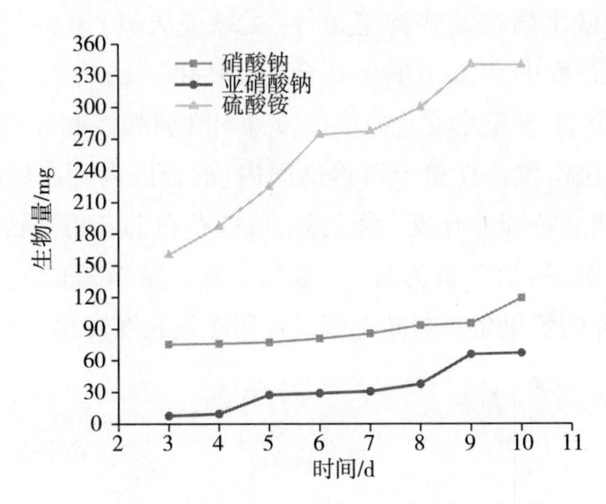

图 5-30　不同氮源混合培养中小球藻的生物量

粘红酵母在亚硝酸钠和硫酸铵作为基础培养基中 6 d 后呈现生长量下降趋势,此时,在混合培养液内,小球藻可能作为优势种群,菌藻二者属于竞争关系。同时,在整个混合培养体系中,小球藻表现优秀,生长更为旺盛。

由图 5-31 可知,随着培养时间的变化,3 种不同的无机氮源总氮源量也在粘红酵母与小球藻的混合培养体系中逐步耗解,以供菌藻的生长代谢。在整个培养过程中,硫酸铵培养液中总氮源量下降最为显著,氮素消耗率高达 74.9%,消耗量再次验证了硫酸铵是菌藻混合培养体系协同代谢的最优条件。

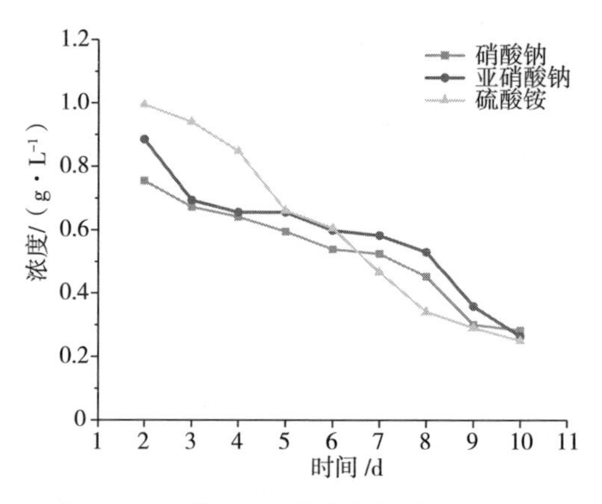

图 5-31　不同氮源在混合培养中总氮变化趋势图

5.1.3.2　不同氮源形式代谢途径的探究

硝化作用是指微生物在生长代谢过程中把氨态氮转化为硝态氮的过程，而反硝化作用是指微生物在某些特定条件（无氧或厌氧）下将硝态氮转化为 N_2。在整个氮源协同过程中，氮的几种形态会相互转化。

由图 5-32 可知，在整个变化曲线图，2 d 时在硫酸铵混合培养液内已经开始存在硝态氮和亚硝态氮。在整个培养期间内，混合液内硝态氮和亚硝态氮积累量并不稳定，无明显持续上升或下降趋势，可能存在二者相互转化的现象。而硫酸铵作为唯一氮源，初始含量为最多，氨氮一直在被菌藻的生长代谢所消耗降解，无直接证据证明氨氮是否与硝态氮或亚硝态氮相互转化。

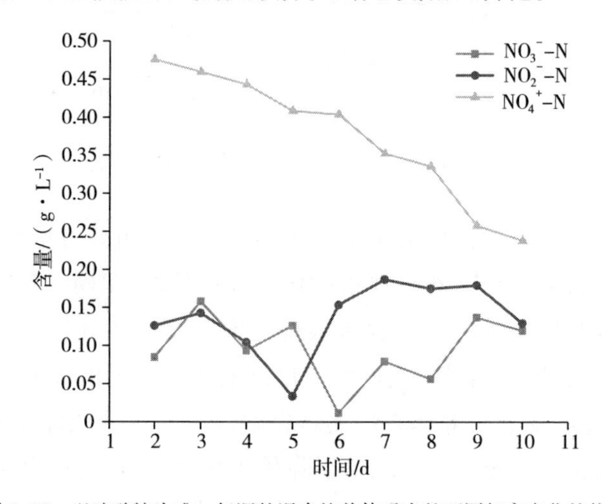

图 5-32　以硫酸铵为唯一氮源的混合培养体系中的不同氮态变化趋势图

由图 5-33 可知，在硝酸钠混合培养液内，2 d 时氨氮与亚硝态氮已经开始有一定量的积累，其中亚硝态氮积累量明显，可达到 0.782 g/L。在整个混合培养阶段，氨氮积累量处于微弱动态变化，而亚硝态氮则变化动荡明显。在 7 d 时，亚硝态氮含量为 0.929 g/L，硝态氮含量为 0.922 g/L，证明此时反硝化反应最大。在反硝化作用理论中，亚硝态氮作为一种关键的中间体，变化曲线可表明反硝化途径可为 $NO_3^- \rightarrow NO_2^-$，但没有直接证据来证明氨态氮是由硝态氮还是亚硝态氮转化而来的。

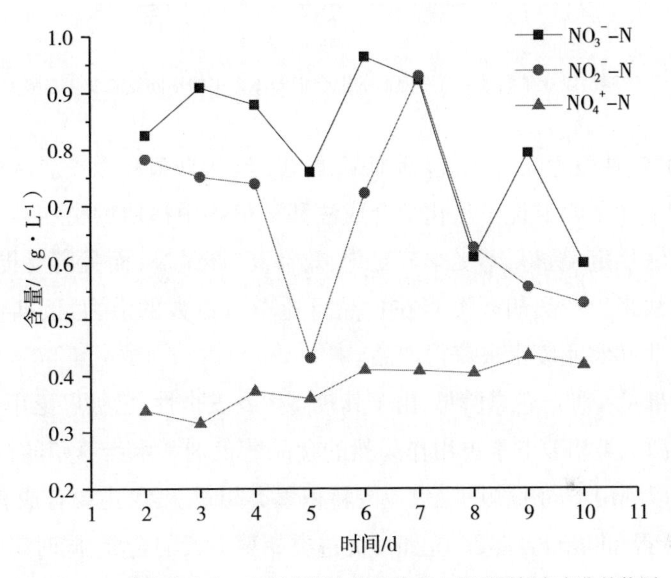

图 5-33　以硝酸钠为唯一氮源的混合培养体系中的不同氮态变化趋势图

由图 5-34 可知，在整个趋势图中，亚硝酸钠作为唯一氮源，一直在被消耗降解，一部分被菌藻自身生长代谢形成有机体，另一部分发生硝化和反硝化过程。在 10 d 时，亚硝态氮含量达到最低，为 9.41 mg/L。而氨氮和硝态氮也开始出现少量积累，在 5~7 d、7~8 d 这两个阶段时间内，氨氮与硝态氮呈现明显相反的积累变化。而亚硝态氮作为中间物，可能是出现硝化反应，硝化途径为 $NH_4^+ \rightarrow NO_2^- \rightarrow NO_3^-$。

5.1.4　基于菌藻混合培养淀粉废水资源化利用工艺研究

类胡萝卜素是一类异戊二烯类色素，在动物和人体中具有增强免疫反应、转化为维生素 A 和清除氧自由基的作用。目前市场上 80%~90%的类胡萝卜素是通过化学合成法生产的，然而由于化学合成类胡萝卜素所带来的健康问题，人们对天然产生的类胡萝卜素的需求正在增加。微生物合成的类胡萝卜素是天然色

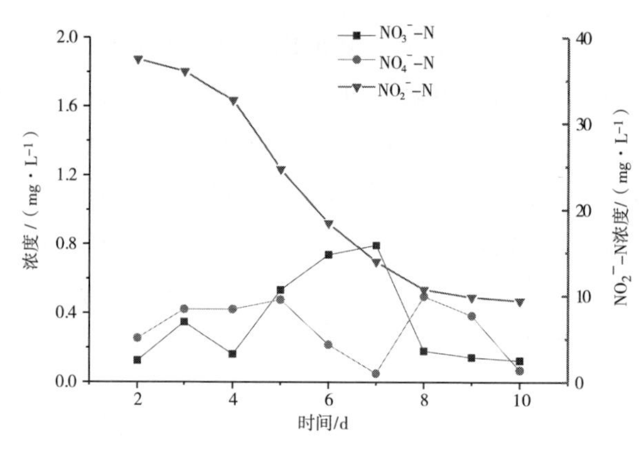

图 5-34　以亚硝酸钠为唯一氮源的混合培养体系中的不同氮态变化趋势图

素，可以通过各种微生物合成，包括细菌、酵母、丝状真菌和微藻。从微生物中提取的类胡萝卜素很明显优于从化学合成法和从植物中提取的类胡萝卜素。因为微生物合成法稳定、易得、不受季节变化、效益高、产量高，而且容易提取，特别是利用微生物法来生产类胡萝卜素在食品行业中有巨大的潜力，例如可利用微生物来处理工业和农业废水来获得产品。

粘红酵母是一种产色素酵母，由于其较高生物安全性，已被广泛用作生产类胡萝卜素的来源。类胡萝卜素被用作天然的食品着色剂和水产养殖的饲料添加剂。粘红酵母可以利用不同来源的工农业废料积累类胡萝卜素，主要合成有β-胡萝卜素、类胡萝卜素和圆酵母红素。光照可促进类胡萝卜素的合成，同时影响细胞生长速度和类胡萝卜素含量。小球藻是一种混合营养型藻类，可以利用废水中的无机物和有机物来生产类胡萝卜素。环境的条件对藻类中的类胡萝卜素组成和产量影响较大，如盐度、溶解氧、pH 值和培养基中可利用的营养物质等。小球藻能产生下列类胡萝卜素：叶黄素、紫黄素、新叶黄素、α-胡萝卜素和β-胡萝卜素等。

目前，类胡萝卜素的市场需求年增长率为 2.3%，然而天然生产的类胡萝卜素仅占总市场的 10%，由于生产成本高，如何实现利用微生物大规模生产的同时提高产量和降低成本已成为研究热点。在以往的研究中，已经提出了几种方法，即发酵技术、利用低成本的工农业废料作为底物生产法和转基因技术等。混合培养体系可以提高类胡萝卜素的产量，尤其是将非光合酵母与光合藻类混合培养。已有研究表明，基于 O_2/CO_2 平衡和物质交换的协同效应的粘红酵母和小球藻混合培养可以提高生物量和脂质产量。

本节通过探讨以低成本的淀粉废水为底物，在 5 L 的发酵罐中混合培养粘红酵母和小球藻,以提高类胡萝卜素产量和化学需氧量(COD)去除率的效果。淀粉废水包括玉米浸泡和玉米淀粉乳分离过程中产生的玉米浸泡水和麸质水。为了使这两种微生物适应废水的COD,以1∶4 (v/v)的比例将玉米浸泡水和麸质水混合稀释到废水的COD作为废水培养基。与纯培养的酵母相比,混合培养体系分析了淀粉废水中主要有机化合物处理效果。同时,对类胡萝卜素成分和产量进行了定性和定量分析。

5.1.4.1　实验原料

淀粉废水由河南天冠集团有限公司提供,-20℃保存,以备后续培养分析。将淀粉废水培养基按1∶4 (v/v)的比例混合玉米浸泡水和麸质水,再在淀粉废水加入糖蜜至12 g/L的还原糖和加入$(NH_4)_2SO_4$至2 g/L的NH_4^+-N,将培养基的初始pH值调整为5.5,116℃灭菌30 min。

5.1.4.2　实验方法

(1)菌种活化及种子培养

将菌种提前在30℃中活化。粘红酵母和小球藻分别从琼脂斜面培养基转接到含有100 mL培养液的500 mL锥形瓶中,置于180 r/min、30℃的摇床中,由LED灯管提供4000 Lux,光照强度由光度计(SMART-AR813A,中国)测量。将处于对数生长期的酵母和藻类的纯培养物按10% (v/v)的比例接种到装有3 L淀粉废水培养基的5 L发酵罐(BIOSTAT B,德国赛多利斯)中,安装一个能提供4000 Lux的LED光照设备在发酵罐周围,发酵罐的进气速率、搅拌速度和温度分别为0.5 vvm、350 r/min和30℃。

(2)碳源、氮源和总磷的测定

碳源包括还原糖、有机酸和乙醇,氮源主要为氨基酸、可溶性蛋白和NH_4^+,采用3,5-二硝基水杨酸(DNS)法测定还原糖含量。取1 mL发酵液离心后去除细胞沉淀,用蒸馏水稀释后加入DNS试剂后显色,测定540 nm处吸光度后,根据标准曲线计算还原糖浓度(g/L),如下:还原糖(g/L)=$(1.60\times OD_{540}+0.14)\times$稀释倍数($R^2=0.9985$)。

采用GC-7820A气相色谱法,结合CBP-20毛细管柱和火焰离子化检测器,测定有机酸和乙醇含量,以N_2为载气,H_2为燃气,在柱温为180℃和进样口温度为90℃下进行色谱分析。

氨基酸的分析采用气相色谱—质谱联用法(GC-MS-QP2010,日本岛津)。为了除去样品中的可溶性蛋白质和无机盐,将样品以12000 r/min离心10 min,加入相同体积的乙腈溶剂,然后上清液通过滤膜(0.25 μm)过滤并干燥得到氨基酸粉末,离心沉降物用超纯水悬浮,再用盐析法获得可溶性蛋白质。茶多酚和 NH_4^+ 的浓度是通过 Liu 等人描述的标准方法测量的。

(3)废气和 COD 的测量

发酵产生的废气(N_2、CO_2、O_2)采用工业气体分析仪(MAX300-LG,美国 Extrel)实时检测。用 K_2CrO_7 法测定 COD 的浓度,用分光光度计(752N,上海精科)在 605 nm 下检测。并根据标准曲线计算,计算公式:COD 值(mg/L)= 2089×OD_{605}×稀释倍数-29.88(R^2=0.999)。

在确定了废水中有机碳源和氮源的种类后,根据各营养物均等于 COD 值,计算出这些有机营养物对废水总 COD 的贡献率之和。

(4)生物量和类胡萝卜素的测定

用干重法测定生物量。类胡萝卜素的组成通过反相高效液相色谱分析测定。10 μL 样品在 Zorbax Eclipse Plus C_{18} 色谱柱(150 mm×4.6 mm,5 μm)的安捷伦高效液相色谱系统上进行分析,该色谱柱已用流动相(甲醇/水 = 95/5)平衡,在 45℃进行等梯度洗脱,流速为 1.0 mL/min,类胡萝卜素在 450 nm 处出峰。通过比较标准品的保留时间来鉴定类胡萝卜素种类,各种类胡萝卜素浓度通过每种类胡萝卜素标准的峰面积来计算。

5.1.4.3 废水中的主要有机成分分析

由于玉米浸泡水和麸质水来自不同的工段,两种废水的 COD、pH 值和营养成分都不同,尤其单独一种废水的 COD 较高,不适合粘红酵母和小球藻的生长,因此将浸泡水和麸质水按 1∶4(*v/v*)的比例混合稀释后作为废水培养基。此外为了提高菌株生长和类胡萝卜素的生产能力,在废水培养基中加入一定量的废淀粉糖蜜和硫酸铵,然后将培养基的初始 pH 值调整为 5.5。3 种不同类型废水的组成如表 5-7 和表 5-8 所示。

表 5-7 淀粉废水和混合培养基主要碳源成分及对 COD 贡献率

废水种类	COD/(mg·L^{-1})	pH	碳源含量(mg·L^{-1})及其对总 COD 值的贡献率(CTC%)						CTC/%
			还原糖	$CTC_{糖}$	有机酸	$CTC_{酸}$	乙醇	$CTC_{醇}$	
玉米浸泡水	124193.71	4.50	3590	3.04	17.11	11.7	1.22	2.16	16.90
麸质水	12884.44	3.40	140	1.14	1.85	12.6	0.41	5.48	19.22
废水培养基	42069.47	5.50	12000	29.98	4.91	12.40	0.52	2.61	44.99

表 5-8　淀粉废水和混合培养基主要氮源成分及对 COD 贡献率

废水种类	TP/ ($mg \cdot L^{-1}$)	氮源($g \cdot L^{-1}$) 及其对总 COD 值的贡献率(NTC%)					NTC/%
		NH_4^+-N	氨基酸	$NTC_{氨基酸}$	蛋白	$NTC_{蛋白}$	
玉米浸泡水	327.16	1.03	9.33	18.12	0.88	7.51	25.63
麸质水	2351.33	0.02	0.77	10.17	0.12	9.31	19.48
废水培养基	1933.41	2.00	2.11	14.15	0.24	5.53	19.68

由表 5-7 可知,玉米浸泡水和麸质水的 COD 值分别为 124193.71 mg/L 和 12884.44 mg/L。有机碳源分析结果表明,还原糖的单糖组成主要为葡萄糖(少量果糖和麦芽糖)。根据 1 g 葡萄糖等于 1051.67 mg/L 的 COD 进行计算,分别占玉米浸泡水和麸质水总 COD($CTC_{糖}$)的 3.04%和 1.14%,考虑在废水培养基中添加糖作为碳源。废水中有机碳源的主要成分是有机酸(乙酸、丙酸和丁酸)。玉米浸泡水和麸质水的有机碳源含量分别达到 17.11 mg/L($CTC_{酸}$含量为 11.7%)和 1.85 mg/L($CTC_{酸}$含量为 12.6%)。

如表 5-8 所示,对总磷(TP)、NH_4^+-N 和有机氮(氨基酸和可溶性蛋白)进行了分析。玉米浸泡水中含有 12 种氨基酸,其中总氨基酸 COD 达到 22503.91 mg/L($NTC_{氨基酸}$ 18.1%)。在麸质水中测定出 9 种氨基酸,氨基酸总 COD 值为 1310.31 mg/L($NTC_{氨基酸}$ 10.2%)。虽然有机氮丰富,但无机氮源不足,这将限制酵母和藻类生长,因此可在废水培养基中适量添加硫酸铵。

综上所述,废水培养基配置完成后,主要成分为:葡萄糖 12 g/L、有机酸 4.91 mg/L 和乙醇 0.52 mg/L,为有机碳源(CTC 44.99%);NH_4^+-N 2 g/L、氨基酸为 2.11 g/L、可溶性蛋白 0.24 g/L,为主要氮源。以该废水培养基为原料,采用粘红酵母和小球藻混合培养的方法,研究粘红酵母和小球藻混合培养的 COD 去除率和类胡萝卜素产量。

5.1.4.4　5 L 发酵罐培养粘红酵母和小球藻

纯培养粘红酵母处理淀粉废水的 COD 去除率相对较低,限制了其在工业上的应用。事实上多种微生物混合培养可以有效地降低有机废水的 COD,特别是光辐照,不仅能促进抗光损伤类胡萝卜素的合成,提高藻类的生物量,而且为混合营养提供光照条件。此外,混合培养体系中的生物量主要来自酵母的生长,因此本研究在 4000 Lux 光照射下,在 5 L 发酵罐中同时培养粘红酵母和小球藻。

混合培养生物量和残糖含量变化规律见图 5-35。结果表明,混合培养二次生长现象出现在培养的中、后期(50~120 h),整批发酵过程可以分为 3 个发展阶段(0~50 h、50~120 h 和 120~130 h)。上述结果和使用合成培养基培养结果类似。此外,为了研究粘红酵母和小球藻在不同时期的个体生长情况,实时监测混合培养的尾气(N_2、CO_2、O_2),结果如图 5-36 所示。

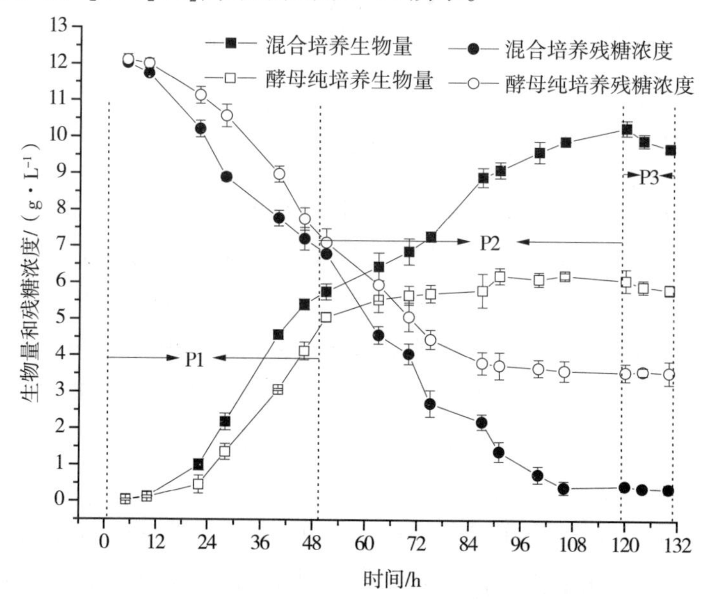

图 5-35 混合培养两种微生物生长及发酵残糖变化曲线

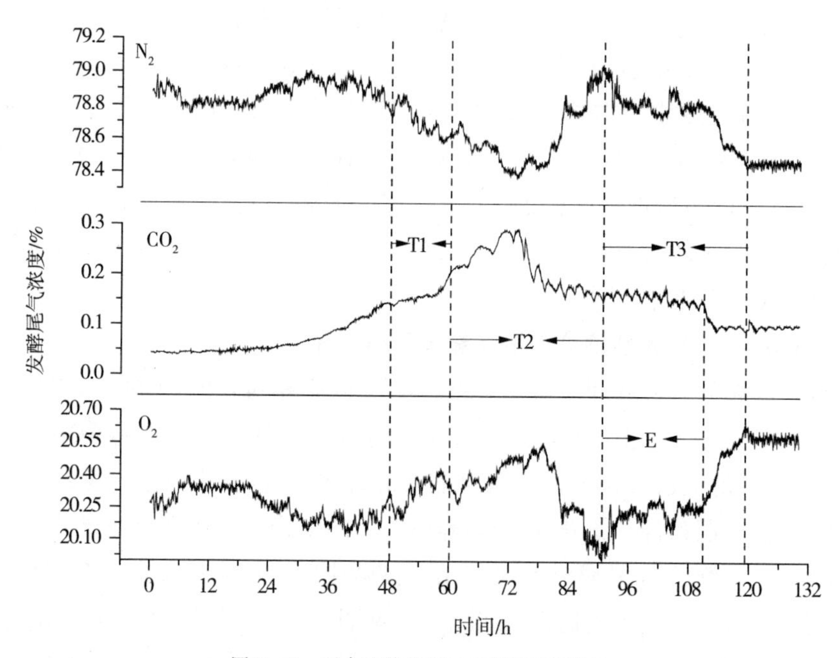

图 5-36 混合培养发酵尾气实时监测结果

在第一阶段（0~50 h），混合培养组的生物量与对照组有相同的变化趋势（图 5-35），而尾气中 CO_2 的浓度从 0.04%逐渐增加到 0.14%，O_2 浓度从 20.32%逐渐减少到 20.14%（图 5-36），在这个阶段中结合残糖含量的减少和尾气的变化，可推断主要是粘红酵母生长的作用。在第二阶段（50~120 h），生物量和残糖混合培养组与对照组有显著不同。对照组生长进入稳定期，72 h 后的生物量为 5.8 g/L，90 h 后的残糖量为 3.8 g/L，由于粘红酵母和小球藻的生长，混合培养组在此阶段出现了二次生长现象，此阶段内小球藻存在着营养类型的转变。首先根据废气中 CO_2 和 O_2 的浓度保持在较高水平并逐渐接近稳定值（分别为 0.15%和 20.45%），50~60 h 的主要营养类型为小球藻的自养，其中一个可能的原因是培养基中的气体交换，彼此可以很容易地利用，粘红酵母释放的 CO_2 可以直接被小球藻利用，小球藻释放的 O_2 可以被酵母利用。另一个可能的原因是较高的 COD 可抑制除自养以外的其他营养类型的小球藻的生长，这保证了废气中 O_2 的含量高于空气中 O_2 的含量，很容易进行二次生长。根据曲线生物量显著增加的，在 61~90 h 之间观察到酵母具有更快的第二次生长（图 5-35），废气中 O_2 和 CO_2 的含量在 60~75 h 之间增加，尤其是 CO_2 的含量（图 5-36）。众所周知，小球藻可以通过光合作用过程产生一些营养物质，例如几种多糖和蛋白质，酵母可以进一步利用它们来促进生长，然而废气中 O_2 和 CO_2 的含量在 75 h 左右急剧下降，可以推断藻类开始进行混合营养型。此外废气中 N_2 浓度在 75~90 h 内迅速增加，表明 O_2 和 CO_2 被用于混合培养体系，最后由于葡萄糖和其他营养物质的耗尽，酵母在 90 h 后再次停止生长，在 98~110 h 时，三种气体的浓度达到动态平衡，表明混合培养达到 O_2/CO_2 平衡。在 110 h 时，O_2 含量迅速增加，此后藻类又快速生长并自养，在 120~130 h 中，酵母和藻类均停止生长，生物量最大值达到 10.3 g/L，而酵母单培养的生物量仅为 6.2 g/L。

在整个混合培养过程中，粘红酵母作为优势菌种，在混合培养初期生长迅速，导致氧含量下降，部分酵母进入厌氧呼吸，产生大量有机酸，降低 pH 值，在此条件下，小球藻可进入自养代谢，提高混合培养体系的溶解氧含量，因此混合培养可以减轻甚至消除 CO_2 对酵母和 O_2 对小球藻的胁迫。此外，我们之前的研究表明，两种菌株的共生关系和协同效应不仅表现在气体交换上，还表现在溶解氧、pH 调节和物质交换上，有机酸对酵母生长的抑制作用可以通过小球藻的利用来缓解，藻类的生长为酵母提供了额外的底物，因此混合培养组在 P2 阶段出现第二次生长。

综上所述，虽然粘红酵母和小球藻的生长是先后的，但这两种微生物能很好地适应共生环境，利用淀粉废水为原料，建立互利共生的平衡。然而关于混合培养去除淀粉废水中营养成分的研究却很少，因此在建立定性和定量分析碳源和氮源组成的基础上,对混合培养体系中淀粉废水的养分去除率进行了研究。

5.1.4.5　5 L **废水中有机** COD **去除效率分析**

混合培养体系的 COD 去除率总体高于纯培养的酵母,特别是在培养后期,混合培养的 COD 去除率(79.6%)与酵母单培养的 COD 去除率(54.1%)相差较大(图 5-37)。结果表明,通过微生物间的相互作用,特别是非光合酵母菌与光合藻类的混合培养,可以显著提高 COD 的去除率。较高的有机物含量会导致较高的 COD 和生物需氧量,然而由于废水成分复杂,很少有研究报告通过混合培养的详细方法分析淀粉废水成分,因此基于已建立的分析有机营养成分的方法,对粘红酵母和小球藻混合培养的主要有机化合物处理性能进行了详细的研究,选择几个特定的发酵时间点(51、75、91 和 120 h)进行结果监测,并将结果与酵母的结果进行了比较(图 5-37)。

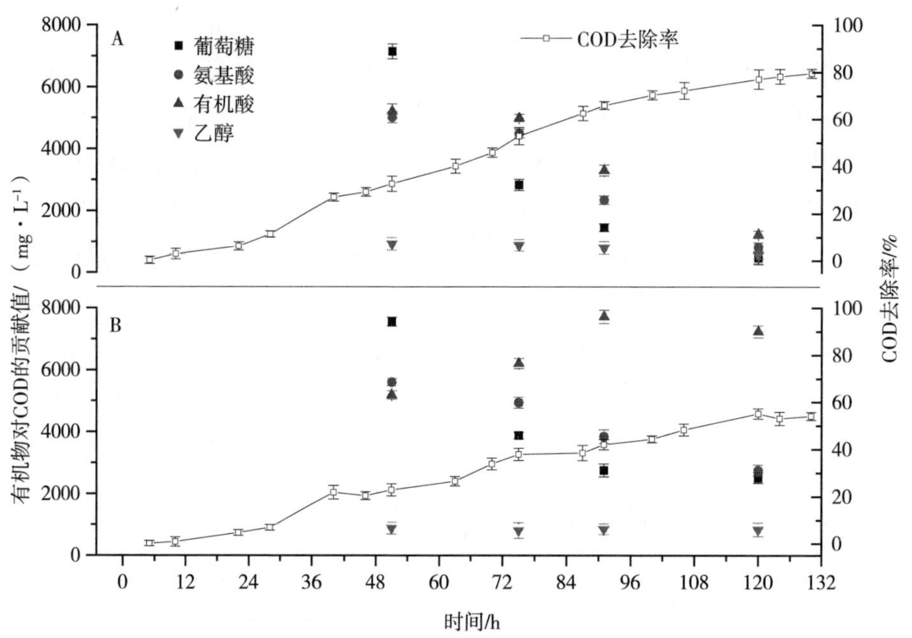

图 5-37　混合培养废水 COD 总体去除率及主要有机成分利用情况

如上所述,选取的每个发酵时间点(51、75、91 和 120 h)分别是酵母生长第一次达到峰值、小球藻开始光合自养、小球藻生长通过自养达到峰值、酵母第二次生长结束和混合培养结束。图 5-37 显示混合培养对有机酸、乙醇、氨基酸和葡萄糖的去除率普遍高于酵母纯培养物,尤其是在混合培养体系中,有机酸、氨基酸和葡萄糖的去除率分别提高了 85%、31%和 44%。前期研究表明,在发酵后期,部分酵母的厌氧呼吸可以产生许多挥发性有机酸,而这些有机酸可以被混合营养型的小球藻利用,尽管粘红酵母可以利用淀粉废水中的氨基酸作为细胞生长的理想氮源,但酵母和小球藻的混合培养可以更有效地利用废水中的氨基酸。然而无论是混合培养还是纯培养,淀粉废水中的蛋白质利用率都很低,此结果与前期研究不同,即废水中蛋白质的水解可被粘红酵母或微生物的混合培养物利用,淀粉废水中的蛋白质可能不容易被水解和消耗。

总体而言,在粘红酵母和小球藻混合培养发酵期间,COD 降解量达到 33382 mg/L,其中氨基酸、有机酸和糖的降解分别占 11.9%(约 3978 mg/L)、12.5%(约 4186 mg/L)、20.0%(约 6674 mg/L),COD 与生物量质量之比为 3∶1 (g/g),而对照组为 4∶1 (g/g)。结果表明,混合培养法作为处理淀粉废水的一种方法,可以显著提高 COD 向生物量的转化效率和有机物的去除率。

5.1.4.6　5 L 类胡萝卜素的产量和成分分析

从混合培养和纯培养的细胞中提取总类胡萝卜素,采用反相高效液相色谱法(RP-HPLC)比较标准品的保留时间来测定主要的化合物,而类胡萝卜素的产量是通过每一标准的保留面积作为每升培养基中等量类胡萝卜素的毫克来计算的。结果表明,在混合培养 120 h 时,总类胡萝卜素产量最高,为 12.34 mg/L,而在 91 h 时,纯培养酵母的总类胡萝卜素产量最高,为 8.31 mg/L(图 5-38)。

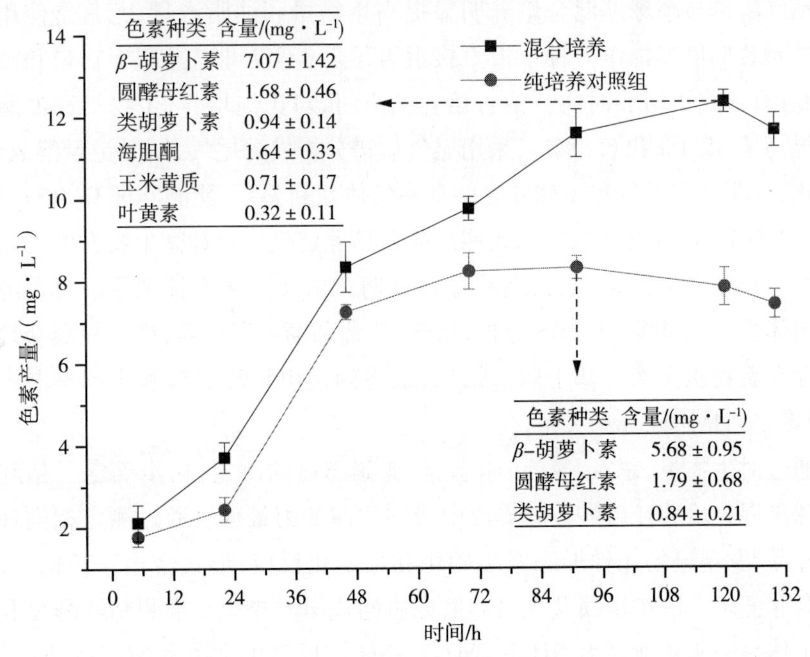

图 5-38　混合培养色素产量及主要成分分析

进一步分析,实验组和对照组获得最大色素产量时,混合培养体系中类胡萝卜素主要为叶黄素(0.32 mg/L)、玉米黄质(0.71mg/L)、海胆酮(1.64 mg/L)、类胡萝卜素(0.94 mg/L)、圆酵母红素(1.68 mg/L)和β-胡萝卜素(7.07 mg/L),而在对照组中只有类胡萝卜素(0.84 mg/L)、圆酵母红素(1.79 mg/L)和β-胡萝卜素(5.68 mg/L),且发现对照(14.34 mg/g)的总类胡萝卜素最大含量(干细胞重量)高于混合培养(11.98 mg/g),这表明类胡萝卜素合成与细胞生长无关。类胡萝卜素的产量与生长类型无关,一方面类胡萝卜素合成需要合适的碳源存在,对照组(3.8 g/L)的残糖含量(图 5-36)为培养结束时类胡萝卜素的合成提供了适宜的 C/N 比,另一方面减轻藻类对酵母生长的抑制作用可以提高混合培养的生物量,因为淀粉废水的碳源优先用于细胞合成。此外高强度的光照有利于类胡萝卜素的生物合成,但高浓度的酵母细胞可能会影响光的穿透,从而导致其光强急剧衰减。尽管如此,粘红酵母和小球藻在混合培养中获得了较高的生物量,所以两组混合培养的类胡萝卜素产量也较高,因此混合培养技术不仅能有效提高废水中 COD 的去除率,而且能获得较高的类胡萝卜素产量。

5.1.5 小结

粘红酵母与小球藻混合培养明显提高生物量和油脂产量,尤其是使用生长旺盛的对数期培养物作为种子液直接混合培养,不仅可以提高生物量和油脂产量,而且有效缩短培养时间。混合培养结束时,对比纯培养,生物量和油脂产量分别提高了 85.1%和 65.8%。采用尾气质谱分析发酵尾气,同时记录溶氧和 pH 的变化,证明粘红酵母和小球藻之间存在气体互利关系,能够实现 O_2/CO_2 平衡,调节 pH 与溶氧;气升式双体系光照反应器培养建立了两种微生物在混合培养时各自的生长动力学模型,尤其是酵母在后期会出现二次生长现象。对发酵液成分和菌体蛋白氨基酸 GC-MS 分析,结合^{13}C 葡萄糖标记培养,证明在混合培养体系中存在着物质交换。基于以上结果,最终确定出粘红酵母和小球藻混合培养时,两者之间是协同互利关系。

通过对生物量、总氮、氨氮、硝态氮、亚硝态氮的测定,初步确定了粘红酵母和小球藻混合培养在硫酸铵培养液中协同代谢能力最佳。通过测定相同环境下同种样品,发现氮的几种形态发生硝化和反硝化反应,形式会相互转化,进而揭示在高含氮培养液中菌藻共生培养氮源协同代谢的规律。推测粘红酵母和小球藻共生体系的硝化途径为 $NH_4^+ \rightarrow NO_2^- \rightarrow NO_3^-$,反硝化途径为 $NO_3^- \rightarrow NO_2^-$。

以生产淀粉过程中产生的两种废水为培养基，适当添加废糖蜜，为酵母的早期生长提供必要的碳源。与纯酵母的培养相比，利用淀粉废水作为低成本底物的酵母和藻类混合培养体系，是一种提高类胡萝卜素产量和 COD 去除率的新技术。通过对体系中废气变化的分析，发现粘红酵母和小球藻之间存在气体互利效应，与对照组相比，有机酸、氨基酸和糖的去除率显著提高。同时，混合培养处理废水可增加类胡萝卜素的种类和提高产量。

参考文献

[1]SAINI R K, KEUM Y S. Microbial platforms to produce commercially vital carotenoids at industrial scale: an updated review of critical issues[J]. Journal of Industrial Microbiology and Biotechnology, 2018: https://doi. org/10. 1007/s 10295-018-2104-7.

[2]LIGIA A D C C, KAREN Y F K, SUSAN G K. Microbial production of carotenoid s-a review[J]. African Journal of Biotechnology, 2017, 16(4):139-146.

[3]NIGAM P S, LUKE J S. Food additives: production of microbial pigments and their antioxidant properties[J]. Current Opinion in Food Science, 2016, 7: 93-100.

[4]ZHOU Q., ZHANG P Y, ZHANG G M. Biomass and carotenoid production in photosynthetic bacteria wastewater treatment: effects of light intensity[J]. Bioresource Technology, 2014, 171:330-335.

[5]PANESAR R, KAUR S, PANESAR P S. Production of microbial pigments utilizing agro-industrial waste: a review[J]. Current Opinion in Food Science, 2015, 1(1):70-76.

[6]HERNÁNDEZ-ALMANZA A, MONTANEZ J C, AGUILAR-GONZÁLEZ M A., et al. *Rhodotorula glutinis*, as source of pigments and metabolites for food industry[J]. Food Bioscience, 2014, 5:64-72.

[7]MANNAZZU I, LANDOLFO S, SILVA T L D, et al. Red yeasts and carotenoid production: outlining a future for non-conventional yeasts of biotechnological interest [J]. World Journal of Microbiology and Biotechnology, 2015, 31:1665-1673.

[8]MAROVA I, CARNECKA M, HALIENOVA A, et al. Use of several waste substrates for carotenoid-rich yeast biomass production[J]. Journal of Environmental

Management, 2012, 95:S338-S342.

[9] ZHANG Z P., ZHANG X, TAN T W. Lipid and carotenoid production by *Rhodotorula glutinis* under irradiation/high-temperature and dark/low-temperature cultivation[J]. Bioresource Technology, 2014, 157:149-153.

[10] ZHANG Z P, JI H R, GONG G P, et al. Synergistic effects of oleaginous yeast *Rhodotorula glutinis* and microalga *Chlorella vulgaris* for enhancement of biomass and lipid yields[J]. Bioresource Technology, 2014, 164:93-99.

[11] PATIAS L D, FERNANDES A S, PETRY, F C, et al. Carotenoid profile of three microalgae/cyanobacteria species with peroxyl radical scavenger capacity [J]. Food Research International, 2017, 100:260-266.

[12] GATEAU H, SOLYMOSI K, MARCHAND J, et al. Carotenoids of microalgae used in food industry and medicine[J]. Mini Reviews in Medicinal Chemistry, 2017, 16(999):1140-1172.

[13] LI X, HU H Y, GAN K, et al. Effects of different nitrogen and phosphorus concentrations on the growth nutrient uptake, and lipid accumulation of a freshwater microalga *Scenedesmus* sp. [J]. Bioresource Technology, 2010, 101:5494-5500.

[14] MANOWATTANA A, TECHAPUN C, WATANABE M, et al. Bioconversion of biodiesel-derived crude glycerol into lipids and carotenoids by an oleaginous red yeast, *Sporidiobolus pararoseus* KM281507 in an airlift bioreactor[J]. Journal of Bioscience and Bioengineering, 2017, 125:59-66.

[15] INBARAJ B S, CHIEN J T, CHEN B H. Improved high performance liquid chromatographic method for determination of carotenoids in the microalga *Chlorella pyrenoidosa*[J]. Journal of Chromatography A, 2006, 1102:193-199.

[16] SAINI R K, KEUM Y S. Progress in microbial carotenoids production[J]. Indian Journal Microbiology, 2017, 57:1-2.

[17] DIAS C, SOUSA S, CALDEIRA J, et al. New dual-stage pH control fed-batch cultivation strategy for the improvement of lipids and carotenoids production by the red yeast *Rhodosporidium toruloides* NCYC 921[J]. Bioresource Technology, 2015, 189:309-318.

[18] CARDOSO L A, JÄCKEL S, KARP S G, et al. Improvement of *Sporobolomyces ruberrimus* carotenoids production by the use of raw glycerol[J]. Bioresource Technology, 2016, 200:374-379.

[19]SRINIVASAN R, BABU S, GOTHANDAM K M. Accumulation of phytoene, a colorless carotenoid by inhibition of phytoene desaturase (PDS) gene in *Dunaliella salina* V-101[J]. Bioresource Technology, 2017, 242:311-318.

[20]MAGDOULI S, BRAR S K., BLAIS J F. Co-culture for lipid production: Advances and challenges[J]. Biomass and Bioenergy, 2016, 92:20-30.

[21]HUANG C, LUO M T, CHEN X F, et al. Recent advances and industrial viewpoint for biological treatment of wastewaters by oleaginous microorganisms[J]. Bioresource Technology, 2017, 232:398-407.

[22]YEN H W, CHEN P W, CHEN L J. The synergistic effects for the co-cultivation of oleaginous yeast - *Rhodotorula glutinis* and microalgae - *Scenedesmus obliquus* on the biomass and total lipids accumulation[J]. Bioresource Technology, 2015, 184:148-152.

[23]LIU M, ZHANG X, TAN T W. The effect of amino acids on lipid production and nutrient removal by *Rhodotorula glutinis* cultivation in starch wastewater [J]. Bioresource Technology, 2016, 218:712-717.

[24]BRAUNWALD T, SCHWEMMLEIN L, GRAEFF-HÖNNINGER S, et al. Effect of different C/N ratios on carotenoid and lipid production by *Rhodotorula glutinis* [J]. Apply Microbiology and Biotechnology, 2013, 97(14):6581-6588.

[25]KARTHIKEYAN O P, HAO H T N, RAZAGHI A, et al. Recycling of food waste for fuel precursors using an integrated bio-refinery approach[J]. Bioresource Technology, 2015, 248:194-198.

[26]CHEIRSILP B, SUWANNARAT W, NIYOMDECHA R. Mixed culture of oleaginous yeast *Rhodotorula glutinis* and microalga *Chlorella vulgaris* for lipid production from industrial wastes and its use as biodiesel feedstock[J]. New Biotechnology, 2011, 28:362-368.

[27]XUE F Y, MIAO J X, ZHANG X, et al. A new strategy for lipid production by mix cultivation of *Spirulina platensis* and *Rhodotorula glutinis*[J]. Applied Biochemistry and Biotechnology, 2010, 160:498-503.

[28]VERA L, SUN W, IFTIKHAR M, et al. LCA based comparative study of a microbial oil production starch wastewater treatment plant and its improvements with the combination of CHP system in Shandong, China[J]. Resources, Conservation and Recycling, 2015:96:1-10.

[29]LING J, NIP S, CHEOK W L, et al. Lipid production by a mixed culture of oleaginous yeast and microalga from distillery and domestic mixed wastewater[J]. Bioresource Technology, 2015, 173:132-139.